SÉRIE TEORIA E PRÁTICA DAS ARTES VISUAIS

Escutas e olhares cruzados nos contextos audiovisuais

Felipe Radicetti

2ª edição

Rua Clara Vendramin, 58 · Mossunguê · CEP 81200-170 · Curitiba · PR · Brasil
Fone: (41) 2106-4170 · www.intersaberes.com · editora@intersaberes.com

Conselho editorial
Dr. Alexandre Coutinho Pagliarini
Dr.ª Elena Godoy
Dr. Neri dos Santos
M.ª Maria Lúcia Prado Sabatella

Editora-chefe
Lindsay Azambuja

Gerente editorial
Ariadne Nunes Wenger

Assistente editorial
Daniela Viroli Pereira Pinto

Edição de texto
Natasha Saboredo

Capa
Cynthia Burmester do Amaral
Laís Galvão (*design*)
optimarc/Shutterstock (imagem)

Projeto gráfico
Conduta Design (*design*)
Pressmaster/Shutterstock (imagem)

Diagramação
Renata Silveira

***Designer* responsável**
Sílvio Gabriel Spannenberg

Iconografia
Regina Claudia Cruz Prestes

Dados Internacionais de Catalogação na Publicação (CIP)
(Câmara Brasileira do Livro, SP, Brasil)

Radicetti, Felipe
  Escutas e olhares cruzados nos contextos audiovisuais / Felipe Radicetti. -- 2. ed. -- Curitiba, PR : InterSaberes, 2024. -- (Série teoria e prática das artes visuais)

  Inclui bibliografia
  ISBN 978-85-227-0877-2

  1. Artes – Estudo e ensino 2. Artes visuais 3. Imagens 4. Música 5. Recursos audiovisuais 6. Som I. Título. II. Série.

23-177167   CDD-700

Índices para catálogo sistemático:

1. Artes visuais   700

Cibele Maria Dias – Bibliotecária – CRB-8/9427

1ª edição, 2018.
2ª edição, 2024.

Foi feito o depósito legal.
Informamos que é de inteira responsabilidade do autor a emissão de conceitos.
Nenhuma parte desta publicação poderá ser reproduzida por qualquer meio ou forma sem a prévia autorização da Editora InterSaberes.
A violação dos direitos autorais é crime estabelecido na Lei n. 9.610/1998 e punido pelo art. 184 do Código Penal.

Sumário

Prefácio 11
Apresentação 13
Como aproveitar ao máximo este livro 15

1 Som e música 19
    1.1 O que é som? 21
    1.2 O que é música? 36
    1.3 O que é escuta musical? 44
    1.4 Som, música e significado 48

2 Som e música em sociedade 57
    2.1 Música e memória: a "trilha sonora" de nossas vidas 60
    2.2 A música como indutora de identidade étnica e cultural 65
    2.3 O som e a música como indutores de territorialidade 72
    2.4 Música e mediação tecnológica 78
    2.5 Música-vídeo 88

3 Som e música nos contextos da comunicação 99
    3.1 Paisagem sonora 101
    3.2 A comunicação pelo rádio 107
    3.3 A música como indutora de narrativas 115
    3.4 O som e a música como indutores de experiências sensoriais .. 121
    3.5 Som e música nos contextos educativos 129

4 Som, música e imagem 143
    4.1 Relações entre música e pintura: um breve histórico 146
    4.2 Ver o som, ouvir a imagem: os aspectos perceptivos 153
    4.3 Montagem no audiovisual: as relações entre som, música e imagem em movimento .. 161
    4.4 Montagem no audiovisual: a edição de som 168
    4.5 A música nos filmes de animação 174

5 Som e música no audiovisual ... 187
- 5.1 Um breve histórico do som e da música no cinema mudo ... 190
- 5.2 Som e música no cinema ... 197
- 5.3 Som e música na TV ... 205
- 5.4 Som, música e imagem na internet ... 210
- 5.5 Som, música e imagem na interatividade dos *games* ... 215

6 Som, música e imagem nos espaços públicos ... 227
- 6.1 Um breve histórico social da música nos espaços públicos: de igrejas e palácios a *night-clubs* ... 230
- 6.2 Som e música no teatro ... 234
- 6.3 Som e música nas instalações audiovisuais: videoarte e *videomapping* ... 243
- 6.4 Som e música nas instalações interativas ... 250
- 6.5 Som em 3D: espacialização do som e da música ... 254

Considerações finais ... 265
Referências ... 267
Bibliografia comentada ... 283
Respostas ... 287
Sobre o autor ... 289

À minha esposa, Romilda de Souza Lima, pesquisadora que, caminhante pelas veredas do conhecimento e deste país, é inspiradora de meus caminhos.

Os agradecimentos são todos ao professor Ricardo Petracca,
pelo convite à submissão deste trabalho para publicação.

Prefácio

A música feita para obras audiovisuais ganha cada vez mais espaço e relevância. Diante dos novos paradigmas impostos pela internet, para o bem ou para o mal, no lugar de sofrer um golpe duro, como a indústria fonográfica, o audiovisual seguiu crescendo num ritmo impressionante. Se podemos falar de um mercado de trabalho para o compositor hoje, ele está justamente no audiovisual, não só na música feita para cinema ou TV, mas também para games, exposições e num sem número de possibilidades que vemos na internet.

Contudo, o universo sonoro de uma obra audiovisual não se restringe à música. Ele inclui também os efeitos sonoros, os diálogos, o ambiente etc. Há obras audiovisuais que até prescindem da música, dando maior espaço para o desenho sonoro. Observamos este fenômeno também nas obras de artes visuais que têm o som como um de seus elementos constitutivos, sobretudo aquelas que apostam na interatividade.

Com a evolução vertiginosa da tecnologia relacionada ao som, novas ferramentas surgem a cada momento, mostrando novos caminhos a serem explorados por artistas de diferentes áreas de criação. Porém, mesmo assumindo tamanha importância, o som no audiovisual ainda carece de literatura especializada e de fôlego no Brasil. Esta lacuna é preenchida com este trabalho de Felipe Radicetti.

Abordando todos os aspectos que envolvem o som, a música e a imagem, inclusive seus reflexos na sociedade, Radicetti, um compositor experiente e requisitado na área, apresenta-nos um amplo panorama do assunto. De forma clara e precisa, com um texto ágil e envolvente, ele lista e analisa todos os aspectos ligados ao som na produção audiovisual, seja no âmbito da música, seja no da edição de som. Seu alcance didático é enorme, pois aborda a matéria seguindo um roteiro objetivo, dividido em etapas bem delineadas e propondo uma autoavaliação constante daquilo que deve ser assimilado.

Aspectos históricos relevantes não são deixados de lado, pois são fundamentais para a compreensão deste fenômeno, principalmente na forma em que ele se apresenta hoje, multifacetado e inteiramente ligado à evolução tecnológica.

Este é um lançamento extremamente oportuno e necessário, tornando-se ferramenta fundamental não só para músicos, diretores ou artistas plásticos, mas para todos aqueles profissionais ou pesquisadores que lidam com áudio e imagem.

Tim Rescala

Apresentação

Neste livro, buscamos traçar um panorama amplo das manifestações artísticas que utilizam, de maneira integrada, som, música e imagem.

O processo de convergência das linguagens artísticas vem crescendo e se acelerando nas últimas décadas, seja pelas manifestações contemporâneas, seja, mais recentemente, pela convergência tecnológica nas artes e nas comunicações. Em um momento em que a internet já ocupa um espaço significativo nos processos comunicacionais e de aprendizagem, observamos que estes têm se manifestado, majoritariamente, como produtos audiovisuais. Por isso, consideramos oportuna a inclusão de conhecimentos associados ao uso de som, música e imagem – função e inter-relação – em seus contextos de ocorrência no curso de licenciatura em Artes Visuais.

Dividido em seis capítulos, abordamos, já no início, conceitos importantes para a fundamentação do material que será discutido adiante: o que é o som e quais são suas propriedades físicas; a recepção do som em nosso aparelho auditivo; o que é música e quais são seus elementos constitutivos; as diversas formas pelas quais escutamos música; e como esta produz significado para os ouvintes. No capítulo inicial, discutimos também por que a música ocupa um lugar tão importante em nossas vidas desde sempre – tudo isso sob a perspectiva de sua relação com a imagem.

No Capítulo 2, analisamos alguns aspectos do uso da música em sociedade; o som e a música como indutores de signos emocionais na memória do indivíduo; a função de ordenação social da música como motivadora de etnicidade e de territorialidade; e o processo de hibridação das artes. Também examinamos as implicações tecnológicas das práticas que vêm transformando os modos de criação e de escuta musical e, por fim, a forma hibridada música-vídeo ou videomúsica.

No Capítulo 3, ao tratar do som e da música nos contextos da comunicação, propomos discussões sobre o universo sonoro que nos cerca, o som e a música no rádio e sua função de indutores de narrativas. Comentamos também a enunciação de significados, a forma como a música, por meio da narrativa, atua como sinalizadora social e como geradora de experiências sensoriais. Por fim, elencamos e analisamos alguns aspectos do ensino da música.

No Capítulo 4, apresentamos conceitos fundamentais para evidenciar as relações (e os problemas) entre som, música e imagem. Versamos sobre as práticas e as teorias que, historicamente, estabeleceram associações entre música e pintura, para, em seguida, abordar alguns conceitos referentes à percepção do som, da música e da imagem no contexto relacional de seus componentes. Na sequência, dedicamo-nos à discussão das relações entre som, música e imagem em movimento no processo de montagem do audiovisual, da edição de som e dos usos da música para animação.

No Capítulo 5, explicitamos os usos do som e da música no audiovisual, iniciando com um histórico sucinto da música no cinema, desde o seu surgimento até a consolidação dos gêneros musicais usados funcionalmente na sétima arte. Em seguida, estabelecemos uma relação comparativa entre os usos do som e da música no rádio e na televisão, o mais difundido meio de comunicação de massa. Concentramo-nos, então, nos usos da música na internet e, finalmente, nas particularidades do uso interativo do som e da música nas imagens dos jogos eletrônicos ou *games*.

No Capítulo 6, abordamos o som e a música articulados às artes visuais e performáticas nos espaços públicos, discutindo seus usos em diferentes ambientes, desde as igrejas medievais até hoje. Em seguida, analisamos a tradição do uso do som e da música no teatro, nas projeções de imagens em videoarte e *videomapping* e nas instalações interativas em arte e em educação. Para finalizar a obra, examinamos os usos e as tecnologias para espacialização do som em 3D.

Longe de esgotar os temas abordados, objetivamos, com este livro, apresentar as mais diversas manifestações, citando obras de alguns artistas fundamentais e dos principais autores desse campo teórico.

Principalmente em razão da natureza do material audiovisual objeto desta obra, indicamos em notas em rodapé vários *links* para acesso às obras nos *sites* mais conhecidos, como YouTube e Vimeo. Assim, alertamos que, para melhor aproveitamento do texto, é importante conectar-se à internet. Esperamos que a experiência de leitura, associada ao material artístico audiovisual recomendado, proporcione a você interesse e prazer na fruição das obras desses grandes artistas, bem como das múltiplas manifestações artísticas que integram som, música e imagem, inspirando novas ideias e enriquecendo as atividades no contexto da educação em artes.

Como aproveitar ao máximo este livro

Empregamos nesta obra recursos que visam enriquecer seu aprendizado, facilitar a compreensão dos conteúdos e tornar a leitura mais dinâmica. Conheça a seguir cada uma dessas ferramentas e saiba como estão distribuídas no decorrer deste livro para bem aproveitá-las.

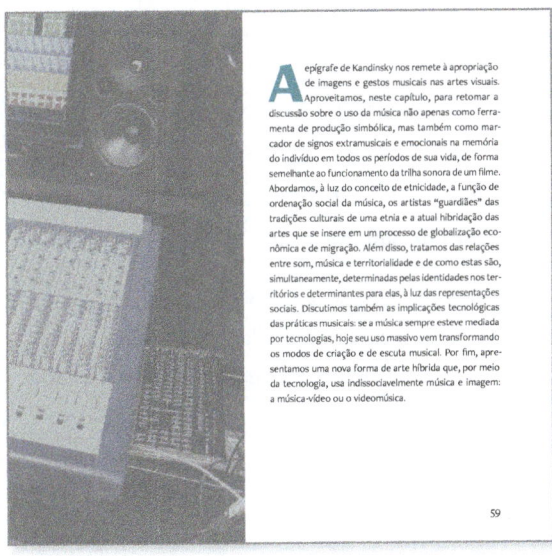

Introdução ao capítulo

Logo na abertura do capítulo, informamos os temas de estudo e os objetivos de aprendizagem que serão nele abrangidos, fazendo considerações preliminares sobre as temáticas em foco.

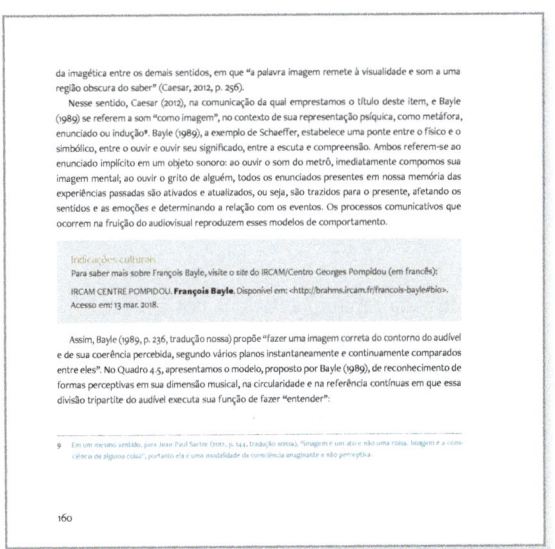

Indicações culturais

Para ampliar seu repertório, indicamos conteúdos de diferentes naturezas que ensejam a reflexão sobre os assuntos estudados e contribuem para seu processo de aprendizagem.

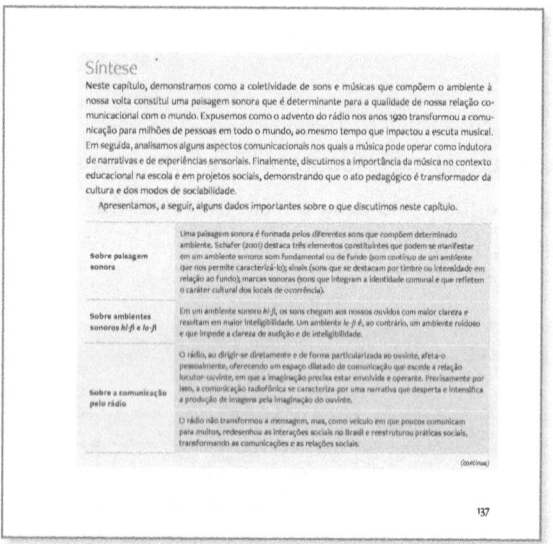

Síntese

Ao final de cada capítulo, relacionamos as principais informações nele abordadas a fim de que você avalie as conclusões a que chegou, confirmando-as ou redefinindo-as.

Atividades de autoavaliação

Apresentamos estas questões objetivas para que você verifique o grau de assimilação dos conceitos examinados, motivando-se a progredir em seus estudos.

Atividades de aprendizagem

Aqui apresentamos questões que aproximam conhecimentos teóricos e práticos a fim de que você analise criticamente determinado assunto.

Bibliografia comentada

Nesta seção, comentamos algumas obras de referência para o estudo dos temas examinados ao longo do livro.

Som e música

Neste capítulo, discutimos alguns dos principais conceitos sobre o som e a música que integram os fundamentos necessários para a compreensão de todo o material a ser apresentado nos próximos capítulos. Essas noções são ferramentas que permitirão estabelecer relações entre som, música e imagem, objetivo maior deste livro. De forma condensada, analisamos o conceito de som e suas propriedades físicas; a recepção no aparelho auditivo; o conceito de música e seus principais elementos constitutivos; as diversas formas pelas quais escutamos música e a forma como esta produz significado para os ouvintes; e os motivos para que a música ocupe um lugar tão importante em nossas vidas desde sempre. Todos esses temas são abordados a partir de sua relação com a imagem.

1.1 O que é som?

Com o sucesso de público que esse tipo de filme costuma alcançar, arriscamos afirmar que muitos assistiram ao filme *Gravidade*, protagonizado pela atriz norte-americana Sandra Bullock. A trilha sonora desse longa, a cargo de Steven Price, surpreende os espectadores pela ausência de efeitos sonoros justamente em momentos cruciais para a

▶ **Filme 1**
GRAVITY. Direção: Alfonso Cuarón. EUA: Warner Bros. Pictures, 2013. 91 min.

narrativa do filme[1]. Essa ausência não se traduz em silêncio, pois ouvem-se os diálogos entre os astronautas e a música, o que confere às cenas a intensidade dramática necessária. Contudo, a ausência de sonorização dos eventos em curso no espaço surpreende o espectador porque, embora não exista som no espaço (na ausência de atmosfera, não há som), é comum o uso de efeitos sonoros em filmes do gênero.

Nós, espectadores, tão acostumados a ouvir em alto e bom som esses efeitos que ressaltam todos os eventos visuais a serem percebidos durante um filme, ao assistir a várias cenas de *Gravidade*, somos lembrados de que as colisões em alta velocidade entre enormes estruturas na órbita da Terra não produzem som algum. No longa, há música de fundo, há conversas por rádio entre os astronautas, mas os choques entre as estruturas em órbita não são ouvidos, como também não seriam na realidade. O estranhamento a que somos submetidos nessas cenas nos remete imediatamente às condições físicas necessárias à existência de som, melhor dizendo, às condições essenciais à propagação das ondas sonoras.

O som, esse fenômeno perceptível no cotidiano, é resultado da vibração de um corpo material ou evento natural transmitida pelo ar e captada por nossos ouvidos, o que permite o acesso a muita informação sonora, incluindo a linguagem e a música, para citar apenas duas. Usamos a audição o tempo todo, e mesmo aqueles que convivem com a surdez parcial ou total desenvolvem outros recursos ou buscam meios alternativos para "ouvir" e se comunicar.

A queda de um lápis no chão é uma colisão entre corpos materiais (o objeto em queda sobre uma superfície, o chão) que produz uma vibração característica que permite

---

1   Vale destacar que, no *trailer* distribuído como publicidade do lançamento, foram inseridos alguns efeitos sonoros nos eventos espaciais, provavelmente com a intenção de enfatizar a dramaticidade das cenas e impressionar o público, incentivando-o a assistir ao filme.

identificar o que ocorreu mesmo sem termos testemunhado visualmente essa queda. Podemos reconhecer quem está falando ou cantando pela escuta das vibrações do ar emitidas pelas cordas vocais de alguém que conhecemos. Também é possível escutar a aproximação de um automóvel na rua e, alertados, assumir uma posição segura para evitar um acidente. A audição, portanto, é um dos mais importantes sentidos do homem, e o som, um dos mais relevantes meios de comunicação com o mundo.

1.1.1 O som se propaga no espaço e no tempo

O uso realista do som em *Gravidade* confere verossimilhança ao filme, porque o som é a propagação, na atmosfera, de **ondas sonoras**. A vibração produzida por um corpo, um organismo ou um fenômeno natural – um trovão, por exemplo – atua na atmosfera como uma impulsão mecânica que produz ondas que se propagam concentricamente, atuando sobre as moléculas que compõem o ar – e isso acontece em todas as direções. A imagem da pedra atirada em um lago em repouso e que produz, na superfície da água, uma série de ondas longitudinais e concêntricas ajuda a visualizar a forma como ocorre a propagação das ondas sonoras. Ainda que seja uma representação incompleta da realidade, essa imagem nos ajuda a compreender esse processo em um recorte horizontal, já que as ondas no lago se propagam apenas na superfície da água; seria impossível representar com clareza a propagação do som em todas as direções, como de fato acontece.

> O som é a propagação, na atmosfera, de ondas sonoras.

A Figura 1.1 ilustra a forma como as ondas produzidas na superfície da água propagam-se em sequências, conformando vales e cumes de altura equivalente e que perdem, progressivamente, intensidade

Figura 1.1 – Imagem representativa de ondas concêntricas e longitudinais produzidas pela queda de uma pedra em um lago

Gergo Orban/Shutterstock

e altura à medida que a força de impulsão originária diminui. O mesmo ocorre na propagação das ondas sonoras. E por que perdem força e tendem sempre a desaparecer?

A atmosfera da Terra é composta de uma camada de gases contida pela gravidade. Essa camada é formada por nitrogênio, oxigênio, dióxido de carbono e pequenas quantidades de outros gases, constituindo um meio com **massa** e **densidade**. As moléculas desses gases são agitadas pela vibração, provocadas pela compressão repentina das moléculas mais próximas que se encontravam em repouso, impelidas a se propagar em todas as direções. A propagação dessas vibrações produz seguidas compressões e descompressões, tal como as ondas no lago, consumindo a energia mecânica que lhe deu impulso e se dissipando sob a forma de energia térmica. As moléculas agitadas pela vibração inicial voltam, onda após onda, gradativamente, à sua condição de repouso, silenciando novamente. O silêncio é a ausência de som – em um paralelo com a luz, é como a escuridão, isto é, uma escuridão auditiva.

Assim como o som, a luz também se propaga no tempo e no espaço, em ondas – de outra natureza, claro. São ondas eletromagnéticas mais assemelhadas às ondas de rádio, que não precisam "excitar" mecanicamente as moléculas do ar para se propagar. Portanto, a luz se propaga no vácuo, no espaço sideral, onde encontra um meio menos denso, o que permite que essa propagação ocorra diferentemente do que aqui na Terra, sob a atmosfera.

E a que velocidade o som se propaga? Em velocidades diferentes em meios em que a densidade é diferente. Quanto mais denso o meio, maior a velocidade com que as moléculas transmitem a vibração recebida; na água, a transmissão é mais rápida do que no ar; e no ferro é mais ainda. Em antigos filmes norte-americanos de faroeste, há cenas em que os índios aproximam os ouvidos dos trilhos da estrada de ferro e "escutam" a vibração transmitida, identificando e antecipando a vinda de um trem a ser atacado – o aproveitamento do conhecimento prático da velocidade de propagação do som em um meio denso como o ferro teria permitido aos índios essa vantagem estratégica.

A velocidade do som é, portanto, a distância que uma onda sonora percorre em uma unidade de tempo, que se mede em segundos. Apesar de depender de vários fatores, como temperatura e pressão atmosférica, em condições normais, ao nível do mar e a uma temperatura de 20 ºC, o som se propaga, em média, à velocidade de 345 metros por segundo (Silva et al., 2003).

> A velocidade do som é, portanto, a distância que uma onda sonora percorre em uma unidade de tempo, que se mede em segundos.

Habituados à velocidade de propagação do som no ar desde que nascemos, só notamos suas propriedades físicas em ocasiões especiais: por exemplo, se formos a um daqueles *shows* para grandes multidões e estivermos assistindo a uma distância de mais de 100 metros do palco, já será possível perceber, na imagem dos telões que transmitem o *show* em tempo real, uma ligeira diferença de tempo entre o que ouvimos e o que vemos, já que a velocidade da luz[2] – e, portanto, das imagens – é imensamente maior. É mais fácil perceber isso nos momentos em que as câmeras mostram, em um *close* do cantor, a desconexão de tempo entre a voz ouvida e o movimento dos lábios. Se você estiver a uma distância de cerca de 300 metros do palco, a diferença entre o que ouve e o que vê pode chegar a quase um segundo.

Podemos observar, ainda, outras ocorrências características da propagação ondulatória do som, como a reflexão, que ocorre de forma semelhante à da luz e que conhecemos pelo efeito de espelho. No caso das ondas sonoras que colidem com um obstáculo, como uma parede, quando refletidas,

---

2   A velocidade da luz é de cerca de 299.792.458 metros por segundo (Bagnato, 2005).

ganham novo impulso e difusão e, ao retornar para o ponto em que se encontra o emissor original, são percebidas como dois outros fenômenos, o **eco** e a **reverberação**.

Só conseguimos distinguir o som emitido do som refletido quando este último retorna ao ouvido em um intervalo de tempo igual ou superior a 0,1 segundo, portanto, se o som refletido retornar à fonte em um intervalo menor que esse, acontece o fenômeno chamado de *reverberação*. Percebemos esse fenômeno como uma continuação, uma extensão do som original. Se a distância percorrida pelo som for maior e o som refletido chegar aos nossos ouvidos depois desse intervalo de 0,1 segundo, nossos ouvidos serão capazes de notar a repetição do som, e ocorre o fenômeno denominado *eco*.

É fácil perceber, em nosso cotidiano, a súbita mudança de ambiência sonora quando entramos em um banheiro revestido de ladrilhos, por exemplo. A superfície espelhada dos ladrilhos é altamente reflexiva para o som e, uma vez que costuma ser um espaço relativamente pequeno, a reflexão que ouvimos ao emitir um grito retorna em um intervalo de tempo muito curto, o que ouvimos é uma curta reverberação de nossa voz. Em outros cômodos de uma casa ou um apartamento, há, normalmente, material absorvente de som, como tecidos, e só podemos perceber a reverberação das paredes lisas quando esses espaços estão inteiramente desocupados de mobiliário. Se repetirmos a mesma experiência no interior de uma grande igreja, em geral um amplo espaço edificado em pedra ou concreto, material reflexivo para o som, ouviremos um tempo de reverberação notavelmente mais longo. No entanto, se gritarmos em um vale em direção às montanhas, a grande distância a ser percorrida pelo som pode nos permitir escutar o eco de nossa voz.

Som e *silêncio* são conceitos que também se referem ao efeito perceptivo do sentido de audição. Tanto os humanos como os animais equipados com aparelho auditivo são capazes de ouvir – consideradas, claro, as habilidades específicas de audição de cada espécie. Então, se não houver ninguém para escutar, não há som? O fenômeno sonoro ocorre sempre que houver vibração sonora causada

---

O fenômeno sonoro ocorre sempre que houver vibração sonora causada por algum corpo ou evento natural; é transmitido pelo ar e independe do alcance de um receptor, de um ouvinte.

---

por algum corpo ou evento natural; é transmitido pelo ar e independe do alcance de um receptor, de um ouvinte. Nesse caso, podemos afirmar, então, que há transmissão de vibração sonora (sim, há som), só não há recepção, escuta!

1.1.2 Nosso receptor de som: o aparelho auditivo

De forma semelhante a outros organismos capazes de ouvir, temos dois ouvidos que são equipados com um aparelho auditivo, constituído de forma a coletar eficientemente as ondas sonoras e transmiti-las ao cérebro. Esse processo ocorre em três estágios. No formato de uma concha, o ouvido externo coleta as ondas sonoras, que pressionam mecanicamente o ouvido médio, passando pelo *tímpano* (uma membrana vibrátil muito sensível às ondas sonoras, mesmo a pressões muito suaves). Essas vibrações são transmitidas a três minúsculos ossos denominados *bigorna*, *martelo* e *estribo*, que, também mecanicamente, amplificam e transmitem as ondas sonoras para o ouvido interno; neste, por sua vez, há um meio líquido no qual o nervo auditivo e a cóclea, em forma de caracol, recebem os impulsos do estribo e estimulam as células nervosas. Finalmente, as células enviam esses sinais, agora convertidos em impulsos nervosos, ao cérebro.

Figura 1.2 – Anatomia dos ouvidos externo, médio e interno

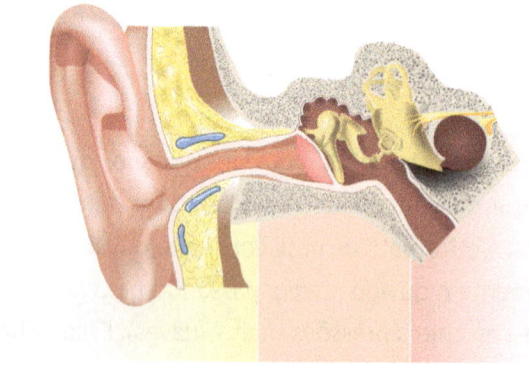

SVETLANA VERBINSKAYA/Shutterstock

Nós, humanos, temos dois ouvidos, assim como a maioria dos animais capazes de ouvir. Isso tem uma função muito importante: é o fato de ouvirmos em estéreo que viabiliza nossos sentidos de orientação espacial e de profundidade sonora. Dependendo do posicionamento do emissor, as ondas sonoras propagadas chegam a cada um dos ouvidos em momentos ligeiramente diferentes e com diferentes intensidades. O cérebro mede comparativamente essas variações mínimas de tempo de chegada e de intensidade do som, recurso que permite a orientação imagética de onde partiu o som – assim como precisamos utilizar os dois olhos para enxergar com profundidade e medir as distâncias dos espaços e objetos. Sacks (2007, p. 148) explica a semelhança entre ver e ouvir com dois olhos e dois ouvidos:

A genuína recepção em estéreo, seja ela visual ou auditiva, depende da capacidade do cérebro para inferir a profundidade e a distância (além de outras qualidades como rotundidade, amplitude e volume) com base nas disparidades entre o que está sendo transmitido aos dois olhos ou ouvidos individualmente. Uma disparidade espacial do caso dos olhos e temporal no dos ouvidos.

Quando ouvimos música em fones estéreo, percebemos claramente esse fenômeno de **espacialização** do som: o procedimento técnico para ouvir as diferentes disposições dos instrumentos é a simulação, por meios eletrônicos, do diferencial de volume ou intensidade entre um canal e outro, de um ouvido para o outro. Nosso cérebro faz o trabalho natural de "apontar" para o local de onde estão vindo os sons.

Então, na condição vivida pelas personagens nas cenas do filme *Gravidade*, o que eles escutariam de fato? Já de saída excluímos a música, que, como discutiremos nos próximos capítulos, é mais um recurso artístico que auxilia a narrativa do filme. O que as personagens ouviriam, certamente, é a transmissão de rádio entre eles e a base na Terra. Por quê? Porque as ondas de rádio podem ser transmitidas na ausência de atmosfera e, finalmente, porque o áudio³ é transmitido dos fones até o ouvido externo dos astronautas através do ar que existe em seus trajes, permitindo a escuta.

É o fato de ouvirmos em estéreo que viabiliza nossos sentidos de orientação espacial e de profundidade sonora.

A título de experiência, acesse, pela internet, o *trailer* do filme *Gravidade*: ouça o áudio do filme usando fones de ouvido. Você vai escutar a comunicação pelo rádio entre os astronautas em um ouvido apenas e depois em outro, rápida e alternadamente, à medida que a personagem de Sandra Bullock dá cambalhotas, solta no espaço. Em condições normais, a personagem ouviria a voz do outro astronauta nos dois ouvidos, não importando sua posição física, mas as súbitas mudanças da posição do som da voz no rádio ajudam o espectador a perceber a sensação de desorientação vivida pela personagem nessa cena do filme. Quando assistimos a um filme no cinema, nossos sentidos são estimulados por meio dos recursos técnicos com o objetivo de intensificar a percepção da narrativa. Fica explícito o uso da **estereofonia** do aparelho auditivo como ferramenta de localização – nesse caso, utilizado para enunciar e produzir, no espectador, o sentido de desorientação.

▶ **Filme 2**
GRAVITY: Official Main Trailer. Disponível em: <https://www.youtube.com/watch?v=OiTiKOy5904>. Acesso em: 18 ago. 2017

---

3   "Áudio [...] sinal de uma fonte sonora; som" (Áudio, 2018).

1.1.3 As principais propriedades fisiológicas do som

Vejamos, agora, os principais componentes das ondas sonoras. Demonstramos anteriormente, na comparação entre as ondas sonoras e aquelas produzidas na superfície da água, que as sonoras constituem vales e cumes, que correspondem à compressão e à descompressão sequencial ou periódica das moléculas dos gases que compõem a atmosfera.

A representação gráfica de uma onda sonora nos permite compreender essas propriedades. As ondas em propagação repetem-se uma após a outra, criando oscilações periódicas ou ciclos, os quais podem ter velocidades, forças e formas diferentes. Essas propriedades do som são denominadas *frequência*, *amplitude* e *timbre*.

> O comprimento de uma onda sonora é o intervalo de tempo entre cada oscilação ou ciclo em um modelo de onda. A velocidade de repetição de cada ciclo é chamada de *frequência do som*.

Já apontamos, também, que a propagação do som na atmosfera tem uma velocidade constante, mas as ondas sonoras propagadas, que oscilam em vales e cumes, podem ter comprimentos diferentes: cada par de vale e cume é uma oscilação ou ciclo que se repete; as ondas mais curtas repetem-se em velocidade maior que as mais longas, que têm, portanto, ciclos mais lentos. O comprimento de uma onda sonora é o intervalo de tempo entre cada oscilação ou ciclo em um modelo de onda. A velocidade de repetição de cada ciclo é chamada de *frequência do som*, medida em ciclos por segundo e representada pela unidade de medida hertz (Hz).

As cordas do violão, quando tangidas, dão uma visão muito clara e concreta do comportamento dos corpos vibrantes que produzem som – assunto que vamos abordar agora. Ao tocar a corda mais grossa de um violão, por exemplo, o que se pode ver é semelhante ao que é mostrado na Figura 1.3.

Familiarizados com o som do violão, ao olhar para a Figura 1.3, podemos fazer uma representação auditiva interna (ou seja, imaginar) do som que o instrumento produz. É possível observar a oscilação dessa corda mais grossa, que, esticada, oscila de uma ponta à outra; assim, ouvimos um som – nesse caso, uma nota musical específica.

Figura 1.3 – Imagem da oscilação da corda de violão

Joshua David Treisner/Shutterstock

A representação gráfica de uma onda sonora é padronizada de forma a permitir a visualização dos ciclos, da amplitude e das características fônicas de um som, como no diagrama apresentado na Figura 1.4.

A Figura 1.4 confronta duas representações: acima, a das moléculas de ar, propagadas em ondas de compressão e descompressão (como as ondas no lago representadas na Figura 1.1); abaixo, a representação de uma onda sonora em um gráfico de passagem de tempo (t) e de intensidade (dB), como eixos de coordenadas x e y, respectivamente. Ainda é possível constatar o comprimento da onda, determinado pelo ciclo (ou período), e perceber que o cume da onda coincide com a máxima compressão das moléculas de ar, e o vale, com a máxima descompressão ou rarefação.

Na Figura 1.5, podemos comparar a representação de duas ondas sonoras em frequências diferentes. No primeiro gráfico, há a representação de um som a 3 oscilações por segundo; no outro, um som

Figura 1.4 – Duas representações gráficas do som

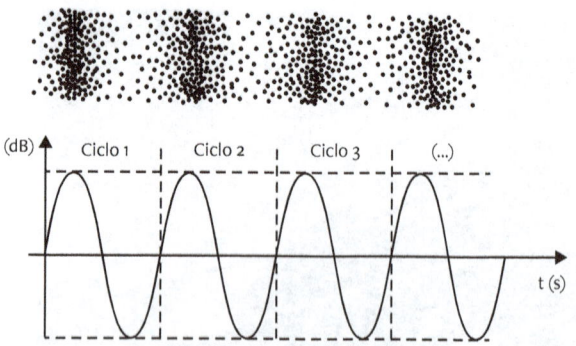

Figura 1.5 – Representação gráfica de ondas sonoras oscilando em frequências diferentes

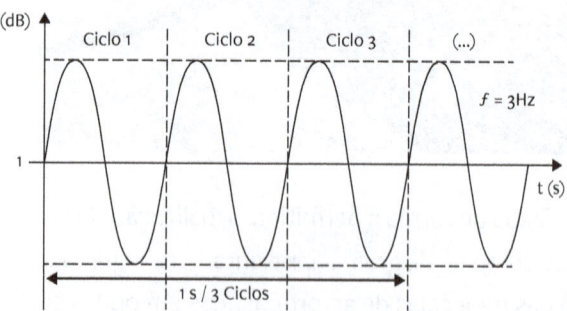

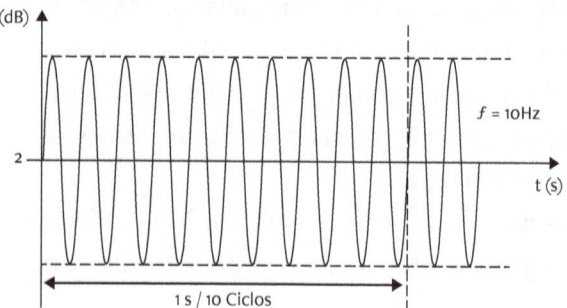

de mesma intensidade, mas a 10 oscilações por segundo. O som do segundo gráfico, por sua vez, oscila mais rápido, o que significa que a onda tem um comprimento mais curto, soando uma nota um pouco mais aguda que o representado no primeiro gráfico[4].

As ondas de luz também oscilam em diferentes comprimentos de onda e em várias frequências, em valores que determinam, em nossa percepção visual, cores distintas. Comparada a todo o espectro eletromagnético, apenas uma estreita faixa de frequências produz o que, para nossa percepção, é a luz visível. Se considerarmos os comprimentos de onda e as frequências do som e da luz, perceberemos que os valores estão em escalas muito diferentes. No caso da luz, na faixa do espectro visível, os comprimentos de onda variam entre 400 e 700 mícrons (μ), conforme mostra a Figura 1.6.

---

4   Ondas sonoras de 3 e 10 ciclos, como as representadas na Figura 1.5, situam-se abaixo dos sons mais graves que conseguimos ouvir (infrassons); porém, é mais fácil visualizar seus gráficos, o que favorece a compreensão do conceito de frequência.

Figura 1.6 – Diagrama do espectro de frequências eletromagnéticas

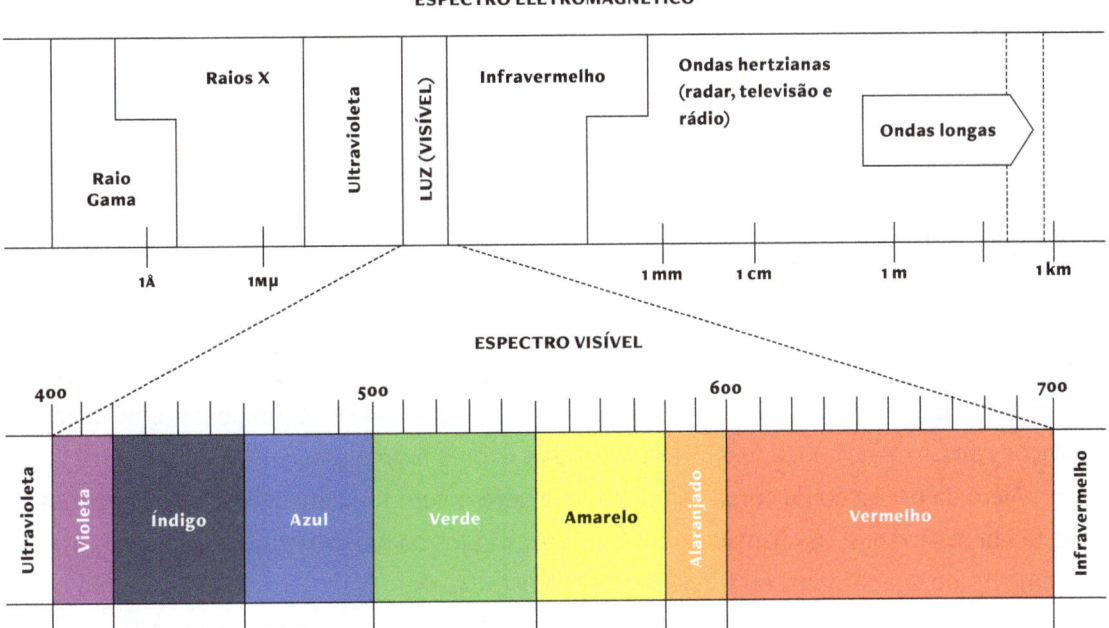

Da mesma forma que enxergamos e identificamos as diferentes cores produzidas pelas diferentes frequências das ondas eletromagnéticas, o ouvido humano e o dos animais é capaz de distinguir várias frequências do som. A capacidade do nosso aparelho auditivo, no entanto, é restrita, pois só consegue detectar frequências sonoras de 20 ciclos por segundo (ou 20 Hz) a 20.000 ciclos por segundo, um espectro que tende a diminuir com o avanço da idade. Essas diversas frequências são percebidas como sons mais graves quando a onda tem um ciclo longo e baixa frequência (vibrações lentas), e como sons mais agudos quando de maior frequência (vibrações rápidas). Como no caso da luz, em que a combinação de todas as cores produz o branco, todas as frequências audíveis podem se combinar simultaneamente. Da associação com a luz advém a denominação *ruído branco*, que é o resultado da reunião de todas as frequências audíveis em um único som complexo.

A amplitude ou intensidade (maior ou menor) das oscilações que constituem a onda sonora são percebidas como sons mais fortes ou mais fracos, uma impressão auditiva chamada de *volume do som*. A amplitude de um som é medida em decibéis, ou décimos da unidade Bel (Db)[5].

De forma semelhante, percebemos a luz em diferentes intensidades ou potências, mas em razão de maior ou menor concentração de fótons, o que implica maior ou menor amplitude (radiação) do campo de ondas eletromagnéticas.

Schafer, no livro *O ouvido pensante* (1991), associa a dimensão da amplitude das notas musicais à incorporação da terceira dimensão ao som, como representação da perspectiva em música.

Vamos voltar à imagem da corda do violão vibrando na Figura 1.3 e, depois, pular diretamente para o diagrama esquemático na Figura 1.8, que mostra, de forma simplificada e decompostas uma a uma, as sete oscilações possíveis da corda de um violão, as quais ocorrem simultaneamente em uma oscilação complexa[6]. Além da oscilação da corda completa, que gera o som fundamental, as seis vibrações secundárias também são sons, os chamados *sons harmônicos*, cujos comprimentos das ondas são frações do comprimento do som original ou fundamental (1/2, 1/3, 1/4, 1/5, 1/6, 1/7 etc.). Esses sons são quase inaudíveis em relação ao volume produzido pela vibração total da corda, mas, combinadas, essas vibrações compõem o "corpo" do som.

A qualidade do som que permite identificá-lo é denominada *timbre*, determinado pela forma de onda e pelos sons harmônicos que dão "corpo" ao som principal. *Sons harmônicos* são ondas secundárias de frequências múltiplas, originadas do som principal ou som fundamental, que, a este combinadas, compõem um som de características complexas. Esse fenômeno ocorre em todos os corpos

---

[5] "A unidade original foi o Bel, nome dado devido a Alexander Graham Bell e foi usada na área de telefonia. Um décimo da unidade original é mais adequado para o uso moderno. O objetivo original era comparar ganho de potência ou perda em circuitos de comunicação, no tempo em que a potência era muito mais valiosa que é hoje" (Roscoe, 1999, p. 1).

[6] Os exemplos de oscilações secundárias que ocorrem na corda do violão representados no gráfico estão limitados a sete apenas a título de simplificação para uma melhor visualização. Muitas outras oscilações harmônicas ocorrem, em formas de ondas ainda mais curtas, fenômeno presente na natureza, em todos os corpos em vibração.

em estado de vibração, e são justamente as diferentes amplitudes ou intensidades dessas vibrações secundárias ou sons harmônicos que permitem a audibilidade maior de um ou de outro e, portanto, constituem o conjunto de características que, percebidas pelo ouvido, nos permitem distinguir e identificar os sons. É pelo timbre que sabemos que está trovejando ou que um carro que se aproxima, é por meio dele também que identificamos quem está falando ao telefone, qual cantor e quais instrumentos estão executando uma música. O timbre é, para nós, uma espécie de impressão digital de um som.

Todo objeto em vibração emite frequências harmônicas que soam juntamente ao som fundamental. Nos chamados *sons musicais*, emitidos por instrumentos ou pela voz humana, o som fundamental predomina em amplitude e permite identificar uma nota musical específica, se for o caso. Em razão das características acústicas de cada instrumento, a amplitude (volume) dos sons harmônicos audíveis pode ser muito diferente, o que possibilita distinguir cada instrumento de uma música pelo seu timbre particular.

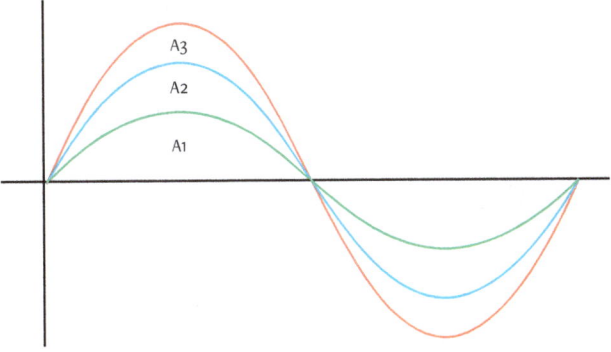

Figura 1.7 – Representação gráfica de ondas sonoras com diferentes amplitudes ou intensidades

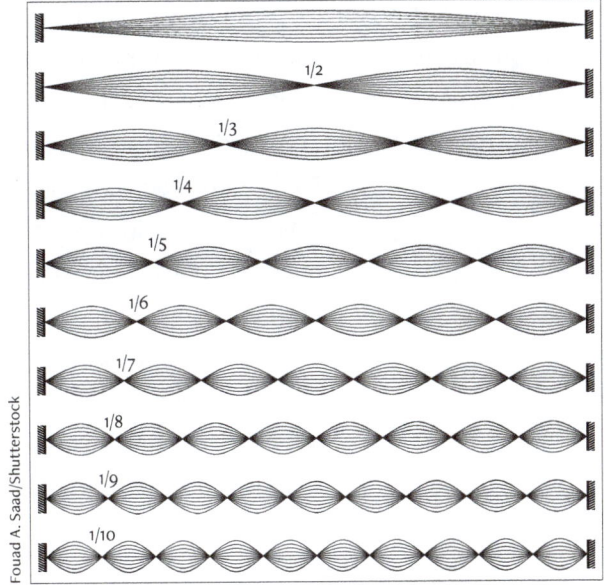

Figura 1.8 – Diagrama das oscilações secundárias derivadas da oscilação original da corda

A percepção auditiva das diversas frequências combinadas é frequentemente identificada como *a cor do som*. "Na música, o timbre dos instrumentos dá a cor das individualidades", comenta Schafer (1991, p. 76). O autor acrescenta: "por comparação, a formação colorida dos instrumentos da orquestra é uma expressão de *joie de vivre* (*alegria de viver*, em tradução livre). Na fala humana [...] o timbre pode mudar o som de uma palavra e também o seu significado: sal, sul, sol, céu" (Schafer, 1991, p. 76). Sim, os sons das palavras, de cada consoante e de cada vogal, produzem, em uma fala, uma sequência de timbres diferentes.

1.2 O que é música?

Não é fácil definir algo tão diverso, tão comum e tão presente em nossas vidas como a música. Quando perguntamos às pessoas o que é música, obtemos como resposta definições muito diferentes, distantes até; na maior parte das vezes, são descrições dos elementos musicais, mas sempre afastadas de um conceito que possa dar conta, de forma global, da acepção do termo *música*. Música pode ser tudo aquilo que as pessoas citam em suas descrições, mas certamente sua definição não é cabal. Isso porque a música, seus usos em sociedade e mesmo as formas de escuta vêm se transformando dramaticamente no decorrer dos séculos, cruzando fronteiras de antigos conceitos que são constantemente revistos.

> "Na música, o timbre dos instrumentos dá a cor das individualidades", comenta Schafer (1991, p. 76).

E qual definição de música adotamos hoje? Depende. A música habita nossas vidas, envolvendo-nos em sons e discursos sonoros em um mundo social no qual som, música e imagem estão presentes em quase todas as nossas atividades diárias. Na verdade, hoje estamos expostos à música em uma escala que a humanidade jamais experimentou.

Sacks, neurologista norte-americano que dedicou muito de seus estudos aos efeitos da música no cérebro, inicia o livro *Alucinações musicais: relatos sobre a música e o cérebro* comentando:

> Que coisa mais estranha é ver toda uma espécie, bilhões de pessoas, ouvindo padrões tonais sem sentido, brincando com eles, absortas, arrebatadas durante boa parte de seu tempo pelo que chamam de "música". [...] nós, humanos, somos uma espécie musical além de linguística. Todos nós (com pouquíssimas exceções) somos capazes de perceber música, tons, timbre, intervalos entre notas, contornos melódicos, harmonia e, talvez no nível mais fundamental, ritmo. Integramos tudo isso e "construímos" a música na mente, usando muitas partes do cérebro. E a essa apreciação estrutural, em grande medida inconsciente, adiciona-se uma reação muitas vezes intensa e profundamente emocional. (Sacks, 2007, p. 9-11)

Não é difícil reconhecer, no depoimento de Sacks (2007), mesmo com variações, as impressões que experimentamos e testemunhamos nas pessoas à nossa volta quando ouvimos música. Isso quer dizer que a música ocupa um lugar particular e especial em nossas vidas.

1.2.1 Algumas definições

A música esteve e está presente em todas as culturas conhecidas – há indícios de que seja praticada desde tempos imemoriais. O entendimento do que é música depende de seu uso utilitário para cada cultura, em cada período histórico. Conforme os escritos de Sócrates, para os gregos, música era qualquer atividade que contasse com a proteção das musas, o que, pela tradição, significava principalmente poesia e música (Brann, 2016). Aliás, o termo *música* é originário do grego *musiké téchne*, que significa "a arte das musas".

No tradicional dicionário da língua francesa *Larousse*, encontramos as seguintes definições: "1. Arte que permite ao homem se expressar por intermédio de sons; 2. Ciência dos sons considerados em termos de melodia e ritmo" (Musique, 2018, tradução nossa). No dicionário de língua inglesa *Oxford*, lemos "Sons vocais ou instrumentais (ou ambos) combinados de forma a produzir beleza de forma e harmonia e expressão de emoção" (Music, 2018, tradução nossa). Já no *Dicionário Priberam da Língua Portuguesa*, encontramos "1. Organização de sons com intenções estéticas, artísticas ou lúdicas, variáveis de acordo com o autor, com a zona geográfica, com a época, etc. 2. Arte e técnica de combinar os sons de forma melodiosa" (Música, 2018). Além dessas, há um sem-fim de definições e todas têm sua validade.

Com raras exceções, notamos o uso pródigo de adjetivos e percebemos que muitas das tentativas de definir o que é música são julgamentos de valor, apenas o que se espera de uma música. Se música for, por exemplo, "a arte de combinar os sons agradavelmente", então, um bocado do que ouvimos não deveria se chamar *música*. Mas ainda é. Mais que isso, se escutarmos uma chamada militar executada no clarim – e algumas têm duas notas apenas – saberemos que se trata de música, que tem significado referencial[7], que é uma ordem e que é compreendida, pois comunica eficientemente a quem deve ouvi-la. É bela? Curta demais? Talvez, pois depende de muita coisa, principalmente do gosto do ouvinte. Mas é, definitivamente, música, mesmo que apenas um sinal musical. Se um alarme antifurto disparar, ouviremos notas musicais organizadas em um ritmo definido e com significado referencial. E alarme é música? Você pode decidir que sim, só vai ter algum trabalho em convencer outras pessoas a concordar com isso. Então, vamos admitir que uma sequência de sons e silêncios intencionalmente organizados é uma definição razoável de *música*, mas não suficiente, nem definitiva. Serve porque os elementos que podem constituir a música nem sempre estão todos presentes, mas é preciso que ela seja reconhecida como tal em sociedade, mesmo que por um grupo pequeno de pessoas.

> Uma sequência de sons e silêncios intencionalmente organizados é uma definição razoável de *música*, mas não suficiente, nem definitiva.

1.2.2 De que é feita a música?

Está na hora, então, de tratarmos dos elementos da música. Embora possamos dissecar os elementos da música em muitos outros, a opinião geral é que a música é composta de ritmo, melodia e harmonia, em uma ordem não hierárquica, porque as hierarquias que podem ocorrer se constituem durante a

---

[7] No caso específico de um sinal musical, é possível comunicar precisamente o que o ouvinte vai entender; ou seja, a mensagem codificada em uma sequência de notas tem um significado claro, que refere a uma ideia referenciada ou específica – o que não ocorre com a música de forma geral.

construção de um período histórico-musical. Ora um, ora outro pode predominar, colocando-se em evidência.

Um estudo arqueológico realizado em uma caverna na Alemanha, em 2009, recuperou uma flauta de osso e alguns fragmentos de flautas de marfim que representam a mais antiga descoberta do fazer musical humano da Idade da Pedra. A flauta de osso tinha cinco orifícios e datava de 35.000 anos atrás, o que apontou a prática de música no Paleolítico[8] e que, nessa época, o homem já integrava, intencionalmente, dois elementos musicais: ritmo e melodia, com sons de alturas diferentes, ou seja, utilizando várias notas. Isso porque, para obter uma **melodia**, é preciso mudar as alturas (frequências) dos sons, ou seja, usar diferentes notas intencionalmente combinadas, e o **ritmo** é, tal como a melodia, a combinação intencional e sequenciada da duração dessas notas no tempo (Wilford, 2009).

Segundo Schafer (1991, p. 87), "ritmo e rio eram originalmente relacionados etimologicamente, sugerindo mais o movimento de um trecho (fluxo) que sua divisão em articulações". O autor ainda cita o poeta Ezra Pound em sua definição: "ritmo é forma moldada no tempo, como o desenho é espaço determinado".

Com esses dois elementos, é possível compor uma música ou executar uma já existente. Para compor uma melodia na flauta, podemos escolher algumas notas e organizá-las em uma sequência, na qual cada nota é executada durante um tempo determinado. Essa duração das notas e do silêncio inserido entre elas (se assim desejarmos) determina um ritmo, aqui entendido como o *ritmo da melodia*. Assim, recapitulando, em um território que hoje corresponde à Alemanha, o homem das cavernas que tinha uma flauta montava duas sequências: a de notas e a de durações. Se ele não tiver sido bem-sucedido nessa combinação, segundo o julgamento dos que o escutavam, pode ter levado a primeira vaia da história da música.

As melodias são feitas de notas, mas não de todas que existem. Quem deu a dica da ordenação da música em notas que usamos até hoje foi o filósofo e matemático grego Pitágoras[9], que, com a sim-

---

8   Também conhecido como *Idade da Pedra Lascada*, foi o período que compreendeu de 2,7 milhões de anos a.C. a cerca de 10.000 a.C., quando o homem pré-histórico vivia de modo nômade, mas já elaborava alguns instrumentos usados para caça e coleta (Altoé; Silva, 2005, p. 2).

9   "A descoberta teria ocorrido mediante experiências com cordas em vibração pelas quais se verifica que a oitava se dá na relação numérica 2:1, ou seja, quando o som mais grave provém de uma corda duas vezes maior do que a corda de onde provém o som mais agudo. O intervalo de quinta ocorre na relação 3:2, quando uma corda é 1,5 vezes maior que a outra" (Sandroni, 2012, p. 351).

ples subdivisão de cordas, estabeleceu e organizou os sons em *tetracordes*, sequência de quatro sons sucessivos que deu origem às escalas empregadas na música ocidental.

Os nomes das setes notas que conhecemos hoje foram invenção de um monge do século X, Guido D'Arezzo, que utilizou a primeira sílaba dos seis versos iniciais do *Hino de São João Batista*[10], *ut, re, mi, fa, sol, la*, e, para a nota *si*, as iniciais do nome do santo em latim (Sancte Iohannes), sétimo verso do hino. Mais tarde, a primeira nota, *ut*, foi rebatizada de *dó* por Giovani Battista Doni.

As notas, organizadas sequencialmente da mais grave para a mais aguda, recebem o nome de *escala*. Além dessas sete notas, chamadas de *naturais* ou *diatônicas*, a música ocidental[11] utiliza notas ditas *alteradas*, que soam em frequências que ficam entre as dessas notas, perfazendo o total de doze notas que constituem as melodias que conhecemos.

Dessa forma, o que constitui a matéria sonora de nossa música – a música ocidental – são os vários sons aos quais atribuímos utilidade ou não, sistematizados e estruturados em texturas de sons agrupados em um procedimento que só é lentamente modificado ao longo dos séculos, consolidando nossa tradição musical.

Ao escutarmos uma música, uma parte significativa dessa experiência depende de alguma familiaridade, de nosso reconhecimento. Mais adiante vamos comentar sobre escuta musical. Por ora, é importante percebermos que a música que ouvimos utiliza uma "paleta de sons", ou seja, apenas alguns sons e frequências audíveis que consideramos adequados ao tipo de música a que estamos habituados.

Chegamos, finalmente, ao conceito de **harmonia**, uma combinação de sons simultâneos, o terceiro elemento principal da música. A harmonia consiste no uso de agrupamentos de três ou mais sons executados simultaneamente à melodia, aos quais denominamos *acordes* e que resultam em texturas de som complexas que percebemos como um enriquecimento estético e expressivo no som total da

---

[10] Ouça uma gravação do Hino a São João Batista no YouTube: HIMNO a San Juan Bautista (Guido d'Arezzo). Disponível em: <https://youtu.be/3iR3bJKk1Xc>. Acesso em: 23 mar. 2018.

[11] Outras culturas, como as orientais, utilizam notas que soam em intervalos menores do que os adotados no Ocidente, em frequências que se encontram entre as notas que reconhecemos e usamos. Essas notas, em nossa cultura musical, soariam como desafinadas, mas para outras culturas podem ser reconhecidas como notas definidas e funcionais.

música que escutamos. Essa prática tão comum hoje, como o ato de acompanhar o canto com acordes ao violão, tem origem em tempos imemoriais, com a adição de notas de diferentes maneiras, compatíveis com práticas musicais que vêm sofrendo alterações ao longo dos séculos.

Constatou-se, por meio de documentos, que a música na Antiguidade era **monódica**, ou seja, a melodia (sequência de notas) era acompanhada ou não do ritmo de instrumentos de percussão em uníssono. Os primeiros documentos que atestam o início da *polifonia*, ou seja, do uso de diferentes sons simultaneamente à melodia, tem origem no desenvolvimento das técnicas e do uso da música na Igreja durante a Idade Média. Vale dizer que a ausência de documentos não significa que isso não ocorreu antes, entre a população iletrada – esta, porém, não nos legou registros históricos.

Ao ouvirmos o som de um acorde, por exemplo, fazendo soar em um piano simultaneamente as notas dó, mi e sol, percebemos, além do som das notas separadamente, o fenômeno da interação entre elas; ou seja, ouvimos o som resultante da superposição dos harmônicos originários de cada som que, vibrando combinadamente, produzem um timbre característico. Muitas são as combinações de notas possíveis que as práticas musicais de cada época, etnia e cultura (os estilos musicais) acabam por normatizar em diferentes técnicas ou regras de uso, resultando em texturas sonoras que adquirem efeito expressivo na música, no estilo validado como o ideal de "belo" ou "correto".

> A música na Antiguidade era monódica, ou seja, a melodia (sequência de notas) era acompanhada ou não do ritmo de instrumentos de percussão em uníssono.

1.2.3 Uma paleta de sons e cores

Agora já podemos visualizar, espalhados em uma paleta, os elementos que constituem o que chamamos de *música* e que podem ser organizados criativamente, distribuindo-os pelas vozes e pelos instrumentos musicais. As semelhanças que mencionamos entre as experiências visual e auditiva podem ir além das associações, das metáforas que os poetas tanto usam e que chegam a despertar o interesse da comunidade científica, que vem estudando com vistas a estabelecer a real extensão e a implicação fisiológica dos processos da **sinestesia**. São associações que intuímos artisticamente e utilizamos com frequência para descrever experiências na fruição de som, música e imagem.

Cotidianamente estabelecemos relações metafóricas entre som, música e imagem, percebamos ou não; empregamos, muitas vezes, termos imagéticos para designar o efeito que um trecho de música nos sugere, como *escuro, soturno, noturno, cristalino, luminoso* etc. Alguns chegam a determinar uma estreita correspondência entre notas ou harmonias e cores, uma ocorrência perceptiva particular (cada sinesteta estipula seu próprio repertório de associações entre sons e cores, a chamada *cromestesia*) não tão rara de observar, mais detidamente descrita nas entrevistas médicas realizadas por Sacks (2007). O neurologista concluiu que a sinestesia é um fenômeno fisiológico, dependente da integridade de certas áreas do córtex e das conexões entre elas:

> De todas as formas de sinestesia, a musical – especialmente os efeitos de cor experimentados quando se ouve música ou se pensa em música – é uma das mais comuns, e talvez a mais impressionante. Não sabemos se é mais comum nos músicos ou nas pessoas musicais, mas é claro que para os músicos é maior a probabilidade de que a percebam. (Sacks, 2007, p. 168)

O fenômeno da sinestesia será discutido detalhadamente adiante, no Capítulo 3.

1.2.4 Música serve para quê?

Discutir sobre uma possível definição do termo conduz à conclusão de que parte importante da aceitação do que é ou não é *música*, em última instância, depende do reconhecimento social de sua "função" musical. Quando ouvimos um alarme antifurto soando, não podemos atribuir a ele uma categoria musical – ou seja, uma função que reconhecemos como musical –, mesmo que esse sinal sonoro apresente todos os elementos que compõem uma música.

Muito da música que escutamos compõe um repertório eleito por nossa escolha, colhido de uma oferta infinita de possibilidades e delineado pelos usos[12] da música em sociedade. Parte dessa escolha é determinada pelo julgamento, por gosto. E o gosto[13] é tanto um fato social quanto uma escolha particular. Nossas preferências musicais são construídas juntamente às experiências da vida, na fruição de músicas conhecidas ou valoradas pelos grupos sociais, na familiaridade com o repertório que acessamos pelos meios de comunicação, ou seja, por razões culturais.

Apenas na Idade Média houve um reconhecimento oficial da necessidade social de música, mas esteve e está em todas as culturas de todos os períodos históricos do homem. Então, resta a questão: Por que precisamos tanto de música?

A música é uma das ferramentas mais presentes no sistema de bens simbólicos que fazem a tão necessária mediação entre o homem e sua relação com o mundo, na comunicação, nas sociabilidades e no desenvolvimento psicológico. A música nos ajuda a viver emoções, as dizíveis e as não dizíveis; somos envolvidos por sua beleza e com ela descansamos do excesso de outras atividades; escolhemos e memorizamos um repertório de músicas que representam identitariamente nossa geração, nossa tribo, nosso time esportivo, nossa cidade, região, pátria, induzindo imagens e trazendo à lembrança acontecimentos ou períodos importantes da vida. A música ocupa um espaço imenso em nossas memórias, vivificando valores que nos são caros por toda a vida.

---

12 "O 'uso', então, se refere à situação na qual a música é aplicada em ações humanas; a 'função' diz respeito às razões para o seu emprego e, particularmente, os propósitos maiores de sua utilização" (Merriam, 1964, p. 209, tradução nossa).

13 O conceito de *gosto* será discutido mais detidamente no Capítulo 2.

Merriam (1964), em seu livro *Antropologia da música*, designa o que considerou as principais funções da música, ou seja, seus propósitos em sociedade: expressão emocional, prazer estético, entretenimento, comunicação, representação simbólica, reação física, imposição de conformidade às normas sociais, validação das instituições sociais e dos rituais religiosos, função de contribuição para a continuidade e estabilidade da cultura e contribuição para a integração da sociedade. Tendo a música, no decorrer dos séculos, prestando-se a tantos propósitos na vida em sociedade, não é de se admirar que, multiplicado o acesso pelas tecnologias modernas, a música se faça presente em todas as instâncias da vida privada e pública.

1.3 O que é escuta musical?

Escutamos música demais? É difícil dizer. Talvez estejamos expostos à audição de música em excesso hoje em dia. Contudo, escuta é diferente de audição. Ouvir é um processo fisiológico, de percepção física do som, e escutar demanda uma acuidade nessa percepção, a escuta pertence à dimensão interpretativa.

O som se propaga no espaço e no tempo. Da mesma forma, a música é uma arte que ocupa espaços. Quando tocada em um ambiente, cria contornos de espaço, "territorializa" o local em que se faz audível, ou seja, opera como um dispositivo que determina a forma de comunicação e os modos de escuta, cumprindo a função social a que se destinou. Por exemplo, em uma rua onde está ocorrendo uma festa junina, todo o espaço onde é possível escutar a música que embala a festa sofre essa determinação, independentemente de ser, ou não, uma experiência desejada.

E como a música é uma arte que se desenvolve em um tempo decorrido, a escuta musical difere, em parte, da fruição de uma pintura, que é uma imagem fixada no tempo. Por outro lado, aproxima-se da experiência da imagem em movimento, como o cinema. O que o espectador de um filme e o ouvinte de uma música experimentam são eventos efêmeros que se sucedem no tempo e se esgotam à medida que novos eventos surgem – imagens ou sons –, de forma análoga às experiências na vida real. Para compreender a sequência dos eventos e das informações, o que o cérebro operacionaliza é a memória de curto prazo. São as sucessivas relações estabelecidas entre os eventos que ocorrem no instante preciso da visão ou da escuta e os eventos que ocorreram imediatamente antes que nos permitem atribuir significados e apreender o sentido fílmico ou musical. Essa experiência exige uma atenção interpretativa, tecnicamente treinada para a identificação da "gramática" musical ou não. A escuta musical independe da racionalização da experiência.

Carvalho (2007) destaca três modos dominantes de se ouvir música: o **físico**, o **emocional** e o **intelectual**, tomando como base o texto de J.J. Moraes (1983):

> O autor destaca como primeira uma maneira de ouvir com o corpo. Ou seja, "é sentir a vibração da sonoridade. É misturar o pulsar do som com as batidas do coração, é um quase não pensar". [...]
>
> No segundo modo, o autor aponta um "ouvir emotivamente". Uma maneira de ouvir que sai da sensação bruta e entra no campo dos sentimentos, da emotividade. Aqui entram os adjetivos: música triste ou alegre, entre outros. Pode-se dizer que é uma tentativa de ouvir o mundo interior através da música. É este modo de escuta que acabou sendo muito utilizado na sonoplastia tanto de cinema como de televisão para criar o chamado "clima ambiental".
>
> No terceiro modo, ocorre um "ouvir intelectualmente" em que a estrutura musical é colocada em destaque. A música é pensada como linguagem, organização de certos pressupostos como a escolha de sons e a maneira de articulá-los. "Ouvir música intelectualmente é perceber que música é constituída de estrutura e forma". (Carvalho, 2007, p. 5)

No entanto, é preciso destacar uma série de outras condições que determinam a escuta: se o flautista da Idade da Pedra tocava seu instrumento em uma caverna povoada de ouvintes interessados, para entender o processo de validação social dessa prática, deve-se considerar o que a experiência causou de positivo naquela comunidade para que fosse apreendida dessa forma. A experiência de prazer na fruição de música, tal como ocorre até os nossos dias, dependeria de dimensões diversas, de qualidades que incluem as condições acústicas da caverna, as possibilidades de emissão sonora daquela flautinha de osso, a habilidade e a imaginação do artista e o momento de partilha social – a disponibilidade dos ouvintes para a escuta. A repetição de uma experiência socialmente validada cria o hábito, seleciona um repertório e, o mais importante, cria a expectativa de escuta dos convivas que, doravante, serão ouvintes de música. Como podemos depreender, a música é uma prática social.

> A música é uma prática social.

A história da música é também um relato e um testemunho da lenta transformação desses hábitos de escuta, determinada pelas mudanças ocorridas na vida social, o que implica constantes ajustes de repertório para a adequação no uso da música a ser ouvida. O compositor sempre precisou considerar as possibilidades técnicas dos instrumentistas e dos cantores de que dispunha, da acústica dos locais onde a música seria executada, mas, sobretudo – e isso sempre foi o mais importante –, acertar o gosto musical de seus patrões e clientes, ou seja, o gosto de quem pagaria pela música (arcebispos, príncipes, duques, mecenas, a Corte ou, mais atualmente, um público pagante).

E o que é *gosto musical*? Definitivamente, não é algo inato. É uma construção cultural que guarda relação direta com as funções da música na sociedade, como já descrevemos anteriormente. Tudo se relaciona a uma familiaridade, mesmo quando escutamos uma música pela primeira vez. Tendemos a reconhecer como melhores ou mais belas as músicas que mais se encaixam em nossas expectativas – estas construídas durante muitos anos de eleição de um repertório, seja por identificação com um momento vivido, seja pela apreciação de modelos, como as músicas mais valoradas entre nossos amigos mais próximos, ou, ainda, pelos sucessos a que fomos expostos mais vezes pelos grandes meios de comunicação. A vida social nos coloca diante de estilos consagrados da época em curso e das práticas musicais mais comuns durante todos os períodos de nossas vidas.

Lembre-se de um grande sucesso musical. Como esse sucesso entrou em sua vida? Quantas vezes você se lembra de tê-lo escutado? Provavelmente, você é capaz de cantar de memória ao menos parte dessa música, ou até de seguir cantando mentalmente mesmo que o som tenha sido desligado antes que ela acabasse.

Essa memória é o fundamento da experiência de escuta musical. Essas músicas guardadas em nossa memória tornam-se modelos que identificamos como estilos prediletos e que gostamos de reconhecer ao escutar novas músicas. Alguns autores denominam esse fenômeno de *matrizes musicais* (culturais), pois consistem em conjunto de fatores determinantes do conteúdo eleito e da forma de fruição.

1.3.1 Música é linguagem?[14]

Muito já se discutiu se música é linguagem ou não. Não é raro ouvirmos que a música é a linguagem universal que une todos os povos[15]. Borges Neto (2005) alerta, citando Lewis (1983), que linguagem é "algo que atribui significados a certas cadeias de tipos de sons ou de marcas", ou seja, "um conjunto de pares ordenados de cadeias e significados". O autor ainda comenta esse conceito ao discutir se música é ou não linguagem: "Não vejo maior dificuldade em construir uma Fonologia ou uma Sintaxe para a música [...]. Não consigo ver, no entanto, o que poderia constituir um léxico (uma morfologia) na linguagem da música. Parece que falta à música a **dupla articulação** que caracteriza as línguas naturais" (Borges Neto, 2005, grifo do original).

Assim, as expressões linguísticas naturais articulam sons não significativos em estruturas maiores e funcionais para a produção de significados referenciais. Uma sentença como "Hoje faz sol" produz imediatamente a mesma ideia em todos os indivíduos que conhecem a língua portuguesa.

A música não apresenta significado referencial: uma melodia composta de uma sequência de notas não produz uma mesma ideia para duas pessoas, mas sentidos aproximados. Portanto, se desejarmos dar crédito à ideia de que a música é uma linguagem, podemos dizer que ela o é de maneira incompleta, porque o significado percebido pelo ouvinte tem origem na projeção (imaginação, ideia ou sentimento que é suscitado e associado) do ouvinte em relação ao material musical que escuta. A mesma capacidade imaginativa é evocada no espectador de cinema, precisamente nos cortes, na edição do filme. Embora as imagens de um filme sejam referenciais, ou seja, o espectador compreenda referencialmente a narrativa, os cortes saltam de um tempo a outro da história, criando o que Almeida (1999) denomina *intervalos de significação*, que compõem a linguagem cinematográfica. O espectador é induzido a completar com a própria imaginação e expectativa os fatos que conectam uma cena à outra.

---

14   Título extraído do artigo homônimo de José Borges Neto (2005) para a *Revista Eletrônica de Musicologia*.
15   Em geral, a afirmação se refere à música dita *clássica* ou *de concerto*, considerada a *música universal*.

Da mesma forma, é a incompletude da linguagem musical que permite ao ouvinte preencher os espaços vazios com a própria imaginação, habitando, com seus próprios significados, esse espaço de relação/interação com a música. Para muitas pessoas, música é essencial.

1.4 Som, música e significado

Um som ouvido isoladamente produz emoção e significado? Certamente, nosso aparelho auditivo é equipado para a audição, que, associada a um processo cognitivo, busca identificar e representar o que foi ouvido e a que emoção pode associar-se. O forte ruído produzido por um raio que cai não muito distante de um indivíduo pode produzir susto e todos os seus efeitos físicos ou emocionais. A audição de música, por outro lado, induz a associações imensamente mais complexas, que nos aproximam da fruição de uma linguagem, como já comentamos.

Em alguns casos, a música tem um significado referencial, como hinos ou sinais militares. Também no caso da trilha sonora de cinema, a música está associada ao significado da narrativa e dos eventos mostrados na tela; assim, o significado associado é extramusical e está explícito. Agora, examinaremos como a música, estruturalmente, pode produzir significado na experiência da escuta. Para efeito de nossa discussão, vamos desconsiderar as canções, em que a letra cantada aponta um significado claro, uma narrativa em prosa ou em poesia e, portanto, o entendimento é literário, e não musical; aqui, analisaremos exclusivamente a música executada por instrumentos.

Quando escutamos uma música instrumental e experimentamos prazer ou identificação, estabelecemos uma relação com ela, somos levados a pensar que a música nos diz alguma coisa. Entre as diferentes formas de fazer música, há a divisão entre o que é música pura e o que é música descritiva ou programática. Em poucas palavras, *música pura* é a que ouvimos por si mesma, apreciando seu contorno melódico, sua forma e seu desenvolvimento; a *música programática* ou *descritiva* é aquela que busca evocar ideias ou imagens extramusicais no ouvinte.

Vejamos os casos do concerto *As quatro estações*, de Antonio Vivaldi[16], e da VI Sinfonia, a *Pastoral*, de Beethoven[17]. Nessas obras, o desenvolvimento musical busca descrever eventos ligados aos climas do ano (ventania, chuva etc.) e às impressões de uma vida no campo, respectivamente; são consideradas músicas descritivas, apesar de construídas na forma concerto e sinfonia, formas puras de música.

Há muito foram estabelecidas essas relações da música com a imagem. O violinista francês Michel-Paul Guy de Chabanon (1730-1792) associa música e pintura: "A música pode pintar tudo, porque ela pinta de uma maneira imperfeita" (Chabanon, 1785, p. 63, tradução nossa). Vamos destacar que o título de uma obra programática já é um forte indutor das associações que o ouvinte pode estabelecer; então é possível inferir que, se por um lado a música é incapaz de expressar um significado preciso, por outro é passível de se combinar ao que se desejar.

No livro *J. S. Bach: el músico poeta*, escrito em 1902, Albert Schweitzer[18] apresenta uma análise pormenorizada da linguagem musical de J. S. Bach[19] como estruturalmente simbólica e narrativa, concluindo que "a psicologia nos ensina que toda arte manifesta tendências descritivas contanto deseje alcançar uma expressão que exceda as suas possibilidades. [...] A lógica das artes é a lógica das associações de ideias" (Schweitzer, 1902, p. 267, tradução nossa).

Assim, sem mudar de assunto, vamos nos debruçar sobre a música em si, sobre o que ocorre na música pura. Já temos uma boa ideia sobre a experiência de escuta musical. Há poucas décadas, alguns autores resolveram investigar essa experiência mais profundamente: entre eles Meyer (1956), no livro *Emotion and Meaning in Music* ("Emoção e significado na música", em tradução livre), em que busca explicar a existência da emoção e do significado na música desenvolvendo uma teoria de comunicação emocional. Meyer (1956) coloca a expectativa no centro da experiência de escuta e de significação da

---

16   Antonio Vivaldi (1678-1741) foi um clérigo, compositor e violinista italiano do período barroco (Horta, 1985).

17   Ludwig van Beethoven (1770-1827), compositor e pianista alemão, foi personagem fundamental na transição entre o classicismo e o romantismo (Horta, 1985).

18   Albert Schweitzer (1875-1965), teólogo, escritor, músico e médico franco-alemão, recebeu o Prêmio Nobel de Literatura em 1952 (Horta, 1985).

19   Johann Sebastian Bach (1685-1750) foi um compositor alemão, considerado o maior representante da música barroca (Horta, 1985).

música, indicando que a escuta dela produz tendências **expectantes**: ao ouvir um fragmento musical, o ouvinte o compara imediatamente ao próximo fragmento, ou seja, a expectativa do ouvinte é a de reconhecer uma sucessão de motivos musicais repetidos e variados que soe familiar ou esperada. Essa experiência pode resultar, portanto, em confirmação ou frustração dessas expectativas. O autor indica, assim, que um estímulo musical ocorre na recepção de uma sequência de eventos musicais relacionados (Meyer, 1956).

Essa ideia é em parte compartilhada por Serafine (1988), que aborda a questão de maneira semelhante no livro *Music as Cognition: the Development of Thought in Sound* ("Música como cognição: o desenvolvimento do pensamento em som", em tradução livre), em que, apresentando uma teoria da música como cognição, utiliza-se da morfologia da música, analisando a estruturação das frases melódicas e dos motivos, por exemplo, sob o ponto de vista do ouvinte.

> O encadeamento do motivo é um processo cumulativo ou aditivo pelo qual duas ou mais unidades (ou motivos) são combinados sucessivamente em uma unidade maior. Este processo, obviamente, é necessário para que a música continue sendo uma unidade singular, para que todos os eventos musicais se encadeiem ou sejam um a sequência do outro. Note que podemos falar de processo "retroauditivo", isto é, de uma construção de um todo sucessivamente, como uma extensão, da qual se tem a compreensão apenas tardiamente [...]. O todo é compreendido apenas com a experiência da sucessão temporal. (Serafine, 1988, p. 75-76, tradução nossa)

| A música consiste em uma sequência de sons ritmicamente organizados.

Para resumir o que afirmaram Meyer (1956) e Serafine (1988), vamos lembrar que a música consiste em uma sequência de sons ritmicamente organizados. Nessa sequência, o equilíbrio entre a apresentação de novas ideias e a repetição ou recorrência de motivos ou elementos configura uma lógica, na qual a repetição é fundamental, pois é o procedimento que produz signos e, por consequência, enunciação. Se assim organizada, a música produz nos ouvintes um sentido narrativo-musical inteligível ou reconhecível, tal como uma linguagem incompleta. Por fim, a qualidade da experiência é determinada, como já vimos, pela intenção do ouvinte, pela disponibilidade de escutar em uma dimensão interpretativa, por meio da interação.

Síntese

Neste capítulo, abordamos o que é o som, do que a música é feita e de que forma costumamos escutá-la e compreendê-la. Grande parte da emoção experimentada e do significado objetivo em música é uma construção do mundo interno do indivíduo, possibilitada pela incompletude de significação do discurso musical. É nesse mundo interno, onde há espaço livre a ser ocupado pela nossa própria imaginação, que a escuta é ativa, participante.

Apresentamos, a seguir, alguns dados importantes sobre o que discutimos neste capítulo.

Propagação do som e da luz	A vibração produzida por um corpo, um organismo ou um fenômeno produz na atmosfera uma impulsão mecânica que impele ondas em sentido longitudinal, atuando sobre as moléculas que compõem o ar; isso acontece em todas as direções.
	A luz também se propaga no tempo e no espaço, em ondas eletromagnéticas que não precisam excitar mecanicamente as moléculas do ar para se propagar.
Propriedades do som	A **reflexão do som** ocorre de forma semelhante à reflexão da luz: as ondas sonoras colidem com um obstáculo e, refletidas, ganham novo impulso; ao retornar para o ponto em que se encontra o emissor original, são percebidas, dependendo do tempo de reflexão, como eco ou como reverberação.
Nossos ouvidos	Nós, humanos, e a maioria dos animais, temos dois ouvidos, e isso tem uma função muito importante: é o fato de ouvirmos em estéreo que viabiliza nossos sentidos de **orientação espacial** e de **profundidade sonora**.

(continua)

(conclusão)

Componentes do som	As **ondas sonoras** propagadas podem ter comprimentos diferentes: cada oscilação ou ciclo se repete, nas ondas mais curtas em velocidade maior que nas mais longas. O comprimento de uma onda sonora é a distância entre a repetição de cada oscilação ou ciclo em um modelo de onda, e a velocidade de repetição de cada ciclo é chamada de *frequência*. As ondas de luz também oscilam em diferentes comprimentos de onda e em diferentes frequências, em valores que determinam, em nossa percepção visual, cores diferentes.
	A **amplitude** ou intensidade (maior ou menor) das oscilações que constituem a onda sonora é percebida como sons mais fortes ou mais fracos, uma impressão auditiva chamada de *volume do som*.
	A qualidade do som que permite identificá-lo é denominada *timbre*, determinado pela forma de onda e pelos sons harmônicos que dão corpo ao som principal.
Sobre a música	A música pode ser definida como uma sequência de sons e silêncios intencionalmente organizados.
Sobre os componentes da música	Para obter uma **melodia**, é preciso mudar, na sequência, as alturas (frequências) dos sons, ou seja, usar diferentes notas intencionalmente combinadas.
	O **ritmo** é, tal como a melodia, a combinação intencional e sequenciada da duração das notas no tempo.
	A **harmonia** consiste no uso de agrupamentos de três ou mais sons executados simultaneamente à melodia, os quais denominamos *acordes* e resultam em texturas de som complexas.
Escuta musical	Ouvir é um processo fisiológico, de percepção física do som; escutar demanda uma acuidade nessa percepção, a escuta pertence à dimensão interpretativa.
	Modos dominantes de se ouvir música: físico, emocional e intelectual.
Significado	Segundo Meyer (1956), na escuta de música, o ouvinte busca reconhecer uma sucessão de motivos musicais repetidos e variados que soe familiar ou esperada, em que o estímulo musical advém de acontecimentos musicais em andamento.

Atividades de autoavaliação

1. Ao olhar a descarga elétrica de um raio ao longe, percebe-se que o som é ouvido apenas algum tempo depois do evento. Isso acontece porque:
   a) o som ocorre a partir da extinção da propagação da luz.
   b) a velocidade de propagação da luz é muito maior que a do som.
   c) há significativa disparidade de percepção entre a visão e audição.
   d) a propagação do som é circular.

2. Os elementos que compõem o som são frequência, amplitude e timbre. Assinale a alternativa que define esses três elementos, respectivamente:
   a) Velocidade de repetição de um ciclo de onda, qualidade da onda e intensidade da onda que permite a identificação de um som.
   b) Intensidade da onda, qualidade da onda e velocidade de repetição de um ciclo de onda que permite a identificação de um som.
   c) Qualidade da onda, velocidade de repetição de um ciclo de onda e intensidade da onda que permite a identificação de um som.
   d) Velocidade de repetição de um ciclo de onda, intensidade da onda e qualidade da onda que permite a identificação de um som.

3. A música ocidental, tal como se conhece, é constituída por:
   a) vários sons organizados e sistematizados em modelos de procedimentos que se modificam no decorrer dos séculos.
   b) vários sons organizados agradavelmente em sistemas que, uma vez consagrados, não precisam mais ser alterados.
   c) sistemas organizados de vários sons que, uma vez consagrados, não mais se modificam.
   d) vários sons organizados e consagrados em sistemas que não mais se alteram.

4. Assinale a alternativa que contempla corretamente a diferença entre audição e escuta:
   a) Audição é o processo físico do som, e escuta é o processo interpretativo.
   b) Audição é o percepção interpretativa do som, e escuta é o processo físico do som.
   c) Audição é o processo interpretativo, e escuta é a percepção física do som.
   d) Audição é a percepção física do som, e escuta é o processo interpretativo.

5. Identifique as afirmativas como verdadeiras (V) ou falsas (F):
   ( ) As ondas sonoras propagam-se em qualquer meio a uma velocidade constante.
   ( ) Considerando que o som é um fenômeno perceptivo, uma vez que não houver receptor (ouvinte), não haverá som.
   ( ) Associamos sons e cores porque as frequências das ondas sonoras correspondem às mesmas frequências nas ondas de luz.
   ( ) Música pura é a que ouvimos por si mesma, e música programática ou descritiva é aquela que busca evocar ideias ou imagens extramusicais.

6. Identifique as afirmativas como verdadeiras (V) ou falsas (F):
   ( ) Marcia Carvalho, no texto "A trilha sonora do Cinema: proposta para um 'ouvir' analítico", destaca quatro tipos de modos de escuta, a saber: físico, emocional, intelectual e intuitivo.
   ( ) Para Albert Schweitzer, a lógica da arte é a lógica da associação de ideias.
   ( ) Música é linguagem, uma vez que apresenta fonologia, sintaxe e léxico.
   ( ) Um ouvinte busca comparar as estruturas musicais que ouve sequencialmente, e quando a expectativa do ouvinte reconhece o que acabou de ouvir, ocorre o entendimento do discurso musical.

Atividades de aprendizagem

Questões para reflexão

1. No filme *Gravidade*, além da música incidental ouvida ao fundo, é possível escutar a comunicação pelo rádio entre os astronautas, mas não os sons produzidos pelos eventos que ocorrem no espaço. Explique o fenômeno com base nos conhecimentos que você já tem sobre a física do som.

2. A música é essencial em nossas vidas e cumpre diversas funções na sociedade. Identifique e cite exemplos práticos de pelo menos seis entre as dez ocorrências citadas por Merriam.

Atividade aplicada: prática

1. Faça um exercício de percepção musical com uma música instrumental desconhecida, de duração não superior a dois minutos (se a música for mais extensa que isso, a execução pode ser interrompida aos dois minutos). Peça a alguém que selecione uma música para que você ouça. A música pode ser descritiva ou pura, mas não deve ter nenhuma palavra cantada que indique seu sentido. Você não deve ter acesso a nome, sentido, função ou destinação da música até o final da experiência. Ouça os dois minutos da música uma única vez e, após a audição, anote palavras que representem essa experiência. Embora a primeira audição seja a mais importante, se necessário, o processo pode ser repetido uma única vez mais. Anotadas as palavras, você já pode ter acesso ao título ou à função da música. O objetivo é perceber se a música de fato comunicou algo de referencial, como ideias, impressões ou emoções.

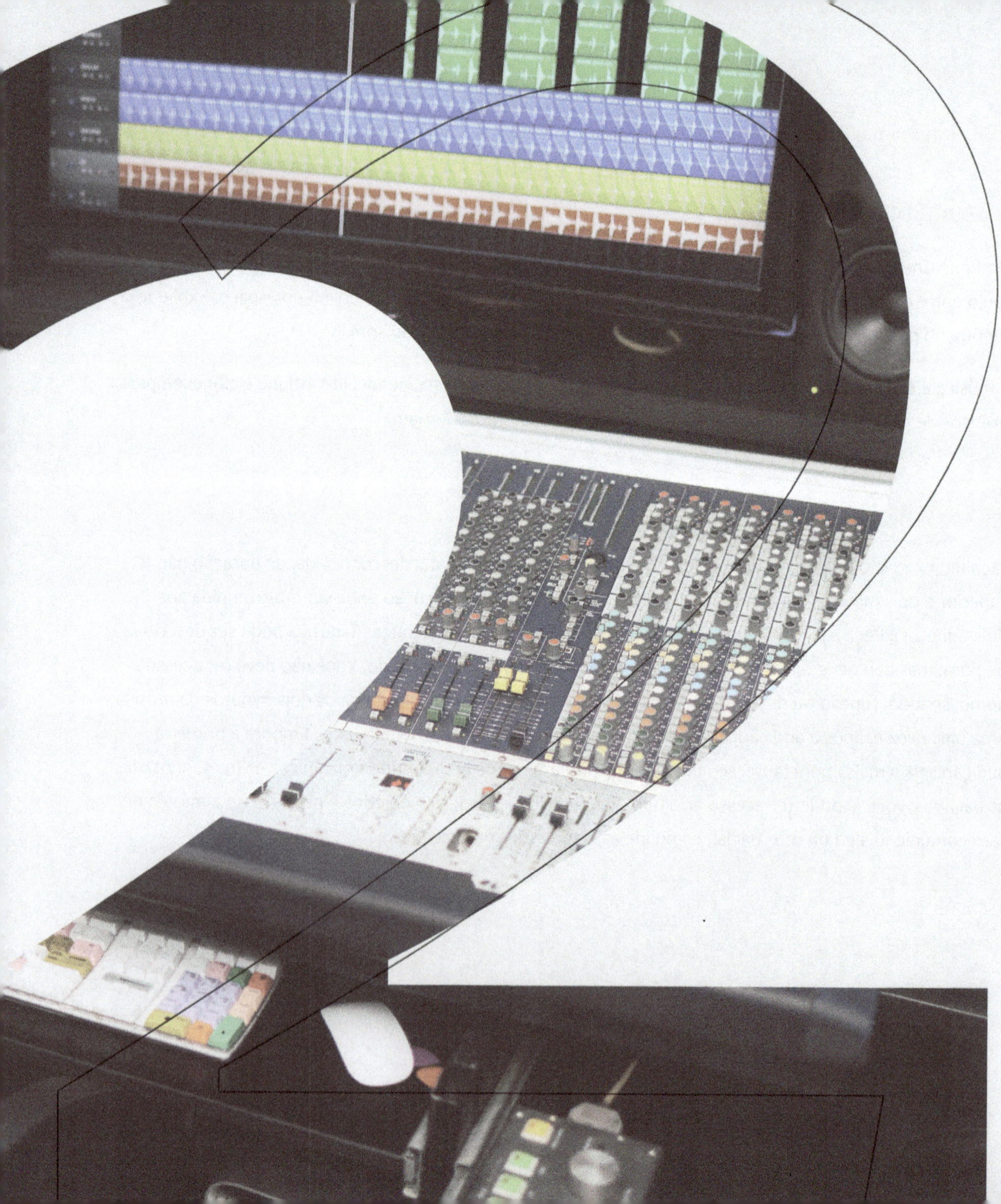

Som e música em sociedade

Primeiro, farei diferentes testes de cor: Estudarei o escuro – azul profundo, violeta profundo, verde profundo etc. Vejo as cores diante dos meus olhos regularmente. Por vezes, imito com os meus lábios os sons profundos do trompete – depois visualizo várias misturas profundas, que a palavra é incapaz de conceber, e que a paleta vagamente reproduz.

Kandinsky

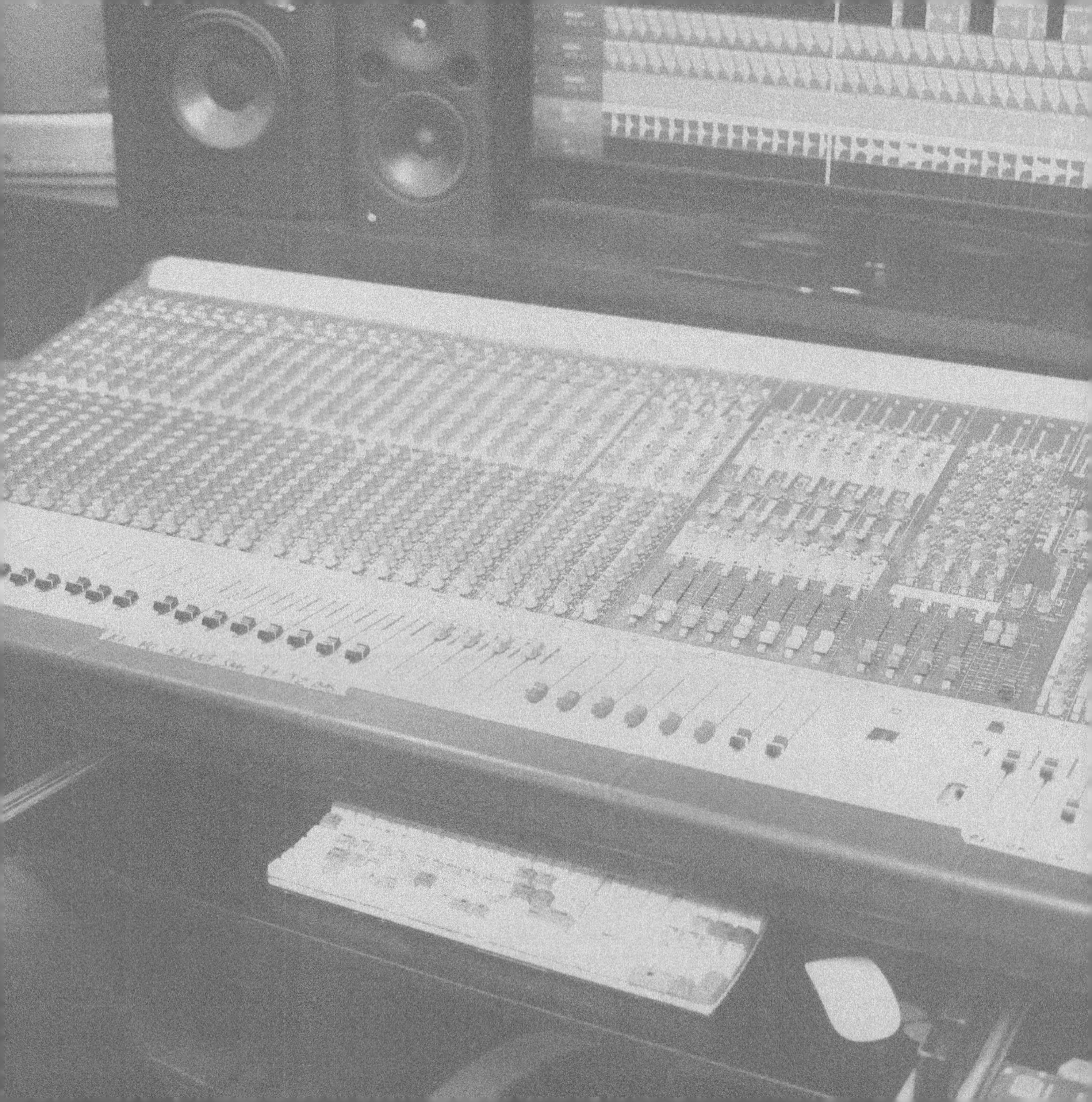

A epígrafe de Kandinsky nos remete à apropriação de imagens e gestos musicais nas artes visuais. Aproveitamos, neste capítulo, para retomar a discussão sobre o uso da música não apenas como ferramenta de produção simbólica, mas também como marcador de signos extramusicais e emocionais na memória do indivíduo em todos os períodos de sua vida, de forma semelhante ao funcionamento da trilha sonora de um filme. Abordamos, à luz do conceito de etnicidade, a função de ordenação social da música, os artistas "guardiães" das tradições culturais de uma etnia e a atual hibridação das artes que se insere em um processo de globalização econômica e de migração. Além disso, tratamos das relações entre som, música e territorialidade e de como estas são, simultaneamente, determinadas pelas identidades nos territórios e determinantes para elas, à luz das representações sociais. Discutimos também as implicações tecnológicas das práticas musicais: se a música sempre esteve mediada por tecnologias, hoje seu uso massivo vem transformando os modos de criação e de escuta musical. Por fim, apresentamos uma nova forma de arte híbrida que, por meio da tecnologia, usa indissociavelmente música e imagem: a música-vídeo ou o videomúsica.

2.1 Música e memória: a "trilha sonora" de nossas vidas

No capítulo anterior, comentamos sobre a maneira de utilizar a memória para a escuta de música e a produção de significado. Neste capítulo, vamos avançar ao discutir outras dimensões na relação entre memória e escuta musical e entender como essas experiências de escuta atenta da música não apenas contribuem para a formação de matrizes estéticas e musicais, mas também permanecem ancoradas a fatos de nossas vidas.

▶ **Filme 1**
ALIVE Inside: a story of music and memory. Direção: Michael Rossato-Bennett. EUA: Projector Media, 2014. 77 min.

O documentário *Alive Inside*, realizado pelo cineasta Michael Rossato-Bennett a partir do trabalho do assistente social norte-americano Dan Cohen em instituições de internamento de idosos nos Estados Unidos, serve magnificamente como fio condutor e ilustração do processo que queremos analisar. Seu lançamento, em 2014, causou forte impacto nos Estados Unidos. O filme, disponibilizado na internet, tornou-se viral, alcançando a marca de mais de dois milhões de visualizações em um curto espaço de tempo. O projeto de Dan chama-se *Music and memory*[1] ("Música e memória") e consiste em utilizar pequenos *iPods*[2] para que pacientes com demência provocada pelo mal de Alzheimer e outras doenças tenham acesso à audição de música. Não qualquer música, mas o repertório que reconheciam ser de sua preferência. O projeto verificou que, por meio do poder vivificador da música, a audição atenta dos pacientes reativou circuitos neuronais ligados à memória, com resultados espantosos.

O projeto atraiu a atenção do renomado neurocientista Oliver Sacks, um dos depoentes do documentário, que comenta: "A música é inseparável da emoção. Então não é apenas um estímulo fisiológico. Se funcionar, [o estímulo] vai despertar a pessoa

---

1 Para saber mais sobre o projeto "Música e memória", de Dan Cohen, visite: MUSIC & MEMORY. Disponível em: <https://musicandmemory.org/>. Acesso em: 7 mar. 2018.

2 *IPod* é um aparelho portátil tocador de mídia de áudio para ser ouvido com fones, idealizado e vendido pela empresa norte-americana Apple.

como um todo, as diferentes partes do cérebro, as memórias e as emoções que a música traz consigo" (Alive..., 2014)[3]. Os dados coletados provaram que o estímulo musical produz a conexão de sinapses[4] fundamentais ao desenvolvimento cognitivo-emocional das pessoas e que é capaz de refazer essas sinapses naqueles que sofreram danos causados por doenças neurológicas, notadamente pelo mal de Alzheimer. A música estimula e ativa mais partes do cérebro do que qualquer outro estímulo.

Mas um fato se destaca e muito nos interessa discutir: a audição ativa dos idosos dirige-se ao repertório que ouviram durante um período importante ou favorito de suas vidas; para que a coisa funcione, a música tem de ter significado para eles, estar coordenada com seus sentimentos, com suas memórias.

O filme também menciona que um feto, ainda na barriga e envolto pela placenta, é capaz de ouvir não apenas o som da voz da mãe, mas também música. Lembra que, no primeiro capítulo, discutimos as leis de propagação do som em meios mais densos, como a água? O compositor Jourdain (1998, p. 92), no livro *Música, cérebro e êxtase*, acrescenta:

> Até um recém-nascido tem algum tipo de vida musical. A resposta inicial do bebê ao som musical é voltar-se defensivamente em direção a ele. Mas a criança de cerca de um mês já sabe distinguir tons de diferente frequência. Com seis meses, a criança responde à mudança de contorno melódico. [...] Até o cérebro de um bebê percebe uma melodia como sistema de relação entre notas.

Então, do outro lado da linha do tempo da vida, no momento de nosso nascimento, essas associações já estão operando, produzindo sentidos e relacionando-os aos eventos de nossas vidas. Ao final do filme *Alive Inside*, o narrador diz "[com a música] vamos levar a vida aos lugares onde ela foi esquecida" (Alive..., 2014)[5]. Demonstraremos, mais adiante, o que isso significa.

Esses dados permitem inferir que a conexão da escuta ao prazer é fator determinante para a qualidade e para a intensidade da experiência vital que é armazenada na memória de longo prazo, associando

---

3   Transcrição e tradução direta de depoimento no filme, a partir de 6min 38s.
4   Sinapse é o contato das terminações nervosas entre neurônios.
5   Transcrição e tradução direta da narração do filme, a partir de 1h 12min 45s.

a música aos fatos e marcos históricos. Isso significa uma forma de introjeção que liga e integra a música às imagens mentais. A música nos acompanha por toda a vida e, portanto, podemos afirmar que usamos música como "trilha sonora" de nossas vidas, à semelhança das músicas que são sincronizadas e fixadas em um filme a que assistimos.

2.1.1 Os olhos apontam para fora, os ouvidos, para dentro

O título desta seção, extraído de Schafer (2001, p. 29), revela o caráter da fruição de música, o tipo de comportamento que o processo de escuta exige. Se a música chega aos ouvidos como um estímulo externo, tudo acontece "dos ouvidos para dentro", ativando prodigamente inúmeros sistemas neuronais associados à memória.

O acesso àquela canção antiga que ressurgiu também envolve o acionamento da memória por meio de um processo que, por sua vez, aciona os diversos sistemas neuronais recrutados para o cumprimento dessa tarefa. O ato de executar um instrumento ou cantar uma música mobiliza inúmeros sistemas relacionados à memória, incluindo comandos musculares, que realizam movimentos muito complexos e rápidos. Como nos tornamos competentes para realizar tarefas tão complexas? O executante, que repete lenta e exaustivamente esse processo, permite à memória apropriar-se em detalhe, nota a nota, de todo trecho a ser memorizado como um sistema de informações e ordens que é acessado como um todo para executar esses comandos musculares.

Enquanto a memória é acionada pelo reconhecimento de uma música específica, toda ordem de informações e impressões afetivas são redespertadas e expressas com o material musical associado originalmente. Esse fenômeno ocorre com todos nós, todo o tempo. No entanto, para aqueles que sofrem do mal de Alzheimer, acessar uma memória perdida é uma experiência de reavivamento surpreendente. E, para todos nós, a fruição de música movimenta um processo cumulativo, constituindo um vasto repertório memorizado em associação com fatos, sobretudo com a emoção vivida.

Segundo Pereira (2009, p. 176), "Miller (1992) [...] adverte que todas as formas de música são estímulos potenciais para as respostas afetivas e que estas envolvem significados". Pereira (2009) afirma, também, que o ouvinte usa todo o seu sistema mental para organizar os significados de um objeto musical percebido, em um processo que pode ser consciente ou inconsciente.

Quando, ao ouvir música, envolvemo-nos nessa experiência artística, qual é nossa disposição e quais são os dispositivos que colocamos em ação para estabelecer contato com o que ouvimos? Nesse contexto, entendemos como *significado* tudo o que emerge ou emana de nossa interpretação pessoal da experiência musical. Ayrey (1994, p. 7, tradução nossa), no livro *Theory, Analysis and Meaning in Music* ("Teoria, análise e significado na música", em tradução livre), cita Roger Scruton em sua discussão sobre o papel da metáfora no processo de apreensão musical:

> Parece que em nossa apreensão mais básica da música existe um complexo sistema de metáfora, que é a verdadeira descrição de um fato não material, e a metáfora não pode ser eliminada da descrição da música, porque é parte integrante do objeto intencional da experiência musical. Tire essa metáfora e você para de descrever a experiência da música.

Segundo Ayrey (1994, citado por Pereira, 2009, p. 179), "o gatilho da memória é a metáfora[6], mas a exploração e expansão de uma memória particular é metonímia[7]". Ayrey (1994) alerta que é por meio da metonímia (ao estender o significado concreto do objeto para o campo de ideias a ele

---

6 "Figura de linguagem em que uma palavra que denota um tipo de objeto ou ação é usada em lugar de outra, de modo a sugerir uma semelhança ou analogia entre elas" (Metáfora, 2018). No contexto em que aparece aqui, refere-se às associações, conscientes ou não, realizadas pelo ouvinte.

7 "Figura de linguagem que tem por fundamento a proximidade de ideias, havendo o uso de um vocábulo fora de seu contexto semântico. Trata-se do uso de uma palavra por outra, explorando-se a relação existente entre elas" (Metonímia, 2018). No contexto em que aparece aqui, refere-se às associações produzidas por similitudes.

relacionadas) que conferimos ao discurso nossas projeções[8]. Portanto, a fruição de música não é possível sem a memória.

> A fruição de música não é possível sem a memória.

Para vários autores, grande parte da emoção experimentada e muito do significado objetivo em música são construções do indivíduo associadas à experiência, ou seja, inconscientemente, somos levados a uma escuta ativa e participativa diante de uma música com a qual interagimos na incompletude de significação do discurso musical. Ali, o mundo interno de cada um encontra um espaço livre a ser ocupado imaginativamente.

2.1.2 Quando a música é trilha sonora de um filme

Quando comparamos o papel da música em nossas vidas ao da trilha sonora em um filme, constatamos que a música no cinema também adquire significado, na medida em que se encontra associada ao discurso cinematográfico e à primazia da narrativa. Esta confere significado a todos os elementos que a constituem, como imagem e som – diálogos, efeitos sonoros que (re)criam o ambiente e a ação e a música, quando presente.

A música usada em trilha sonora de cinema constitui um expressivo e lucrativo segmento do mercado musical, em razão do papel que desempenha em um filme. O produto dessa conexão determina novas relações de significação, podendo criar associações que não se encontram fora desse contexto e que operam como facilitadoras da fruição musical. A música associada à imagem assume caráter **funcional** na narrativa.

---

8   Para Freud (1912-1913, citado por Coelho Júnior, 1999, p. 39), "A projeção de percepções internas [...] para fora é um mecanismo primitivo, a que estão sujeitas nossas percepções sensoriais [...], e que assim, normalmente desempenha um papel muito grande na determinação da forma que toma nosso mundo exterior. Sob condições cuja natureza não foi ainda suficientemente estabelecida, as percepções internas de processos emocionais e de pensamento [...] podem ser projetadas para o exterior da mesma maneira que as percepções sensoriais. São assim empregadas para construir o mundo externo, embora devam, por direito, permanecer sendo parte do mundo interno".

Um público desabituado à música de gênero distante de sua preferência pode admitir e incorporar esteticamente essa manifestação quando inserida em um contexto fílmico. O filme capaz de captar o interesse do espectador opera essa mediação e permite a apreciação de gêneros musicais ainda desconhecidos ou distantes, que, combinados com a imagem e a narrativa, garantem a apreensão e a fruição, facilitando a produção de sentidos.

A título de exemplo, citamos a música sinfônica da série *O Senhor dos Anéis*, do compositor Howard Shore, que foi incorporada ao repertório do público do filme por se associar aos sentidos da narrativa fílmica da saga. Isso não significa que o espectador necessariamente se torna, a partir daí, um apreciador de música sinfônica, mas que as texturas orquestrais ouvidas e apreendidas são incorporadas como outra matriz estética que traz consigo o valor da experiência original total e os sentidos da narrativa – um modelo ou gênero musical que pode ser identificado com seu papel funcional no filme, como música de aventura, batalha, terror ou vitória.

De forma análoga, mas em sentido inverso, a música em um filme evoca, na memória, a cena do filme em que estava inserida, fazendo emergir com ela o sentido originário, tal como ficam ancorados os fatos de nossas vidas que são associados a qualquer música.

▶ **Filme 2**
O SENHOR dos anéis: a sociedade do anel. Direção: Peter Jackson EUA: AOL Time Warner Company, 2001. 178 min.

2.2 A música como indutora de identidade étnica e cultural

O fato de que todas as artes são capazes de interagir entre si nos campos simbólicos, por estes constituírem precisamente seu espaço de manifestação, produção e consolidação de símbolos, permite abordarmos, agora, como as artes e, nesse caso, a música, são indutoras de sentidos que perpassam toda a cultura.

Figura 2.1 – *Angelus novus*, de Paul Klee (1920)

KLEE, P. **Angelus novus**. 1920. 1 óleo e aquarela sobre papel: color., 31,8 cm × 24,2 cm. Museu de Israel, Jerusalém.

O quadro *Angelus novus* (Figura 2.1), de Paul Klee (1879-1940), adquirido pelo escritor Walter Benjamin (1892-1940) em 1921, acabou transformado em símbolo e estrutura revolucionária na análise que serviu de base para a exposição do conceito de história que reconfigurou o estudo dessa disciplina. Além disso, Kandinsky (1866-1944) encontrou fundamentação e correspondência entre sua obra e a música do compositor alemão Arnold Schoenberg (1874-1951). A cultura, em seu escopo mais amplo, é o campo sobre o qual o artista se debruça e no qual interfere, interdisciplinarmente, de forma consciente ou não.

Começaremos definindo o que é **identidade étnica e cultural** para, então, discutirmos as formas de apropriação desses sentidos na música hoje. A questão envolve conceitos de antropologia e cultura cujos usos vêm sendo profundamente transformados, tanto por sua apropriação e inserção nos mercados culturais quanto por um processo de hibridização da cultura que vem ocorrendo no mundo globalizado.

2.2.1 Conceito de identidade étnica ou etnicidade

Identidade étnica ou *etnicidade* é a autoconsciência da especificidade cultural e social de um grupo, o conjunto de características comuns aos membros que os diferenciam de outro grupo. Normalmente, essas características incluem a língua, a cultura, a noção de uma origem comum e o reconhecimento de uma territorialidade onde essa etnicidade tem a sua origem e onde se manifestam essas práticas culturais. Jenkings (2014, p. 124, tradução nossa) alerta que, para Barth (1969), "as identidades étnicas são processuais ou práticas: para agir em vez de contemplar". É nas práticas sociais, portanto, que as identidades étnicas são manifestadas, comunicativamente.

Assim, as identidades étnicas constituem um conjunto necessário de códigos e representações que permeiam as relações sociais. Essa identidade construída é o elo entre o indivíduo e a estrutura social que funda o sentido de pertença ou pertencimento.

A associação a uma origem comum no conceito de *identidade étnica* ou *etnicidade* é o meio pelo qual é possível conferir autenticidade, "pureza" étnica e adesão a uma essência cultural comum que constituiria as raízes de um grupo social. O conceito de *etnicidade* tem um significado puramente social, mais ligado à cultura, e, no caso da música, tem sido utilizado com o sentido de revelar a música "autêntica" ou "verdadeira" de um povo.

Segundo Giddens (1991, p. 37-38), a estabilização e a consolidação dessas relações sociais constituem a tradição, "que é um meio de lidar com o tempo e o espaço, inserindo qualquer atividade ou experiência particular na continuidade do passado, presente e futuro, os quais, por sua vez, são estruturados por práticas sociais recorrentes".

A música étnica – pela conservação das práticas fundadas em valores tradicionais de uma etnia, como seus usos, ritmos e contornos melódicos, instrumentos e formas de canto – reúne sonoridades que podem ser reconhecíveis como características e, portanto, indutoras de imagens representativas de valores, atitudes e crenças de seus integrantes.

Considerando a música como uma prática social presente em todas as culturas, podemos afirmar que sua função nos grupos sociais é **conectiva**: a de (re)conectar o grupo em questão com a memória social que a produziu, atualizando, nas ações do presente, os valores de uma tradição que determina não só as modalidades do fazer musical, mas também os modos de escuta, atuando na construção de fronteiras culturais para a conservação dos graus de distinção entre seus membros e os de outras etnias.

O imenso patrimônio das culturas mais distantes dos centros do ocidente tem sido objeto de estudo da antropologia e da etnomusicologia, coletado e conservado em arquivos para consulta e pesquisa. O uso restrito e o interesse eventual do público em geral têm inspirado projetos de instituições públicas e privadas que logram a catalogação e a disponibilização dos acervos ao público: nos arquivos de música tradicional da British Library (World..., 2018), é possível ouvir inúmeros registros históricos de diferentes etnias do mundo, reunidos a partir de coleções de pesquisadores.

2.2.2 Da tradição à hibridação

Entendendo o papel da música na construção de símbolos de etnicidade, passamos a discutir o aspecto dinâmico da cultura, em que a etnicidade atua como um dispositivo cultural que está sempre em interação, em diálogo e em conflito com outras identidades. Lortat-Jacob e Olsen (2004, citados por Ribeiro, 2011, p. 109), ao analisarem a questão musical à luz da antropologia, observam que:

> a música (e as sonoridades) não pode(m) mais ser consideradas como fenômeno inerte dentro da cultura, prática segunda, ou produto derivado: ela é socialmente decisiva e psicologicamente ativa. Não é só indispensável à festa, ao ritual, à possessão, à caça e a tantas atividades humanas: pode construir categorias de pensamento e de ação. Não contente em acompanhar a possessão, fornece-lhe o enquadramento sonoro e gestual; do ritual, não é simples acessório, mas um dos atributos principais; nas manifestações coletivas reunindo músicos e público, indica o conteúdo da ação comum; e quando alcança o domínio religioso, não o faz como cenário ou simples suporte sonoro da devoção, mas como essência do ato devocional, encarnando o divino [...]: divino do qual se pode pensar que é tanto mais sensível às sonoridades humanas, quanto é ele mesmo de natureza sonora.

Em meio a essa dinâmica, não é difícil percebermos como a música dita *étnica* vem sofrendo mudanças aceleradas de forma e de uso, uma vez inserida no mercado globalizado de símbolos. Como alerta Carvalho (1994), as culturas vêm sendo moduladas pelo espaço comunicacional global, podendo produzir novas trocas, deslocamentos e mudanças, mas não sua extinção.

> O espaço social do Estado-Nação tem, tradicionalmente, sido também, o **espaço comunicativo** por excelência – as práticas comunicativas eram definidas, quase exclusivamente, no espaço nacional, em respeito a um conjunto determinado de normas culturais (Schlesinger, 1991b: 299).
> A partir do surgimento dos satélites de difusão direta, a informação **transnacionaliza-se**. [...]
> Poderemos, então, falar de uma parcial **desterritorialização** da informação [...].
> Verifica-se uma transposição da soberania do Estado em matéria de informação.
> Podemos considerar que uma nova "ordem" da informação se vai definindo. (Carvalho, 1994, p. 4-5, grifo do original)

Além disso, a autora afirma que as mídias "desempenham um papel crucial na construção, articulação e manutenção de várias formas de identidade coletiva" (Carvalho, 1994, p. 6). Assim, ao considerarmos que, no novo panorama geopolítico, as culturas e os movimentos identitários se inserem em dinâmicas sociais que se encontram em constante deslocamento, percebemos que, consequentemente, os mercados simbólicos vivem uma transnacionalização por meio de dois processos simultâneos: a massificação da indústria cultural e os fenômenos de desterritorização e reterritorialização ligados às migrações, como observa García Canclini (2003, p. 23): "Em um mundo tão fluidamente interconectado, as sedimentações identitárias organizadas em conjuntos históricos mais ou menos estáveis (etnias, nações, classes) se reestruturam em meio a conjuntos interétnicos, transclassistas e transnacionais".

A atividade musical coloca em evidência os artistas e a contínua apropriação nas expressões culturais contemporâneas. Nessa nova dinâmica, as especificidades se dissolvem em hibridizações culturais com fronteiras cada vez mais invisíveis, com a convivência, em um mesmo território, de variadas culturas em permanente confrontação e negociação de valores.

Para García Canclini (2003), o que ocorre é uma "heterogeneidade multitemporal", que sugere que a massificação e a tradição coexistem em um processo de modernização que não mais implica exclusão de um ou de outro, impulsionando manifestações artísticas híbridas e "impuras", como o grafite e as histórias em quadrinhos. Hall (2000, p. 88) observa dois processos culturais simultâneos, os quais denomina *tradição* (a busca pelo resgate de suas raízes "puras") e *tradução*, ao referir-se às culturas interconectadas, que "retiram seus recursos de diferentes tradições culturais".

O hibridismo cultural que resulta da globalização coloca em pauta o debate a respeito das identidades e da relação tempo-espaço. Para uns, a mistura entre diferentes culturas condena as culturas tradicionais ao enfraquecimento e desaparecimento; para outros, o hibridismo como tradução produz novas formas e possibilita o novo.

Inúmeros artistas associados aos estilos musicais *mainstream*[9] têm, nas últimas décadas, combinado as estéticas ocidentais ao material tradicional africano e oriental, com participação em atividades musicais, como *shows* e gravações, de artistas identificados como guardiães da tradição e da cultura de uma etnia, a exemplo do que fez o compositor inglês Peter Gabriel com Youssou N'Dour na canção "In your eyes".

Indicação cultural

Ouça uma versão da canção "In your eyes", com participação especial de Daby Touré, no *site* oficial do compositor inglês Peter Gabriel.

GABRIEL, P. In Your Eyes. **Back to Front**: Live in London. 2014. Disponível em: <http://petergabriel.com/video/peter-gabriel-in-your-eyes-back-to-front/>. Acesso em: 7 mar. 2018.

---

9 "Corrente principal", em tradução literal. Relaciona-se a ideias, atitudes ou atividades consideradas convencionais, como opinião (senso comum), moda ou manifestações artísticas hegemônicas.

2.2.3 O estereótipo da música étnica ou *world music*

Como a dinâmica desses mercados simbólicos chega até nós? Como uma música evoca a ideia de etnicidade? Ao escutar a música de diferentes culturas, notadamente de etnias autóctones de regiões com culturas distantes dos modelos europeus ou europeizados, percebemos suas características pelo estranhamento diante da sonoridade geral e, mais especificamente, pelos timbres dos instrumentos musicais – via de regra exóticos –, pelos contornos melódicos surpreendentes, pelos ritmos produzidos pela percussão, pelos modos e sonoridades do canto e, finalmente, quando há texto cantado, pela linguagem. As diferenças musicais em relação a matrizes e modelos culturais já conhecidos podem produzir tanto rejeição quanto curiosidade e aceitação nos ouvintes. A esse respeito, Hall (2000, p. 77) verifica que "ao lado da tendência em direção à homogeneização global, há também uma fascinação com a diferença e com a mercantilização da etnia e da 'alteridade'. Há, juntamente com o impacto do 'global', um novo interesse pelo 'local'".

Entre as muitas qualificações de gênero criadas pelo mercado fonográfico – que buscam uma identificação por parte do consumidor – existe a chamada *world music* ("música do mundo", em tradução literal), gênero no qual a indústria fonográfica condensou todos os estilos musicais comercializáveis das diferentes culturas para que pudessem ser inseridos no mercado de países onde esses estilos não seriam absorvidos em gêneros *mainstream*, como o *pop-rock*. A crescente popularização dessas vertentes musicais tradicionais consumidas como novas alternativas estéticas ou em razão da fruição movida pela curiosidade de uma cultura dita *exótica* constituiu um nicho de mercado, tornando necessária essa forma de catalogação discográfica.

Nas duas últimas décadas, surgiram muitos selos discográficos especializados nas formas híbridas de música étnica, catalogadas sob a denominação *world music*, como o Real World Records e o Putumayo Records – para citar apenas dois dos mais conhecidos, que distribuíram no mercado musical um catálogo diversificado para atender a essa demanda. O produto final é híbrido, pois combina matrizes étnicas com as linguagens e os padrões de produção musical atuais, dimensionado para atender ao gosto eclético do consumidor habituado aos padrões de escuta massificada da indústria cultural.

> **Indicação cultural**
>
> Para saber mais sobre a Putumayo Records, consulte (*site* em inglês):
>
> PUTUMAYO. Disponível em: <https://www.putumayo.com/>. Acesso em: 8 mar. 2018.

A difusão e o consumo crescente dessas manifestações musicais fazem surgir a hibridação entre a música dita *étnica* e os estilos e gêneros musicais dominantes. O cinema e a publicidade produzem, da mesma forma, apropriações culturais por meio do simulacro[10] dessas manifestações culturais exóticas. A apropriação ocorre pela incorporação de suas aparências estéticas desconectadas do sentido formativo original: por meio do uso de instrumentos musicais característicos de determinada cultura, do uso de gêneros musicais já identificáveis ou da hibridização de gêneros em novas combinações e arranjos, é possível induzir a percepção da manifestação de uma cultura específica a um grupo étnico.

2.3 O som e a música como indutores de territorialidade

Este texto guarda convergências com o item em que discutimos alguns aspectos da música como indutora de identidade étnica e cultural. Ao falar sobre som, música e territorialidade, também tratamos de representações sociais[11], fazendo-se necessário conceituar o que são territórios geográficos/culturais e estabelecer uma correspondência destes com as ocorrências de eventos sonoros. O objetivo dessa correspondência é entender como a paisagem acústica interfere sobre os agentes e como determina fronteiras sociais.

---

[10] Simulacro, do latim *simulacrum*, significa imitação, falsificação, simulação (Simulacro, 2018).

[11] "As representações sociais são uma forma de conhecimento socialmente elaborado e compartilhado, com um objetivo prático, e que contribui para a construção de uma realidade comum a um conjunto social" (Jodelet, 2002, p. 22).

Santos (2002) afirma que território é "sinônimo de espaço humano e espaço habitado", é o recorte espacial definido por relações de apropriação, poder e de controle sobre recursos e fluxos baseado em aspectos políticos, econômicos e culturais (Saquet, 2007).

Como poderemos verificar mais adiante, nos espaços habitados, públicos e privados, as sonoridades que constituem a **paisagem sonora**[12] estabelecem perspectivas de **relações de poder** entre emissores e receptores: um território contém em si as diversas formas de apreensão e de manifestação individual e coletiva, seja de um Estado ou de um grupo cultural, seja de classe social ou de atividade econômica.

Todas as sonoridades que emanam de uma única festa organizada na rua, por exemplo, propagam-se por uma esfera de audibilidade que excede em muito o território físico ocupado, ou o trecho de rua. Até onde forem audíveis os ruídos do público presente, das ações e da música amplificada, a festa se faz presente, interferente e determinante na dinâmica dos espaços atingidos em sua paisagem sonora.

Assim, a formação de um território articula, de um lado, a construção material, que comanda a apropriação e a exploração dos espaços, e, de outro, a construção simbólica do espaço, sob formas de consciência e representação, em um processo amplo que unifica aspectos econômicos, políticos e culturais (Fuini, 2014).

Fuini (2014) comenta ainda que *territorialidade* é uma construção simbólica vinculada a um território (físico, material). *Território* é o espaço das partilhas simbólicas em uma coletividade; é, portanto, o espaço de uma **identidade socioterritorial**, ou seja, identidade cultural que se encontra projetada no território (físico e imaginário), podendo incluir a ideia de pertencimento familiar, nacionalidade, religiosidade atrelada a um sítio, identificação histórica ou identidades étnico-culturais.

> As sonoridades que constituem a paisagem sonora estabelecem perspectivas de relações de poder entre emissores e receptores: um território contém em si as diversas formas de apreensão e de manifestação individual e coletiva.

---

12 *Paisagem sonora* (do inglês, *soundscape*) é um conceito cunhado por Schafer (1991) para designar o conjunto de sonoridades presentes em um ambiente, em relação ao termo, também em inglês, *landscape* (paisagem).

Fuini (2014, p. 227) denomina essas ocorrências de "territorializações, desterritorializações e reterritorializações".

Manifestações culturais como as práticas musicais podem, portanto, ser determinadas em suas características pelos modos de uso do espaço territorial. Podem também, em contrapartida, estar associadas ao local de origem dessas práticas e partilhas sociais e representá-lo identitariamente. A título de exemplo, podemos associar aos terreiros e às comunidades da cidade do Rio de Janeiro as origens do jongo e do samba, assim como o surgimento e o desenvolvimento do *funk* carioca estão relacionados às comunidades onde ocorrem os bailes nas favelas do Rio.

2.3.1 Territórios acústicos das cidades

O músico Brandon LaBelle, no livro *Acoustic Territories* ("Territórios acústicos", em tradução livre), descreve como o som nos envolve em todas as instâncias de nossas vidas, cumprindo sempre um papel intrinsecamente relacional: "ele emana, se propaga, comunica, vibra e agita; deixa um corpo e entra nos outros; liga e destrava, harmoniza e traumatiza; induz o corpo ao movimento; a mente sonhando, o ar oscilando" (LaBelle, 2006 p. ix, tradução nossa). Descrevendo a paisagem sonora do lar, esse espaço privado, LaBelle destaca a **comunalidade** como conteúdo, princípio, finalidade e representação, em contraste com o vigor da vida urbana exterior e sua fragmentação diferenciadora:

> Subindo do subsolo, emergindo das profundezas, minha atenção se volta para a casa, exposta aos desafios da vida urbana, às tensões de tantas experiências subterrâneas, ao eco desorientador; a casa pode ser apreciada como um contrapeso para a dinâmica de exposição. A experiência de voltar para casa nos dá conforto e alívio das exigências do mundo exterior. (LaBelle, 2010, p. 48, tradução nossa)

Todavia, ainda que o espaço privado do lar permita a autonomia de desenhar, a partir da própria autoridade, a paisagem sonora que se desejar, não há garantia de proteção contra a **violência acústica** ou, em amplo sentido, a poluição sonora. Miyara (citado por LaBelle, 2010) destaca o termo *violência* *acústica* para descrever como o som pode se tornar uma ameaça, impondo um volume abusivo ao cotidiano. Como ele afirma, "violência acústica é apenas violência exercida por meio do som. Muitas vezes, esse som será ruído forte, mas também pode ser música do vizinho passando pela parede da festa ou o zumbido constante de uma cidade movimentada em um fim de noite enquanto se tenta dormir" (LaBelle, 2010, p. 80, tradução nossa).

> Indicação cultural
> Para saber mais sobre Brandon LaBelle, consulte (*site* em inglês):
> BRANDON LABELLE. Disponível em: <http://www.brandonlabelle.net/biography.html>. Acesso em: 8 mar. 2018.

Ainda referindo-se ao comportamento sonoro em espaços fechados, LaBelle (2010) discute a expressão de som e silêncio nas prisões, sendo essencialmente o silêncio um instrumento absoluto de vigilância, controle e isolamento – não basta confinar o corpo do criminoso atrás de paredes, é necessário um ambiente de restrição absoluta. A violência se constitui no constrangimento ao som emitido pelo condenado e o controle é imposto não apenas aos limites do seu corpo e de suas ações, mas também, e de forma significativa, por meio da interdição das extensões audíveis[13], como voz, gritos ou ruídos, quaisquer violações levando inexoravelmente à punição (LaBelle, 2010).

LaBelle (2010) indica, ainda, a calçada urbana como um limiar entre um **interior** e um **exterior**, um espaço estruturante ou uma topografia que posiciona o corpo entre um interior e os estímulos exteriores, um espaço relacional que se estabelece entre indivíduos citadinos que caminham: quase sem querer, inserimo-nos "acusticamente" em um complexo de diferentes conjuntos de ritmos que estão orquestrando a dinâmica entre todos, em que o movimento e a sonoridade da caminhada de cada corpo individual tanto instiga e influencia os mais próximos quanto é susceptível aos movimentos e aos sons produzidos pelos outros transeuntes. Segundo LaBelle (2010, p. 88, tradução nossa), no meio urbano,

---

13 LaBelle (2010) considera que, emitindo sons, o preso poderia ampliar e transgredir os limites físicos restritos que seu corpo pode ocupar em uma cela para um território simbólico tão amplo quanto sua voz poderia, acusticamente, alcançar.

Figura 2.2 – As sonoridades das cidades, determinadas pelos usos e códigos, atuam de forma interferente e determinante como territórios de comportamento

sevenke/Shutterstock

"a calçada é o espaço da potencialidade e das problemáticas relacionadas à expressão social".

Assim, a complexa paisagem sonora urbana é, ela própria, um território com contornos interrompidos e apropriados por todos por meio do confronto de corpos individuais e de sistemas administrativos maiores, como sinais de pedestres, alarmes e vozes eletrônicas, pelos quais as ruas estruturam e modelam, em escala massiva, a audibilidade das trajetórias das pessoas em movimento (LaBelle, 2010).

Por outro lado, é na codificação e na regulação dos usos que se engendram os contrausos. As revoltas, as lutas e as passeatas de rua produzem uma audibilidade que transgride e que procura derrubar o registro escrito – ou seja, a lei, a regra –, reconfigurando ritmos pela promessa implícita de fazer barulho. Para LaBelle (2010), subverter a lei pela perturbação das **sonoridades urbanas** é também subverter a ordem de funcionamento de dado sistema, o que se consubstancia nos usos e contrausos dos espaços urbanos.

2.3.2 A sonoridade dos territórios jovens nas cidades

Não é difícil verificar que a música é uma manifestação constante na mediação das sociabilidades dos agrupamentos juvenis nas grandes cidades e que, portanto, se insere em um conjunto de práticas comunicacionais de cunho estratégico nas articulações e tensões entre **espacialidades** e **poder**, e que as sonoridades cumprem um papel significativo no desenho das territorialidades sonoras juvenis e na ressignificação de seu cotidiano.

A internet, a crise da indústria fonográfica e a pulverização das produções musicais centradas no entretenimento têm incorporado as cenas musicais independentes, a diversidade cultural e as periferias, emergindo como ações estético-culturais inseridas em novas práticas políticas. García Canclini, Cruces e Castro Pozo (2012) comentam o impacto dessas ações nas dimensões macro e micro da vida social, constituindo uma área de fluxo livre a partir da qual os jovens, enquanto reproduzem, reconstroem a dimensão da vida social, desenhando um território capaz de impulsionar e transmitir as mudanças incubadas das culturas juvenis em direção à cultura hegemônica:

> Desde meados dos anos noventa, a música tornou-se o laboratório da nova cultura, no espaço de experimentação de novas formas de relação entre artistas e público, novas formas, funções e modelos de práticas de intermediação de negócio inovadores. [...] Quando a música se converteu no material cultural que mais circula na rede, a Internet deixou de ser um espaço de minorias para se tornar o que é hoje: um território livre de encontros pessoais e circulação de materiais culturais. (Canclini; Cruces; Pozo, 2012, p. 170, tradução nossa)

Na mesma direção, Fernandes, Herschmann e Trotta (2015) alertam que as rodas, os bailes e os concertos executados nos espaços híbridos e públicos da cidade nos quais as sonoridades extrapolam o território físico, como clubes e quadras poliesportivas de associações de morros e favelas, constituem "zonas de contato" que confrontam atores em diferentes papéis sociais. Esses atores vêm, mesmo sob conflitos eventuais, construindo uma "cidadania intercultural" (Fernandes; Herschman; Trotta, 2015).

Assim, voltando à reflexão de LaBelle (2010), resumimos que a paisagem sonora que nos cerca, com seus sons e suas músicas, está fisicamente presente e nos envolve, independentemente de nossa vontade, em processos sociais, em todas as instâncias relacionais, desenhando territórios sônicos e geográficos, determinando fronteiras culturais, engajando-nos em papéis sociais e reforçando laços entre os membros de um grupo inserido em uma **identidade socioterritorial**.

A paisagem sonora que nos cerca, com seus sons e suas músicas, está fisicamente presente e nos envolve, independentemente de nossa vontade, em processos sociais, em todas as instâncias relacionais.

2.4 Música e mediação tecnológica

As artes visuais testemunharam um lento processo histórico no desenvolvimento de sua reprodução técnica, e quem explica esse processo é Walter Benjamin (2012) no ensaio *A obra de arte na era de sua reprodutibilidade técnica*, publicado originalmente em 1936. Nessa obra, o autor cita a invenção da xilogravura na Idade Média, processo que tornou o desenho reprodutível pela primeira vez, seguido pela invenção estampa, da água-forte e, já no final do século XVIII, da litografia – técnica que permitiu, de forma inédita, a reprodução de imagens em massa, disponíveis para um mercado consumidor, até ser tecnicamente ultrapassada pela invenção da fotografia. Como qualquer outra manifestação de arte – pintura e dança, por exemplo –, a música esteve ligada ao desenvolvimento tecnológico.

A reprodução técnica do som teve início apenas no final do século XIX, com a criação do **fonógrafo**, por Thomas Edison, em 1877. A invenção do **cinema**, em 1895, pelos irmãos Lumière, por sua vez, promoveu uma mudança paradigmática no processo de desenvolvimento técnico da reprodução das artes que não apenas produziu a esperada aceleração da oferta e do consumo, como fez com que a técnica conquistasse, com a **fotografia**, a **fonografia** e o **cinema**, um lugar próprio entre os procedimentos artísticos (Benjamin, 2012).

2.4.1 Alguns exemplos na história

As conquistas tecnológicas permitiram a reprodução técnica das artes visuais e da música de forma cada vez mais massiva, com o fornecimento de cópias para um mercado que operacionalizou essa distribuição a consumidores.

A música, desde sempre, foi impulsionada juntamente à tecnologia: o desenvolvimento artístico exigiu novas soluções tecnológicas e as descobertas técnicas permitiram a evolução da *performance* e, consequentemente, da escrita musical.

Durante séculos, a arte da construção de instrumentos como o violino, a chamada *luteria*[14], buscou desenvolver a capacidade de amplificação e projeção do som no ambiente pela caixa de madeira do instrumento, de forma a fornecer, com alta qualidade, som em intensidade suficiente para ser ouvido em amplos espaços públicos, como os teatros, quando ainda não havia amplificação eletrônica; a técnica vocal do canto lírico precisava solucionar os mesmos problemas acústicos; o estilo pianístico de Chopin e Liszt no século XIX não teria sido realizável sem os avanços na mecânica das teclas e dos martelos do piano, que permitiam repetições de nota mais rápidas, apenas para citar alguns exemplos.

Se, historicamente, a música sempre manteve essa forte conexão com tecnologias sofisticadas, hoje a presença da tecnologia na sociedade é extensiva e permeia todas as instâncias da vida contemporânea. Já não é o caso de avaliar o impacto tecnológico, mas de verificar que a mediação tecnológica nas práticas musicais é hoje determinante até mesmo para o contexto sociocultural em que se inserem.

2.4.2 Mediação tecnológica e escuta

Segundo Iazzetta (2009, p. 17), no século XX, o processo de mediação tecnológica sofreu uma aceleração tão acentuada que passou "a operar de maneira cada vez mais incisiva no estabelecimento de nossos modos de atuar no mundo". O autor destaca que, se o uso do fonógrafo modificou radicalmente toda a rede de relações que historicamente se estabelecera em torno da música, a escuta talvez tenha sofrido a transformação mais profunda.

Está claro que, em séculos anteriores, a única forma de escutar música em casa era por meio da *performance* de músicos profissionais contratados ou por amadores; antes da invenção dos tipos móveis, era necessária a cópia, à mão, de partituras – até então a única forma de registro e representação da música. Já nos séculos XVIII e XIX, as editoras musicais detentoras dos direitos de impressão e reprodução de partituras fortaleceram-se e multiplicaram-se para atender a um crescente mercado de músicos amadores capacitados a executar música no ambiente privado do lar.

---

14 "O termo se refere à palavra francesa *luth* (*liuto* em italiano), por isso os construtores de *luth* (alaúde) eram chamados de *luthiers*. Com a evolução dos instrumentos, os luthiers passaram a construir também violões, violinos, violas e, mais recentemente, guitarras e baixos elétricos" (UFPR, 2018).

Figura 2.3 – Acima, um órgão-realejo a manivela; abaixo, a pianola, executada mecanicamente por meio de um rolo de papel perfurado para cada música

Essas práticas foram determinadas e possibilitadas pela tecnologia que impunha requisitos e necessidades: cada vez mais pessoas podiam adquirir instrumentos, que passavam a integrar o mobiliário caseiro; alguém na família poderia estudar música e se capacitar, o que implicava adquirir as partituras das músicas que seriam executadas e que fossem do agrado do público a que se destinavam. Assim, a indústria de instrumentos musicais disponibilizou para o mercado novos instrumentos, desenhados para que se adequassem a essas necessidades e à decoração do lar. Com a invenção do piano de armário, por exemplo, dimensionado para caber em salas de dimensões menores, multiplicaram-se a oferta de professores de música, a composição de novas músicas e a adaptação de obras consagradas às limitações técnicas dos músicos amadores, servidos por um mercado de partituras dimensionado a essa demanda.

Ainda nos séculos XVIII e XIX, testemunhamos a invenção de inúmeros instrumentos musicais inteiramente mecanizados, capazes de produzir música automaticamente, como carrilhões, órgãos mecânicos instalados em parques de diversão, carrosséis, realejos portáteis, pianolas e até mesmo sofisticadas caixas de música. De fato, a engenhosidade técnica envolvida na construção dos instrumentos musicais despertava então o interesse público da mesma forma que verificamos em nossos dias.

Dessa forma, não é difícil perceber como as práticas têm sido historicamente moduladas pelas tecnologias musicais. Com o advento do fonógrafo, o impacto da escuta das práticas musicais foi notável.

Com o surgimento da fonografia, teve início um progressivo condicionamento da escuta do material gravado e reproduzido por alto-falantes. Iazzetta (2009, p. 21) alerta que essa mudança de forma de escuta musical não foi apenas contextual, "mas alterou significativamente a relação que os ouvintes estabelecem com a música":

> Compositores aventaram a hipótese do surgimento de uma arte nova, intérpretes sentiram-se ameaçados pela reprodução em massa de gravações e pela automação da performance trazida por sistemas eletroeletrônicos, ao passo que os ouvintes viram-se, em mais de um sentido, obrigados a desenvolver novas estratégias de escuta, à medida que o contato com música passou a ser mediado pelas tecnologias do áudio [...].

Comentamos, no início desta seção, como Benjamin identificou, ainda nos anos 1930, a elevação da tecnologia às categorias artísticas na era da reprodutibilidade técnica das artes. Destacamos que, entre as grandes premiações do cinema internacional, encontram-se categorias relacionadas a procedimentos técnicos como fotografia, efeitos visuais e som. O estranhamento, por parte dos ouvintes, em relação à audição de música em casa sem a presença de músicos foi eficazmente corrigido pela publicidade das fábricas e revendedores de fonógrafos.

O passo seguinte na modulação das formas de escuta foi, já nos anos 1950, novamente determinado pelos avanços tecnológicos: a busca por uma reprodução cada vez mais fiel da música promoveu o ouvinte comum a uma nova categoria, a de **audiófilo**, ou seja, o ouvinte atento à qualidade de reprodução, agudamente focado na tecnologia eletroeletrônica oferecida pelas marcas consagradas no mercado.

Figura 2.4 – Anúncio publicado pelo departamento de publicidade da empresa Edison Records

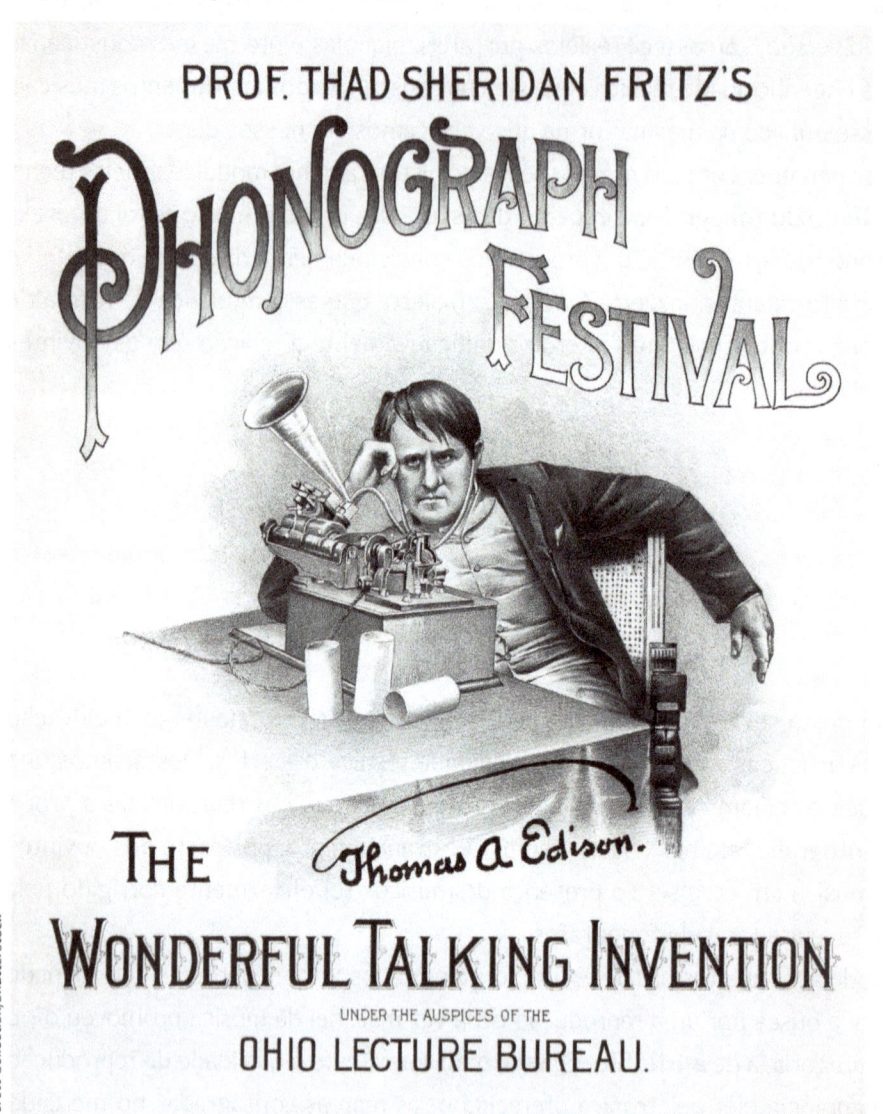

A exemplo do que ocorre no cinema, na música, o audiófilo, esse novo tipo de ouvinte de música, caracteriza-se pela incorporação do **fetiche**[15] que a indústria aportou à mediação tecnológica da escuta. Dessa forma, a mediação tecnológica não é mais apenas um meio, mas também um fim.

Assim como o ouvinte comum viveu esse processo de modulação de modos de escuta, o músico profissional e o compositor também foram impactados por essas transformações. Vamos nos ater agora ao segundo aspecto da música em que a mediação tecnológica cumpre importante função atualmente: o da criação.

2.4.3 Mediação tecnológica e criação

É durante o pós-guerra na Europa que se pode indicar o início das experimentações em música eletroacústica[16]. Na Europa arrasada pela guerra, somente nos estúdios das rádios públicas havia equipamento disponível para experimentos com gravação. Em Paris e em Colônia, na Alemanha, estabeleceram-se duas diferentes correntes que buscavam novas formas de expressão musical e que resultaram no desenvolvimento da chamada *música eletroacústica*: respectivamente, a música concreta e a *Elektronische Musik*. A corrente de Paris foi criada pelo grupo francês liderado por Pierre Schaeffer na Radiodiffusion-Télévision Française – RTF[17]. Schaeffer foi o responsável por cunhar o conceito *música concreta*, assim chamada por partir da gravação e transformação em estúdio de sons ambientes, ruídos de forma geral e até de instrumentos musicais, chamados por ele de *objetos sonoros*. A *Elektronische*

---

15 Do francês *fétiche*, que significa "feitiço". O fetichismo de uma mercadoria acontece quando ela deixa de ser mero objeto e passa a ser alvo de adoração pelo ser humano. Sobre essa questão, Adorno (1996, p. 77) comenta que "O conceito de *fetichismo* musical não se pode deduzir por meios puramente psicológicos. O fato de que 'valores' sejam consumidos e atraiam os afetos sobre si, sem que suas qualidades específicas sejam sequer compreendidas ou apreendidas pelo consumidor, constitui uma evidência da sua característica de mercadoria".

16 "música eletroacústica é aquela modalidade de composição feita em estúdio [...]. São difundidas em concerto através de dispositivos de amplificação e reprodução que privilegiam o preenchimento, a espacialização e a projeção da música na sala: este trabalho é a sua interpretação" (Carôso, 2007).

17 Atualmente ORTF: Office de Radiodiffusion-Télévision Française.

Musik, por sua vez, foi desenvolvida na WDR (Westdeutscher Rundfunk) de Colônia, sob a direção de Herbert Eimert e sua equipe. Em 1953, o compositor Karlheinz Stockhausen passou a colaborar na W.D.R., usando a experiência adquirida na RTF para o desenvolvimento da música eletrônica, baseada exclusivamente na geração de som a partir de processos eletrônicos.

> Indicações culturais
> Para saber mais sobre Pierre Schaeffer, consulte:
>
> HORTA, L. P. **Dicionário de música Zahar**. Rio de Janeiro: Zahar, 1985.

Em 1948, Pierre Schaeffer produziu sua primeira obra de música concreta, *Etude aux chemins de fer*. Stockcausen, por sua vez, produziu dois estudos eletrônicos em 1953 e 1954, e sua celebrada obra de música eletrônica *Kontakte* foi apresentada pela primeira vez em 1960.

Esses experimentalismos, longe de permanecerem circunscritos aos laboratórios, acabaram por influenciar outros estilos de música, incluindo a música *pop*, que incorporou inúmeras técnicas desenvolvidas pela música concreta e eletrônica, tanto no desenvolvimento de novos equipamentos e instrumentos eletrônicos quanto na incorporação direta de técnicas e estéticas inovadoras para a linguagem musical, como o uso de fitas em rotação acelerada, invertida ou lenta nos LPs *Revolver* (1966) e *Sgt. Pepper's Lonely Hearts Club Band* (1967), dos Beatles, e no icônico *Dark Side of the Moon* (1973), do Pink Floyd. A inovação dos experimentos de Schaeffer e Stockhausen se fazem sentir até hoje, como veremos adiante.

Atualmente, a mediação tecnológica na produção musical guarda para si um espaço consagrado de intervenção em todas as etapas criativas. Esse papel determinante se consolida com a tecnologia de digitalização do som[18] e a disponibilidade cada vez maior do uso de computadores.

Especialmente no campo da composição musical, o criador dispõe de ferramentas que se fizeram indispensáveis para todos os propósitos da produção musical atual. Seja no processo de composição de música para cinema, TV ou publicidade, seja na produção de discos, programas audiovisuais, clipes musicais ou, ainda, nas manifestações de música eletroacústica, todas as etapas de produção hoje dependem da mediação de computadores ou quaisquer outros instrumentos que utilizam tecnologia digital.

Para descrever de forma simplificada o processo de digitalização do som, vamos recorrer, por analogia, à imagem de um filme que registra o movimento. A rápida sequência de fotografias estáticas documenta as mudanças de movimento, que, ao serem reproduzidas, permitem-nos percebê-lo por completo. Da mesma forma, o som digitalizado é, por analogia, uma sequência de fotografias do "comportamento" de um som propagado no tempo: cada foto, agora denominada *amostragem*, é armazenada em uma sequência predeterminada e reproduzida na mesma ordem; aí, então, ouvimos o som. Assim como acontece com a resolução de *pixels* em uma imagem, quanto mais "resolução" no armazenamento do som, maiores são a qualidade e a acuidade com que esse som é reproduzido. A Figura 2.5 representa uma onda sonora em seu processo de digitalização ou amostragem. As linhas azuis representam o processo de amostragem (as "fotos" tiradas durante a emissão da onda sonora), os círculos vermelhos marcam a captação da onda sonora pelas "fotos" e os quadrados azuis demonstram as alterações ocorridas no processo de quantização ou "adaptação das imagens de som" à resolução da amostragem.

---

[18] A digitalização do som consiste no processo de conversão de som analógico (a partir do som primeiramente convertido em impulsos elétricos, como em um toca-discos ou gravador de fita) em informação digital, na forma de código binário, o que permite seu armazenamento na memória do computador, um CD ou em um DVD.

Figura 2.5 – Representação da amostragem na conversão do áudio analógico para o digital (eixo vertical – amplitude da onda; eixo horizontal – linha de tempo)

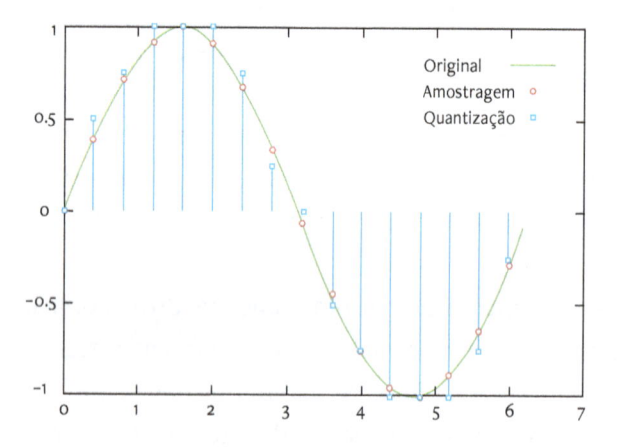

Como dissemos, quanto mais "fotos", ou amostras de som são registradas por segundo, maior será a resolução. Os padrões atuais utilizados para digitalização do som ou taxa de amostragem são de 44.100 Hz, ou seja, 44.100 "fotos" por segundo (padrão usado nos CDs), 48.000 Hz (usado por algum tempo nas fitas DAT[19], já fora de uso) e 96.000 Hz (usados nos DVDs).

Com o som digitalizado (dados binários), o compositor ou produtor musical pode manipular o arquivo de som e reprocessar inteiramente a informação armazenada, alterar, esticar ou encolher o som, adicionar informações, características e, assim, obter novos sons e timbres, criando uma paleta de sons inteiramente nova instantaneamente, com apenas alguns comandos. A disponibilidade de tantos recursos a um custo baixo permitiu o acesso e o domínio dessa tecnologia a um número sem precedentes de músicos e técnicos de som, transformando definitivamente o cenário e o mercado da produção musical no mundo.

Os muitos programas desenvolvidos necessários às diversas etapas de criação e produção musical são, em geral, reunidos em um complexo de programas integrados, que, instalados em um computador, recebem a denominação *Estação Digital de Áudio* ou *Digital Audio Workstation* (DAW). O compositor pode sistematizar sua criação em ambiente digital, gravando e processando os sons, até obter o produto final, como as faixas de um CD ou a trilha sonora de um filme.

Na Figura 2.6, podemos observar uma tela de computador em que está aberta uma sessão de gravação em uma DAW. Cada faixa horizontal refere-se à gravação de um instrumento ou grupo de instrumentos, gravados

---

19 *Digital Audio Tape* ou fita de áudio digital.

em canais independentes e destacados em blocos de cores diferentes, mas que soam simultaneamente, seguindo o gráfico de tempo musical, indicado pela barra horizontal superior destacada em vermelho. O cursor – barra vertical indicada pela seta em vermelho – avança da esquerda para a direita, apontando o decurso de tempo durante a gravação e a reprodução.

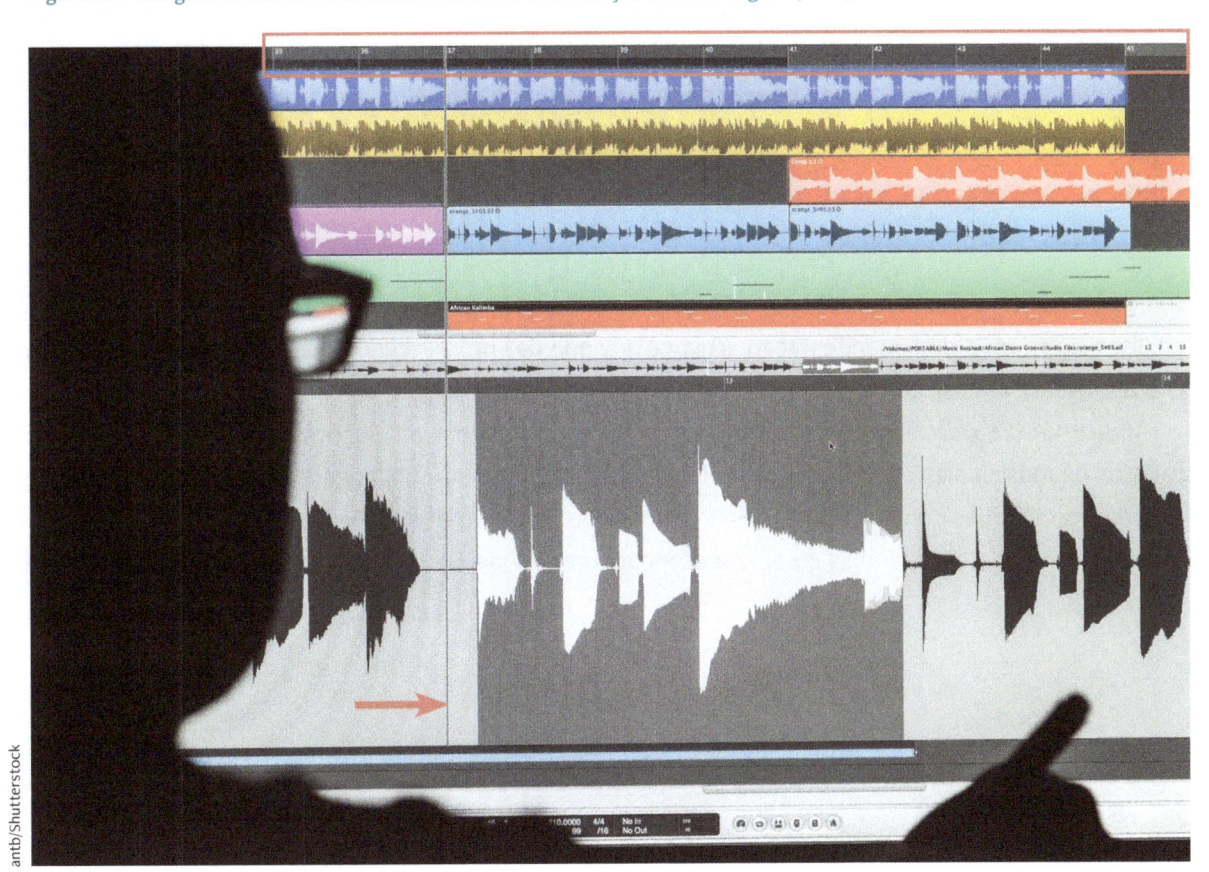

Figura 2.6 – Imagem da sessão de trabalho aberta em uma estação de áudio digital (DAW)

É importante destacar que, se as tecnologias permitem a otimização da realização de tarefas em processos tradicionais de produção, as ferramentas que mediam esses usos modulam a criação em direção oposta: o computador tornou-se mais que uma ferramenta de produção musical e toma para si o papel de *instrumento* propriamente dito, que vem viabilizando o progresso de novas manifestações estéticas.

Na esteira dos experimentos de Schaeffer e Stockhausen, que seguem em desenvolvimento em instituições como o Institut de Recherche et Coordination Acoustique/Musique[20] (IRCAM), novos programas de manipulação e ressíntese sonora[21] têm sido criados e utilizados na produção de música eletroacústica, em videoarte, em instalações e em formas híbridas de *performance* artística.

2.5 Música-vídeo

Dando sequência à discussão sobre a mediação tecnológica na produção e na fruição de música, vamos analisar agora mais uma manifestação artística advinda das novas tecnologias e que combina música e artes visuais: a música-vídeo.

Música-vídeo e *videomúsica* são termos adotados para designar produções que combinam procedimentos da música eletroacústica e das artes visuais utilizados nas linguagens contemporâneas e que guardam similitudes com as instalações artísticas que se valem dos recursos audiovisuais. É uma manifestação híbrida em sua mais completa acepção: uma modalidade de produção audiovisual em que

---

20 Para saber mais, visite o *site* do IRCAM (em francês): IRCAM. Disponível em: <http://www.ircam.fr/>. Acesso em: 9 mar. 2018.

21 Alguns dos programas mais utilizados são:
MAX SOFTWARE TOOLS. Disponível em: <https://cycling74.com/products/max/#.WBd2bIUSks0>. Acesso em: 9 mar. 2018.
MAX FOR LIVE. Disponível em: <https://www.ableton.com/en/live/max-for-live/>. Acesso em: 9 mar. 2018.
PURE DATA. Disponível em: <https://puredata.info/>. Acesso em: 23 mar. 2018.

imagens visuais e "imagens[22]" sonoras são articuladas em um processo contínuo, integrado, em que a produção de sentido é acionada sem a hierarquização de uma manifestação sobre a outra.

A distinção entre os conceitos de música-vídeo e de videomúsica se explicita apenas no que se refere à abrangência de campo: o termo *música-vídeo*, cunhado por Leite (2004), admite diversas modalidades de manifestação, desde as realizadas em suportes de fixação até a *performance* pública com outros músicos; o conceito *videomúsica*, cunhado por Lima (2011), designa exclusivamente as obras que são produzidas para suportes de fixação de sons e imagens visuais em meios magnéticos ou digitais.

> Indicações culturais
> Para saber mais sobre o conceito de música-vídeo, consulte:
>
> LEITE, V. D. **Relação som/imagem**. Tese (Doutorado em Música) – Universidade Federal do Estado do Rio de Janeiro, Rio de Janeiro, 2004.

Esse modelo audiovisual se distingue claramente do que ocorre na música de trilha sonora convencional no cinema ou na TV. No caso do cinema, a sincronização ou "acoplagem audiovisual se dá por meio de processos de mixagem e justaposição de forma a produzir correlações sígnicas com maior ou menor grau de unidade e articulação entre os eventos sonoros e visuais [...] de forma a garantir uma conexão que faça sentido para o espectador" (Lima, 2011, p. 9). Ainda de acordo com esse autor:

> O campo das artes designado como *sound art* [...] é particularmente interessante como exemplo de hibridização entre *imagens* visuais e sonoras: ocupando por vezes os mesmos espaços destinados às videoinstalações, representam um tipo de híbrido de som e imagem (a do objeto exposto) cuja

---

[22] "Interpretar o termo 'imagem' pode ser situá-lo em algum ponto entre uma verdadeira sinestesia com a imagem visual e um complexo mais ambíguo de estímulos auditivos, visuais e emocionais. Não estamos nos referindo aqui ao modo como fontes específicas podem evocar determinadas imagens, mas a como o imaginário evocado interage com aspectos mais abstratos da composição musical" (Emmerson, 1986, p. 17).

> indissociabilidade é clara [...]. É justamente a hibridização entre os elementos constituintes dos trabalhos de *sound art* que garantem a própria estrutura e significado da obra. (Lima, 2011, p. 10-11)

Assim, é perceptível que a hibridação das manifestações artísticas contemporâneas implica uma flexibilização ou mesmo dissolução de suas fronteiras, em que origens são mais definidas pelo *corpus* artístico engajado na criação da obra.

Lima (2011) alerta que a fruição em música-vídeo se distancia da experiência do espectador do audiovisual convencional. É justamente em razão da hibridação que se inicia o processo de criação até a finalização que música e visualidade estão conectadas de forma indissociável, induzindo uma perceptividade diferenciada ou **transensorial** (trataremos da percepção transensorializada mais adiante). Como comenta Leite (2004), esse novo gênero – considerando que a obra é fruto da interação de duas linguagens, a sonora e a visual – é uma prática que tem origem entre músicos compositores que se utilizam de procedimentos e técnicas composicionais para sua concepção, interpretação, difusão e percepção em determinado contexto.

Esse novo gênero de arte é mais uma das manifestações artísticas tornadas possíveis pela aceleração do acesso à tecnologia da digitalização de som e imagem em um mesmo suporte, permitindo o uso de novas ferramentas a um número cada vez maior de artistas e, assim, a expansão das propriedades comunicativas da multimídia, justapondo e hibridizando diferentes linguagens. Se ambos os termos podem designar diferentes manifestações, sua convergência é o vínculo dialógico música/vídeo; se o cinema conta histórias, a música-vídeo se desenvolve como uma abstração, que se conecta "com as produções das artes videográficas em geral – videoinstalações, videoarte, videoclipes, videopoemas, dentre outras – em que a hibridização dos materiais sonoros e visuais e a *transensorialidade* [...] representam elementos comuns e característicos" (Lima, 2011, p. 3).

Assim, é importante destacar que, para a música-vídeo ou videomúsica, o discurso não se submete a um roteiro ou enredo. O discurso pode vir a passar por narrativas causais – ou casuais –, como na montagem fílmica de Eisenstein, e "evoluir à pura abstração: *sonsignos* e *opsignos*[23], massas, cores, texturas e formas" (Lima, 2011, p. 91). A transensorialidade que caracteriza a fruição nasce no jogo perceptivo, em que a incompletude da linguagem fragmentária é a chave da participação ativada do espectador.

2.5.1 O hibridismo na composição da obra

Lima (2011) descreve o processo de operação com a matéria audiovisual utilizada pelo compositor no processo de criação do videomúsica que aqui condensamos: a partir da própria matéria audiovisual – e não de seus elementos constituintes separadamente – o compositor admite, como espécie de unidades motívicas, **blocos audiovisuais** ou grupos motívicos audiovisuais. A composição audiovisual do videomúsica consiste, então, em modos de organização espaço-temporais desses blocos ou grupos no desenvolvimento de seus percursos e formas audiovisuais; trata-se de reflexões estéticas dos processos composicionais específicos aos dois meios hibridados que são compartilhados: o vídeo e a música eletroacústica.

Se as soluções composicionais emergem com base nessas correlações, a construção da obra ocorre por meio do processo de montagem, em que o compositor precisa utilizar, como ferramenta, uma estação digital de edição (computador equipado com os *softwares* específicos) para manipular os fragmentos audiovisuais a serem editados, ordenando e criando novas representações a partir de eventos isolados, que, relacionados, produzem uma imagem total e significativa em um procedimento denominado *montagem composicional*.

2.5.2 Percepção transensorializada

Discutindo a existência prévia de uma percepção transensorial como capacidade inata e questionando a primazia das percepções individualizadas nas formas tradicionais de manifestação artística, Chion

---

[23] "Em suma, as situações óticas e sonoras puras podem ter dois polos, objetivo e subjetivo, real e imaginário, físico e mental. Mas elas dão lugar a *opsignos* e *sonsignos*, que estão sempre fazendo com que os polos se comuniquem, e num sentido ou noutro asseguram as passagens e as conversões, tendendo para um ponto de indiscernibilidade (e não de confusão)" (Deleuze, 1990, p. 18).

(citado por Leite, 2004, p. 2), em *L'Audio-Vision*, comenta sobre a relação de "complementaridade e de oposição privilegiada" que se estabelece entre a audição e a visão e que já está presente na vida humana desde a infância. Por *audio-vision* Chion designa a percepção própria ao cinema e à televisão, em que a escuta influencia a visão; simetricamente, o termo *visu-audition* designa um tipo de percepção que é conscientemente concentrado sobre o audível, como no caso do concerto, em que a audição é influenciada pelo contexto visual. Voltaremos a discutir esses conceitos no Capítulo 5, quando trataremos da música no cinema.

> A escuta influencia a visão e a audição é influenciada pelo contexto visual.

Agora, considerando os conceitos que norteiam os procedimentos de composição e fruição, apresentaremos a análise de três obras[24]: as músicas-vídeo *Lev* (2007), de Marcelo Carneiro de Lima e João Felipe Freitas; *3 Clips* (2002), de Rodolfo Caesar; e *Modell 5* (1996), de Kurt Hentschläger e Ulf Langheinrich (duo Granular Synthesis).

Para o primeiro exemplo, *Lev*, o autor indicou o uso de fragmentos de imagens pré-existentes coletadas da internet para a montagem de uma narrativa intencionalmente tão fragmentada quanto o material musical correspondente, "que consistiam de **objetos** sintetizados digitalmente" (Lima, 2011, p. 83). No segundo exemplo, *3 Clips*, Caesar procede uma montagem composicional por correspondências entre as três seções, conectadas pela temática "a fissão atômica e seu uso para fins destrutivos". Finalmente, em *Modell 5*, Lima (2011, p. 168) destaca que:

> o que vemos e ouvimos é um trabalho que hibridiza o visual e o sonoro a partir de uma montagem composicional [...] que se dá pelo uso de fragmentos minúsculos – grãos[25] – extraídos do material audiovisual básico – material pré-composicional obtido nas filmagens e gravações. Os materiais sonoros preponderantes e os materiais visuais provêm da mesma fonte, a voz e o rosto da artista Akemi Takeya captados simultaneamente pela câmera e pelo gravador.

---

24   Se possível, assista às obras para acompanhar a leitura.

25   Os "grãos" são reproduzidos repetidamente, em *looping*, produzindo a ideia de suspensão em dialogia com a percepção de tempo decorrido, mesmo em fragmentos tão curtos de imagem e som.

Assim, ao apresentarmos alguns dos aspectos que envolvem a criação e a fruição de música-vídeo, ilustrando com alguns exemplos, lembramos que os materiais audiovisuais, as técnicas e as práticas são fundadas em conceitos que buscam dar ênfase a perceptividades específicas, colocando em foco e primazia a própria relação perceptiva *per se*, tanto quanto a relação com o "espectador" que reflete sobre a temática ou narrativa.

Síntese

Finalizando este capítulo, reafirmamos a importância da música na marcação de signos na memória do indivíduo, tal como ocorre com as trilhas sonoras de um filme, como um processo implicado na produção de sentidos. Discutimos, aqui, alguns conceitos por meio dos quais podemos entender a atuação da música na indução de etnicidade e territorialidade. Com as modalidades híbridas de arte, abordamos o desenvolvimento de tecnologias que permitem a mediação das práticas musicais e examinamos uma dessas novas formas híbridas de arte que usam indissociavelmente música e imagem: a música-vídeo.

Apresentamos, a seguir, alguns dados importantes sobre o que discutimos neste capítulo.

Sobre música e memória	A fruição de música não é possível sem a memória.
	Um estímulo musical produz a conexão de sinapses fundamentais ao desenvolvimento cognitivo-emocional das pessoas, e esse mesmo estímulo é capaz de refazer essas sinapses nos indivíduos que sofreram danos em razão de doenças neurológicas.
	A associação entre escuta e prazer é fator determinante para a qualidade e para a intensidade da experiência vital que é armazenada na memória de longo prazo, conectando a música aos fatos e marcos históricos. Isso significa uma forma de introjeção que associa e integra a música às imagens mentais.
Sobre trilha sonora	O produto da associação de uma música a um filme estabelece novas relações de significação, podendo criar ligações que não se encontram fora desse contexto e que operam como facilitadores da fruição musical. A música associada à imagem assume o papel de música funcional, associada à narrativa.

(continua)

(conclusão)

Sobre a indução de etnicidade	A construção de identidades étnicas é uma necessidade do homem na construção do convívio em grupos sociais, que se expressam por meio de representações que permitem a caracterização e a compreensão das relações sociais. Essa identidade construída é o elo entre o indivíduo e a estrutura social, que funda o sentido de pertença ou pertencimento.
	A música é considerada étnica pelo uso e pela conservação das práticas fundadas em valores tradicionais de uma etnia, reunindo sonoridades que podem ser reconhecíveis como características e, portanto, indutoras de imagens representativas de valores, atitudes e crenças de seus integrantes.
Sobre os processos de hibridação cultural	O hibridismo cultural que resulta da globalização produz, para alguns, uma mistura entre diferentes culturas que condena as tradicionais ao enfraquecimento e ao desaparecimento. Para outros, o hibridismo atua como tradução, produzindo novas formas.
	A indução de etnicidade no consumo crescente dessas manifestações musicais hibridadas ocorre pela apropriação cultural, pela incorporação das aparências estéticas da tradição de determinada etnia, desconectada de seu sentido formativo original.
Sobre som, música e territorialidade	A paisagem sonora que nos cerca, o som e a música estão fisicamente presentes e nos envolvem, independentemente de nossa vontade, em processos sociais. As produções culturais podem estar associadas ao local de origem dessas práticas e partilhas sociais e representá-lo identitariamente.
	Um território contém em si as diversas formas de apreensão e de manifestação individual e coletiva de um Estado, um grupo cultural, uma classe social ou uma atividade econômica.
Sobre mediação tecnológica	A música, desde sempre, teve seu desenvolvimento impulsionado juntamente à tecnologia; o surgimento da fonografia marcou o condicionamento progressivo da escuta do material gravado e reproduzido por alto-falantes.
	Com a tecnologia de digitalização do som e a disponibilidade cada vez maior do uso de computadores, a mediação tecnológica na produção musical ocupa um espaço consagrado de intervenção em todas as etapas criativas.
Música-vídeo ou videomúsica	*Música-vídeo* e *videomúsica* são termos assemelhados que designam uma manifestação artística hibridada, que combina procedimentos da música eletroacústica e das artes visuais.
	A composição em música-vídeo ou em videomúsica consiste no processo de montagem de materiais audiovisuais, que, relacionados, produzem uma imagem total e significativa, em um procedimento denominado *montagem composicional*.

Atividades de autoavaliação

1. Considerando as relações entre música e memória discutidas neste capítulo, é possível afirmar:
    a) A escuta musical permite a introjeção do material musical na memória, independentemente dos afetos que o indivíduo possa conferir à experiência.
    b) Se um indivíduo experimenta a audição de uma música que lhe desperta afetos, esta será incorporada à memória associadamente a esse fato e aos afetos mobilizados.
    c) Contrariamente ao que ocorre na fruição de um filme no cinema, nossa memória não associa música a fatos ou afetos.
    d) A memória do indivíduo não é capaz de produzir novas matrizes estético-musicais, porquanto não é possível a fruição de músicas muito distantes dos modelos familiares.

2. Tomando como base a discussão sobre a representação de identidade étnica em música, é possível afirmar:
    a) A especificidade cultural e social de um grupo depende exclusivamente da noção compartilhada de uma origem comum.
    b) A estabilização e a consolidação das relações sociais entre membros de um grupo independem de sua tradição para a estruturação das práticas sociais correntes.
    c) A convivência social exige uma dinâmica permanente de trocas simbólicas que se esgotam por meio da representação, da caracterização e da compreensão dessas relações sociais.
    d) A música é capaz de induzir o sentido de etnicidade quando reproduz as sonoridades oriundas das práticas relacionadas à memória social em que é produzida.

3. A respeito da discussão sobre como o som e a música podem ser indutores de territorialidade, é possível afirmar:
    a) Territorialidade é uma construção simbólica, associada a um território físico que independe de suas formas de ocupação e de uso social.
    b) Um território articula a construção material e a construção simbólica do espaço independentemente dos processos econômicos, políticos e culturais.

c) Para LaBelle, a paisagem sonora urbana é um território no qual as ruas estruturam e modelam as relações sociais independentemente de sua audibilidade.

d) A música pode ser indutora de territorialidade, desde que sua prática seja reconhecível e associada a um território cultural determinado.

4. Identifique as afirmativas a seguir como verdadeiras (V) ou falsas (F):

( ) O acentuado desenvolvimento tecnológico alterou as formas de consumo de música, sem, contudo, alterar as formas de escuta.

( ) O desenvolvimento tecnológico da música é historicamente recente, viabilizado pela popularização dos computadores.

( ) A música sempre foi mediada pela tecnologia, sofrendo, no século XX, as mais profundas transformações nos processos de criação, produção e escuta.

( ) O processo de digitalização do som permite, por meio de sua representação binária, aproximar, por analogia, o registro do som e de seu comportamento no tempo decorrido e a sequência de imagens captadas em movimento.

5. Identifique as afirmativas a seguir como verdadeiras (V) ou falsas (F):

( ) Contrariamente ao cinema ou a outras formas audiovisuais, na música-vídeo a narrativa é abstrata e sua produção de sentido ocorre na chamada *montagem composicional*.

( ) Música-vídeo ou videomúsica é uma manifestação hibridada que apresenta materiais audiovisuais, técnicas e práticas fundadas em conceitos que buscam dar ênfase à representação da realidade, colocando em foco a relação com o "espectador" que reflete sobre a temática ou a narrativa.

( ) Música-vídeo ou videomúsica é uma manifestação híbrida de som e imagem cuja indissociabilidade dos dois elementos é absoluta.

( ) Analogamente a outras formas artísticas híbridas, a música-vídeo ou videomúsica não se utiliza da montagem composicional.

Atividades de aprendizagem

1. Considerando os processos culturais de tradição e tradução observados por Hall (2000), explique por que, em sua opinião, esses processos estão ocorrendo no mundo globalizado.

2. Considerando que um território contém em si as diversas formas de apreensão e de manifestação individual e coletiva, o que podemos afirmar sobre as relações de poder entre emissores e receptores no que se refere à legitimação e à exclusão de determinadas manifestações?

Atividade aplicada: prática

1. Assista ao filme *Alive Inside* e produza um texto sobre suas próprias experiências, relacionando música e memória.

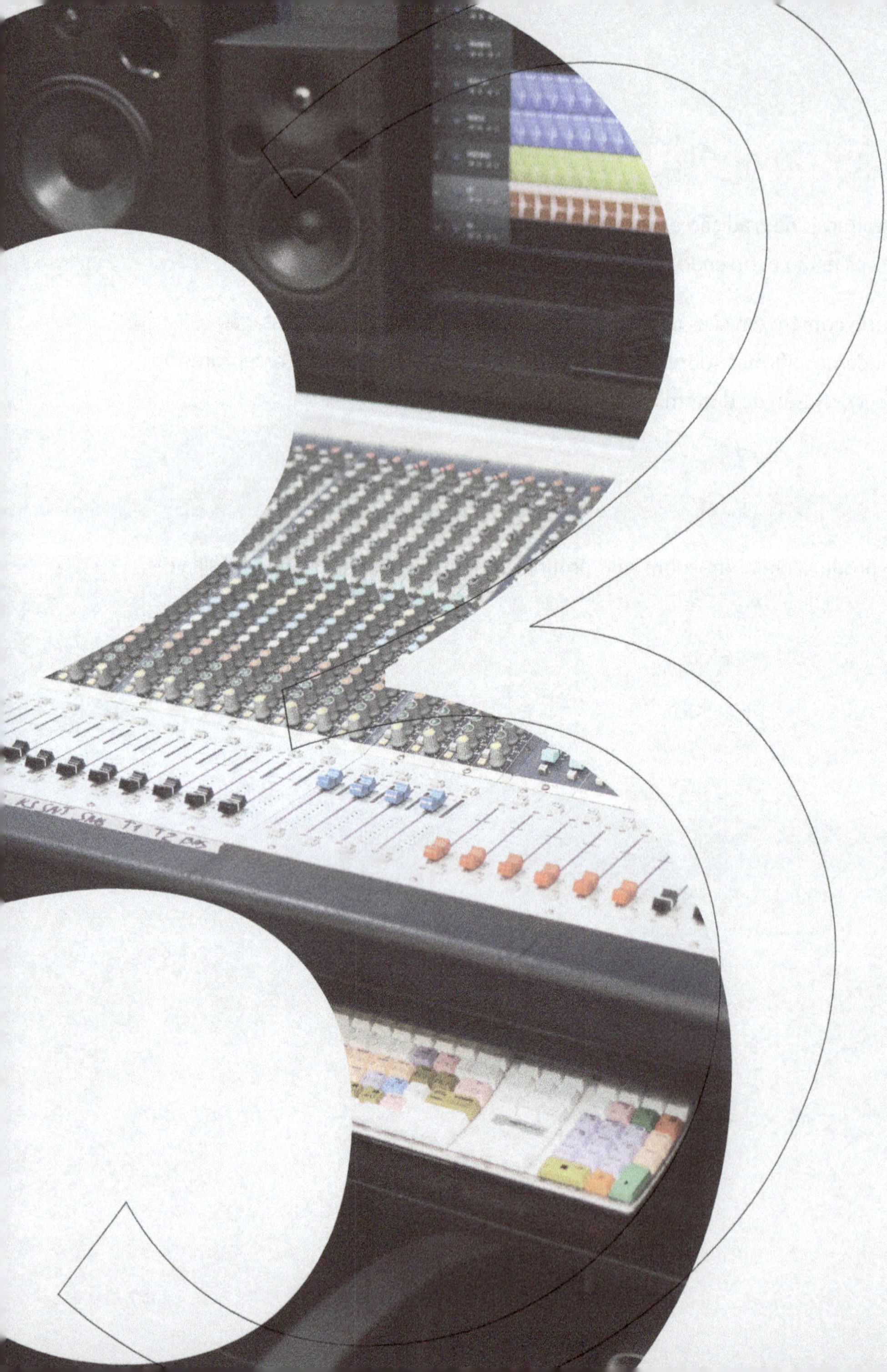

Som e música nos contextos da comunicação

Música é sons, sons à nossa volta, quer estejamos dentro ou fora das salas de concerto.

John Cage

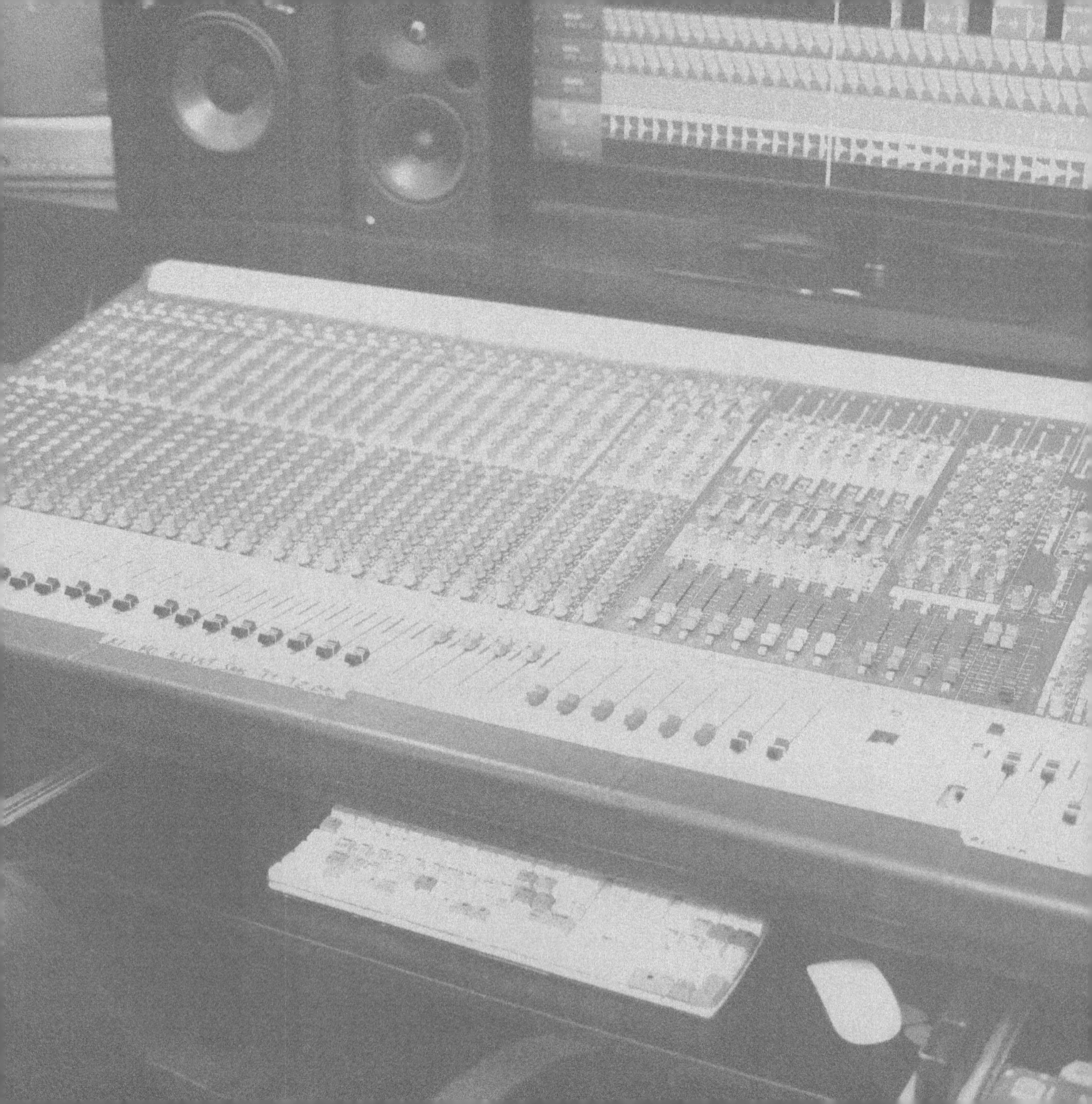

Neste capítulo, ao abordar o som e a música nos contextos comunicacionais, propomos discussões acerca de alguns aspectos importantes da comunicação pelo som, como a audição do universo sonoro que nos cerca, a paisagem sonora e a comunicação pelo rádio, que desde seus primórdios implicou importantes reconfigurações na sociedade e na esfera pública da comunicação. Analisamos questões referentes à função do som e da música como indutores de narrativas; ao processo por meio do qual a música é capaz de enunciar significados que são coletivamente reconhecíveis; e à forma como a música opera, também por meio da narrativa, como sinalizadora social dos indivíduos membros de uma comunidade, cuja prática é incorporada à sua memória social. Discutimos, também, o som e a música como indutores de experiências sensoriais e, encerrando este capítulo, apresentamos um pouco sobre a pedagogia da música e sobre a música como comunicação no contexto educacional.

3.1 Paisagem sonora

Em condições auditivas normais, percebemos a presença do vento, mesmo que leve brisa, pela indicação precisa do sacudir das folhas das árvores ou de outras plantas; notamos como diferentes as sonoridades produzidas em florestas e em cerrados afagados pelo vento. Também é o som o primeiro sentido que nos chega à consciência ao acordarmos, uma fração de tempo antes de abrirmos os olhos para o mundo. Essas reflexões, coletadas do livro *A afinação do mundo* (Schafer, 2001), são exemplos do tipo de relação atenta com base na qual o autor propõe o engajamento de diversas áreas do conhecimento na observação crítica e no estudo sistematizado das condições acústicas em que vivemos: a paisagem sonora – segundo ele, o mais negligenciado aspecto do ambiente.

O termo *paisagem sonora* (do inglês *soundscape*) é um conceito cunhado pelo músico compositor e ambientalista Murray Schafer, em relação próxima ao sentido do termo visual *paisagem* (*landscape*). Uma **paisagem sonora** consiste em eventos ouvidos em vez de um horizonte de objetos vistos e, consequentemente, seu estudo se traduz na identificação e na análise dos sons que são importantes em razão de sua individualidade, quantidade ou preponderância. Definido como todo e qualquer evento acústico que compõe determinado ambiente, "o termo pode referir-se a ambientes reais ou a construções abstratas, como composições musicais e montagens de fitas, em particular quando consideradas como um ambiente" (Schafer, 2001, p. 366).

Nesse sentido, Schafer (2001) aponta que a abordagem proposta para ambiente sonoro em "construções abstratas" é um conceito válido no desenvolvimento de instalações sonoras em geral ou quaisquer outras manifestações que utilizam o som e a música em um ambiente fechado ou aberto.

Schafer (2001) menciona, como categorias constituintes de um ambiente sonoro, os sons fundamentais, os sinais e as marcas sonoras. Como já mencionamos no Capítulo 1, *som fundamental*, um termo eminentemente musical que discutimos em propriedades sonoras como o timbre, refere-se a uma frequência preponderante em um som que permite a identificação de uma nota específica, mesmo que obscurecida pelas vibrações secundárias dos harmônicos que são componentes de um som complexo. Aplicado à paisagem sonora, *som fundamental* representa o conjunto de sons componentes de um ambiente acústico, como o som contínuo que escutamos em determinado campo, floresta, cerrado ou em uma moderna e movimentada cidade.

Os sinais e as marcas sonoras relacionam-se ao som fundamental como figura e fundo, imagem de que Schafer (2001, p. 26) lança mão para descrever as relações de contraste que se estabelecem entre os sons componentes de um ambiente sonoro: "a figura é vista enquanto o fundo só existe para dar à figura seu contorno e sua massa. Mas a figura não pode existir sem o fundo. Subtraia-se o fundo e a figura se tornará sem forma, inexistente". Embora essas categorias guardem aspectos relacionais entre si, os sinais e as marcas sonoras que podemos exemplificar, como a vocalização de animais ou intervenções humanas (um exemplo histórico de sinal sonoro nos campos é o berrante[1]), destacam-se como figuras em meio ao fundo, o som fundamental de um ambiente acústico. A relação entre figura e fundo é importante para compreendermos os conceitos de clareza e de ruído, no sentido de perturbação da clareza na escuta.

3.1.1 Conceito de ambiente sonoro *hi-fi* e *lo-fi*

Considerando os contrastes entre os timbres dos sons que viabilizam a identificação e a codificação necessárias à comunicação com o ambiente que nos cerca, a fidelidade ou a clareza com que esses sons nos chegam aos ouvidos resultam em **inteligibilidade**[2] maior ou menor. Com base nessa propriedade fundamental, Schafer (2001) conceitua os ambientes sonoros em *hi-fi* e *lo-fi*.

O termo *hi-fi* (alta fidelidade), que originalmente está relacionado ao desenvolvimento tecnológico do fonógrafo, ganhou visibilidade durante os anos seguintes à Segunda Guerra Mundial, na esteira das campanhas publicitárias para venda de novos equipamentos de som, e foi cunhado em referência à capacidade que determinado aparelho caseiro tinha de reproduzir os sons da música gravados com máxima fidelidade ao original. A chamada *alta fidelidade* foi possibilitada pela significativa melhora técnica na relação entre **sinal** (sons musicais gravados) e **ruído** (inevitavelmente produzido durante os processos de gravação e de fabricação dos discos). Os objetivos comerciais embutidos na publicização do termo vinham ao encontro da demanda cada vez mais criteriosa e exigente dos consumidores de discos. Assim, o termo *hi-fi* implicou a nomeação de sua negação: o *lo-fi*, ou baixa fidelidade. Schafer (2001, p. 71-72, grifo nosso) faz uso dessa oposição como instrumento de análise crítica de sistemas e paisagens sonoras e explica:

---

1 Berrante é uma corneta feita de chifre de boi ou de outros animais usada por vaqueiros brasileiros para chamar o gado no campo.

2 Inteligível: "1. Que se entende ou é fácil de ser compreendido [...]. 2. Que se ouve bem" (Inteligível, 2018).

> A paisagem sonora *hi-fi* é aquela em que os sons separados podem ser claramente ouvidos em razão do baixo nível de ruído ambiental. Em geral, o campo é mais *hi-fi* que a cidade, a noite mais que o dia, os tempos antigos mais que os modernos. Na paisagem sonora *hi-fi*, os sons se sobrepõem menos frequentemente. Há **perspectiva**[3], **figura** e **fundo** [...]. O ambiente silencioso da paisagem sonora *hi-fi* permite ao ouvinte escutar mais longe, à distância, a exemplo dos exercícios de visão a longa distância no campo. A cidade abrevia essa habilidade para a audição (e visão) à distância, marcando uma das mais importantes mudanças na história da percepção. Em uma paisagem sonora *lo-fi*, os sinais acústicos individuais são obscurecidos em uma população de sons superdensa. O som translúcido como passos na neve, um sino de igreja cruzando o vale ou a fuga precipitada de um animal no cerrado é mascarado pela ampla faixa de ruído. Perde-se a perspectiva. Na esquina de uma rua, no centro de uma cidade moderna, não há distância, há somente presença.

Constatamos, assim, que as condições acústicas do ambiente são determinantes, em um sentido global, na fruição da vida humana. Podemos inferir a ocorrência de profundas mudanças na paisagem sonora no decorrer da história pela alteração dos sons fundamentais, sinais e marcas sonoras em qualidade e quantidade. A poluição sonora presente na paisagem sonora das cidades pós-industriais não apenas instituiu no ambiente a **violência acústica** (de que tratamos no Capítulo 2) a que seus habitantes são eventualmente ou permanentemente submetidos, mas também constitui um ambiente sonoro que se "autoconsome em uma cacofonia" (Schafer, 2001, p. 329), onde importantes faculdades da escuta, como identificação, codificação e localização de sons, encontram-se comprometidas pela baixa inteligibilidade que caracteriza os sistemas *lo-fi*.

> As condições acústicas do ambiente são determinantes, em um sentido global, na fruição da vida humana.

---

[3] Schafer (2001), ao usar por empréstimo um termo das artes visuais, refere-se à percepção de distância, de posicionamento em profundidade dos sons.

3.1.2 O projeto acústico-ambiental

Schafer (2001) identifica, na cultura ocidental, a percepção de que o silêncio tem sentido negativo – acepção que remete à ausência, como um estado mórbido que demanda interferência e combate. Essa percepção, segundo o autor, é generalizada, constituindo um obstáculo à promoção da melhora na qualidade dos sistemas acústicos como **representação social** que não contribui para a implementação de iniciativas nas comunidades nem para a elaboração de políticas públicas adequadas:

> O homem gosta de produzir sons para imaginar que não está só. Desse ponto de vista, o silêncio total é a rejeição da personalidade humana. O Homem teme a ausência de som do mesmo modo que teme a ausência de vida. [...] A contemplação do silêncio absoluto tem se tornado negativa e aterradora para o homem ocidental [...]. A reconquista da contemplação nos ensinaria a ver o silêncio como um estado positivo e feliz em si mesmo, como a grande e magnífica tela de fundo sobre a qual se esboçam as nossas ações, sem o que permaneceriam incompreensíveis ou não poderiam sequer existir. [...] Quando não há som, a audição fica mais alerta. Se temos esperança de melhorar o projeto acústico mundial, isso só ocorrerá após a descoberta do silêncio como um estado positivo em nossa vida. (Schafer, 2001, p. 354-358)

A paisagem sonora das cidades pós-industriais apresenta evidente desequilíbrio, baixa qualidade de escuta (inteligibilidade) e opressiva violência acústica, em razão da exposição dos habitantes a níveis excessivos de som e de ruído. Segundo Schafer (2001, p. 330), o projeto acústico de determinado ambiente tem por objetivo estudar suas condições acústicas "e obter indícios de como a paisagem sonora pode ser alterada, acelerada, reduzida, tornada rarefeita ou mais espessa, a fim de obter efeitos específicos" na recuperação de um equilíbrio dinâmico, revelando como os sons podem ser reorganizados de maneira a favorecer sua inteligibilidade – a exemplo dos sistemas *hi-fi*.

Ainda se referindo aos aspectos culturalmente significativos de uma paisagem sonora, Schafer (2001) alerta para a validade dos marcos sonoros de determinado ambiente, que pode justificar a luta por sua preservação. Para ele, alguns marcos sonoros estão inscritos na memória de toda uma comunidade: os sinos das igrejas nas cidades históricas de Minas Gerais e em Salvador, na Bahia, por exemplo, constituem marcos sonoros que integram a identidade comunal e refletem o caráter cultural dos locais de ocorrência.

As categorias e os conceitos enunciados por Schafer para a análise e elaboração de projetos de paisagem sonora podem ser aplicados nas manifestações híbridas das **artes sonoras**, em projetos de instalações em espaços fechados ou abertos, constituindo uma ação **composicional** (para usar um termo musical) que precisa considerar e articular a saúde da audição, as relações de escuta e os aspectos culturais que caracterizam determinada comunidade.

3.1.3 A paisagem nas artes sonoras

A arte sonora compreende diversos gêneros artísticos que se encontram na fronteira entre a música e outras artes, como as chamadas *instalações artísticas* e *esculturas sonoras*. Esse gênero de arte busca transformar a relação que o indivíduo estabelece por meio da experiência de estar em um espaço, em dado ambiente acústico.

> A arte sonora busca transformar a relação que o indivíduo estabelece por meio da experiência de estar em um espaço, em dado ambiente acústico.

Como comentam Campesato e Iazzetta (2006, p. 776), a arte sonora caracteriza-se pela utilização articulada de diferentes mídias e "pela utilização do espaço como elemento fundamental no discurso, pela busca por novas sonoridades e expressividade plástica, incorporando elementos sonoros aos plásticos na criação artística". Diferentemente das formas discursivas da música, a arte sonora faz uso de fragmentos breves que condensam seu significado, em que o tempo é o de reconhecimento da obra em seu ambiente, não o tempo decorrido de um discurso, como no caso da música. Assim, as sonoridades que emanam de uma instalação de arte sonora funcionam à semelhança de um ambiente acústico significante e controlado, no qual o espaço é parte integrante e indissociável da obra.

Essas propriedades de fruição das artes sonoras guardam semelhança com as proposições de Schafer (2001) no que se refere à qualidade da escuta da paisagem sonora, ou seja, à relação entre a ocorrência de eventos sonoros componentes de um ambiente acústico dado e as instalações de arte sonora, em seus espaços de exibição. Campesato e Iazzetta (2006, p. 776) alertam:

> É notável que boa parte das produções de arte sonora se realizam na forma de instalações e de esculturas sonoras, nas quais a construção da obra ocorre em conexão com a construção de seu próprio espaço de existência. Portanto, o espaço adquire uma importância vital na maior parte desses trabalhos [...] os ambientes que abrigam a arte sonora [...] aproximam-se muito mais de ambientes com uma conotação mais ligada à plasticidade como galerias de arte, museus ou outros espaços alternativos.

Assim, e diversamente do que ocorre em uma sala de concerto, onde é desejável uma atenção concentrada, a galeria de arte encoraja a visão (e a escuta) seletiva e focalizada (Schafer, 2001), promovendo ao indivíduo que experimenta um ambiente acústico a oportunidade de inaugurar, para si, novas formas de escuta, de ressensibilizar-se na relação com a paisagem sonora que o cerca.

3.2 A comunicação pelo rádio

Vamos analisar, agora, as características da comunicação pelo rádio e comentar sobre sua invenção, sua história e seu percurso na vida brasileira do século XX aos dias atuais. Para melhor compreensão do que significou a introdução do rádio, citamos Hobsbawm (1995), historiador que considerou o uso do rádio uma das forças tecnológicas e industriais que dominaram as artes populares no século XX. Para ele, o rádio era um poderoso veículo capaz de atingir milhões de pessoas, dirigindo-se aos ouvintes de forma individual, e logo constituiu-se em uma importante ferramenta de comunicação de massa para a propaganda de governantes e para a publicidade. McLeish (2001, p. 16) comenta:

> O rádio fala para milhões. A grande vantagem de um meio de comunicação auditivo sobre o meio impresso está no som da voz humana – o entusiasmo, a compaixão, a raiva, a dor e o riso. A voz é capaz de transmitir muito mais do que o discurso escrito. Ela tem inflexão e modulação, hesitação e pausa, uma variedade de ênfases e velocidade. A informação que um locutor transmite tem a ver com o estilo da apresentação tanto quanto com o conteúdo do que ele diz.

O rádio, em seu efeito mais imediato, ao dirigir-se diretamente e de forma particularizada ao ouvinte, afeta-o pessoalmente, ofertando um espaço dilatado de comunicação que excede a relação locutor-ouvinte, na qual a imaginação precisa estar envolvida e operante. A relação que necessariamente se estabeleceu entre os ouvintes e o rádio, apesar de centrada no indivíduo e na família, inaugurou, para toda uma esfera pública de incontáveis milhões, uma rigorosa estruturação de toda a coletividade de ouvintes em razão do horário da programação, que governou as esferas do trabalho e do lazer (Hobsbawm, 1995). A radiodifusão impõe uma disciplina rígida de ter de estar ali na hora certa. Novas formas de vínculo social surgiram entre ouvintes de programas de grande audiência.

A ausência da emissão de imagens, no rádio, dá ensejo a características particulares para a relação entre o emissor e o receptor em relação a outras mídias, como a televisão, o cinema ou a internet, que são audiovisuais (Menezes, 2007). Precisamente por isso, a comunicação radiofônica se caracteriza por uma narrativa que ativa e intensifica a produção de imagens pela imaginação do ouvinte[4]. Para McLeish (2001, p. 15),

---

4 Calabre, em *A era do rádio* (2004, p. 35), alerta que "a sonoplastia é, ainda hoje, um dos elementos fundamentais em todas as produções dos meios eletrônicos (rádio, cinema e televisão); no caso do rádio, esses efeitos sonoros assumem um papel ainda mais importante, na medida em que facilitam a recepção do texto. Na ausência total de imagens visuais, os ruídos e o fundo musical auxiliam na construção do ambiente imaginário".

trata-se de um meio cego, mas que pode estimular a imaginação, de modo que logo ao ouvir a voz do locutor o ouvinte tente visualizar o que ouve, criando na mente a figura do dono da voz. Criada por efeitos sonoros apropriados e apoiada pela música adequada, praticamente qualquer situação pode ser trazida ao ouvinte. Como disse um colegial ao ser perguntado sobre as novelas da televisão: "Prefiro o rádio, o cenário é bem melhor". Quem faz textos e comentários para o rádio escolhe as palavras de modo a criar as devidas imagens na mente do ouvinte e, assim fazendo, torna o assunto inteligível e a ocasião memorável. Diferentemente da televisão, em que o telespectador está observando algo que sai de uma caixa "que está ali", as paisagens e sons do rádio são criados dentro de nós, podendo ter impacto e envolvimento maiores. [...] o rádio em fones de ouvido acontece literalmente dentro da cabeça.

Como alerta Hobsbawm (1995), o rádio não transformou a mensagem, mas mudou as comunicações e as relações sociais. Criado no final do século XIX, já nos anos 1930 o rádio trazia o mundo para dentro das casas (Salemme, 2015). No período, o aparelho ocupou um espaço central entre o mobiliário da sala, pois as famílias se reuniam em torno dele, cumprindo um papel determinante para as sociabilidades na privacidade dos lares ou nos espaços públicos. A esse respeito, Calabre (2004, p. 7), no livro *A era do rádio*, comenta: "Lançado como uma novidade maravilhosa, o rádio transformou-se em parte integrante do cotidiano. Presença constante nos lares, converteu-se em um meio fundamental de informação e entretenimento"[5].

---

5   O filme *A era do rádio* (*Radio Days*), dirigido por Woody Allen (1987) e distribuído pela Orion Pictures, recria a atmosfera do período nos Estados Unidos. (A ERA do rádio. Direção: Woody Allen. EUA: Orion Pictures, 1987.)

3.2.1 O que é o rádio?

Comentamos anteriormente sobre a significação do rádio e os efeitos e implicações culturais e sociais de seu uso. Historicamente, o rádio, como ferramenta de mediação tecnológica, é um sistema de comunicação transmitida por meio de ondas eletromagnéticas (emissor) propagadas em diversas frequências no espaço, captadas por aparelhos receptores.

Criado no final do século XIX, na convergência de diversas descobertas científicas, é possível destacar, como contribuição para a invenção do rádio, as pesquisas de James Clerk Maxwell, que, em 1873, constatou que a luz e o calor são formas de ondas eletromagnéticas, diferenciando-se tão somente por sua longitude, e previu a existência de vibrações análogas. Em 1885, Heinrich Rudolph Hertz demonstrou a existência da energia prevista por Maxwell em forma de ondas eletromagnéticas, confirmou sua propagação em todas as direções (omnidiretividade) e determinou a velocidade de propagação e a longitude das ondas eletromagnéticas geradas por seu aparelho – as quais passaram a ser chamadas de *ondas hertzianas*.

Embora o mundo científico em geral reconheça o cientista italiano Guglielmo Marconi como o descobridor do rádio, por ter realizado, em 1895, testes de transmissão de sinais sem fio, o padre, cientista e engenheiro gaúcho Roberto Landell de Moura testou a primeira transmissão de fala por ondas eletromagnéticas sem fio já em 1893 (Lima, 2008). Marconi adquiriu a patente da invenção do rádio em 1896, ao passo que Landell só conseguiu obter para si a patente no ano de 1900.

O padre Landell de Moura realizou, em 1893, do alto da Avenida Paulista ao morro de Sant'Anna, em São Paulo, em uma distância de oito quilômetros, a primeira experiência de radiotelefonia de que se tem registro, embora não haja documentos que comprovem o fato. Já em 1899 e 1900, jornais citam a experiência, dando fé do pioneirismo do brasileiro na transmissão de sinais sonoros. No dia 16 de julho de 1899, o jornal *O Estado de S. Paulo* noticiou:

> Historicamente, o rádio, como ferramenta de mediação tecnológica, é um sistema de comunicação transmitida por meio de ondas eletromagnéticas (emissor) propagadas em diversas frequências no espaço, captadas por aparelhos receptores.

> Hoje, às 9.00 horas da manhã, no Colégio das Irmãs de S. José em Sant'Ana, realizar-se-á uma experiência de telephonia sem fios, com aparelhos inventados pelo renomado padre Landell de Moura. A experiência versará sobre a telephonia aérea e subterrânea. O Sr. Padre Landell de Moura, que convidou para este acto várias autoridades, homens de sciencia e representantes de imprensa, fará uma preleicção antes de proceder nas experiências do seu invento. (Landell de Moura, 1899)

3.2.2 O rádio no Brasil do século XX

O rádio brasileiro, regulamentado e controlado por concessão pública pelo Estado, é majoritariamente um veículo de comunicação privado. A primeira estação de rádio a entrar em operação no país foi a Rádio Clube de Pernambuco, em 1919 (Um reencontro..., 2017). Ocupando cada vez mais espaço na vida diária dos brasileiros, a partir de 1936, "os aparelhos de rádio já podiam ser comprados em lojas do ramo" (Antunes, 2012, p. 20), o que permitiu a ampliação progressiva da ocupação da esfera pública nas décadas de 1930 a 1950, período que ficou conhecido como *Era de Ouro do Rádio*.

No início da década de 1940, o rádio já havia se tornado o senhor absoluto dos meios de comunicação e o companheiro inseparável das classes populares. A mais representativa e conhecida dos brasileiros desse período foi a Rádio Nacional, do Rio de Janeiro. Inaugurada em 1936, logo tornou-se a líder absoluta de audiência em todo o Brasil e operou a transformação dos padrões de comunicação do rádio brasileiro.

Calabre (2004, p. 32) relata o notável desempenho da Rádio Nacional nesses anos, quando ficou conhecida como uma fábrica de astros e estrelas:

> A Nacional permaneceu, reconhecidamente, como a emissora de maior penetração e audiência por todo o país na era de ouro do rádio; pelos índices de popularidade e eficiência financeira atingidos, tornou-se, em especial no período compreendido entre 1945 e 1955, uma espécie de modelo que foi

seguido pelas demais rádios em todo o país. Seu estilo de programação servia de base para a organização das concorrentes, até mesmo quando tentavam atrair a faixa de público que não se interessava pelos programas da Rádio Nacional. O modelo de programação privilegiado pelo rádio brasileiro desde sua criação, e que vigorou até a década de 1960, apoiava-se em quatro núcleos: a música, a dramaturgia, o jornalismo e os programas de variedade.

Figura 3.1 – Anos 50: Programa Paulo Gracindo no auditório da Rádio Nacional do Rio de Janeiro

Acervo Iconographia

A chegada da televisão ao Brasil no início dos anos 1950 alterou dramaticamente a economia da atividade radiofônica. A transferência gradativa da publicidade e, portanto, do fluxo financeiro para a TV produziu, também gradativamente, a transição para o novo veículo do modelo de rádio desenvolvido no Brasil e que conquistou incontáveis milhões de ouvintes nas décadas de 1940 e 1950: as radionovelas, os programas humorísticos, musicais, de calouros e o tradicional *Repórter Esso*[6], que, transposto para a TV, deu origem ao formato do telejornalismo brasileiro. No entanto, o que decretou o fim da Era de Ouro do Rádio foi a precipitação dos fatos políticos do período, como comenta Calabre (2004, p. 50):

---

6   A primeira transmissão do *Repórter Esso* ocorreu dia 28 de agosto de 1941 e ele "foi o primeiro noticiário de radiojornalismo do Brasil que não se limitava a ler as notícias recortadas dos jornais, já que as informações eram enviadas por uma agência internacional de notícias norte-americana" (Ocorre..., 2018). Na televisão, recebeu, inicialmente, o nome de *O Seu Repórter Esso* e esteve no ar, na TV Tupi, entre 1952 e 1970 (Ocorre..., 2018).

> O golpe militar de 1964, que levou à investigação e à cassação de muitos dos grandes astros da Rádio Nacional e ao fechamento da Rádio Mayrink Veiga, de orientação legalista, juntamente com questões de gestão internas das emissoras, representou um momento de ruptura definitivo na história do rádio brasileiro. O governo militar investiu na integração televisiva do país e as emissoras foram adotando o modelo de rádios locais, com notícias e prestação de serviços, músicas gravadas e esportes, como no slogan da Rádio Globo, criada em dezembro de 1944: "Música, esporte e notícia". Os "anos dourados" do rádio no Brasil chegavam ao fim.

Considerando a Era de Ouro, protagonizada pela Rádio Nacional, quando o rádio figurou como o meio que, pela primeira vez, acionou o caráter massivo dos meios de comunicação, é preciso entender que se tratou de um período de cultura midiática que, inserido na centralidade do cotidiano dos indivíduos, redesenhou as interações sociais no Brasil e reestruturou práticas sociais.

A pesquisa de Bianchi (2009), *Memória radiofônica: a trajetória da escuta passada e presente de ouvintes idosos*, revela que esse período deu origem a um forte relacionamento histórico e vital com o rádio, que produziu sentidos que conformaram a memória daqueles que o viveram não somente como **acionadores** de lembranças do passado, mas também como **matrizes de gosto** e relações comparativas de competências entre o presente e o passado.

3.2.3 O rádio interativo do século XXI

Nos anos 1960, a rádio AM[7] adquiriu suas características atuais, de caráter mais popular e de prestação de serviços, e, nos anos 1980, as rádios FM[8] iniciaram o processo de segmentação que as caracteriza

---

7   Rádio AM é o processo de transmissão por amplitude modulada, caracterizado pelo longo alcance dos sinais. Para entender melhor, consulte: ABERT – Associação Brasileira de Emissoras de Rádio e Televisão. **Classificação de emissoras de radiodifusão quanto ao aspecto técnico.** Disponível em: <http://www.abert.org.br/web/index.php/2013-05-22-13-33-19/2013-06-09-21-38-22/tecnicamenu/item/21647-classificacao-de-emissoras-de-radiodifusao-quanto-ao-aspecto-tecnico>. Acesso em: 12 mar. 2018.

8   Rádio FM, de frequência modulada, é uma rádio que transmite com ótima qualidade sonora, mas com alcance limitado, em média, a 100 km.

hoje. Salemme (2015) alerta que, com o advento da rádio AM digital – a *webradio*, que possibilitou o chamado *simulcasting*[9] – e, sobretudo, em função da telefonia celular, o rádio passou a alcançar mais particularmente o indivíduo que a família, em contraste com sua forma de fruição histórica.

As ferramentas que a tecnologia digital disponibiliza no mercado possibilitam maior interação entre o rádio e a audiência quando comparadas à antiga chamada telefônica. Esses novos dispositivos de comunicação, como o Facebook, o Twitter e o WhatsApp, são imediatamente incorporados pelas emissoras para dilatar o relacionamento com o ouvinte. No século XX, o rádio foi um veículo de comunicação dirigido de um emissor para um receptor; no século XXI, passou a ser interativo, tendendo ao estabelecimento de redes comunicacionais com os ouvintes: ao tornar-se apto a enviar informações para a audiência, como reportar notícias locais, problemas da cidade, questões de trânsito, segurança etc., o ouvinte interage e transforma a dinâmica da emissão do programa em um duplo sentido do fluxo de informação: ao mesmo tempo que é audiência, participa do programa como provedor do conteúdo que é transmitido.

O dramaturgo alemão Bertold Brecht, em "O rádio como aparato de comunicação: discurso sobre a função do rádio", um dos cinco textos que integram *A Teoria do Rádio*, escritos entre 1927 e 1932, produziu uma reflexão profética ao concluir que "o rádio tem **uma** face, quando deveria ter duas" (Brecht, 2007, p. 228, grifo do original) e propôs um novo sentido:

> O rádio seria o mais admirável aparato de comunicação que se poderia conceber na vida pública, um enorme sistema de canais; quer dizer, seria, caso ele se propusesse não somente a emitir, mas também a receber; ou, não apenas deixar o ouvinte escutar, mas fazê-lo falar; e não isolá-lo, mas colocá-lo numa relação. (Brecht 2007, p. 228-229)

Ao concluirmos essa discussão acerca de alguns dos aspectos funcionais da percepção e do percurso histórico do rádio lembrando as propostas de Brecht, reportamo-nos aos primórdios do rádio e destacamos que as ferramentas tecnológicas hoje permitem uma mudança paradigmática do uso

---

9   *Simulcasting* é o processo em que a mesma programação transmitida pela radiodifusora é também disponibilizada na internet.

desse veículo, que, ao se reinventar funcionalmente para a sociedade, pode estar assegurando para si um papel de importância no futuro da comunicação pública.

3.3 A música como indutora de narrativas

Para uma maior compreensão de como a música pode induzir narrativas, é importante começarmos com as diferentes dimensões da *narrativa*: em consulta aos dicionários, o termo surge definido como ato de narrar, história contada por alguém, perfazendo-se no conteúdo de uma obra literária, real ou fictícia. De forma geral, a narrativa é entendida a partir de sua natureza linguística, literária. Alguns autores associam a relação do indivíduo com a narrativa à **navegação**, tratando-a como uma experiência que implica progressão no tempo, **imersividade** por parte do receptor, o leitor ou, no caso da música, o ouvinte.

Parente (2000) apresenta ainda outras dimensões da narrativa: na ocorrência de uma situação comunicacional explícita, como na literatura, a narrativa é apreendida como designação ou manifestação; mas na música, que se manifesta também no campo comunicacional, o que ocorre é uma enunciação **não designativa** de significados, que pressupõe familiaridade de determinado grupo social com a rede conceitual da ação. Pensar a música como discurso é entendê-la, portanto, como uma forma de comunicação que apresenta, assim como a linguagem, seus próprios códigos, como veremos mais detidamente adiante.

3.3.1 A narrativa em música

Analogamente à dimensão linguística da narrativa, "todo enunciado musical é dirigido a alguém, pressupõe um interlocutor – presente ou ausente, real ou imaginário – que de algum modo lhe será um respondente", como comentam Schroeder e Schroeder (2011, p. 134). Há ainda, outras similitudes com a relação de escuta que torna possível identificarmos a indução de narrativa pela música: nos enunciados mais estáveis na esfera linguística – denominados *gêneros do discurso* (Bakhtin, citado por

Schroeder; Schroeder, 2001), como cumprimentos, falas cotidianas, documentos oficiais, ordens militares etc. –, verificamos que o enunciado existe em uma dimensão social, ou seja, trata-se de modos de comunicação conhecido, padronizado.

Merriam (citado por Pinto, 2001) alerta que a música não é um fenômeno isolado, mas um meio de interação particular que exige a afluência social de pessoas que decidem o que ela pode ou não ser: "O fazer musical é um comportamento aprendido, através do qual sons são organizados, possibilitando uma forma simbólica de comunicação na inter-relação entre indivíduo e grupo" (Pinto, 2001, p. 224). A música é, portanto, manifestação de crenças e de identidades, é universal no que diz respeito à sua existência e à sua importância em qualquer sociedade. Tendo como base a mesma percepção, Schroeder e Schroeder (2011, p. 135, grifo nosso) estabelecem correspondências entre os gêneros de discurso linguísticos e a produção musical:

> Embora cada música seja única, também aqui podemos falar em modos estáveis de produção musical, já que as músicas sempre se filiam, com maior ou menor ênfase, a algum gênero de discurso artístico. Não fosse assim, não conseguiríamos "classificar" as obras em escolas ou estilos, por exemplo. Essa classificação nada mais é do que uma busca de traços comuns entre grupos de obras de um período, uma região ou um autor, de relações dialógicas (responsivas) entre as obras que se filiam a gêneros idênticos, aparentados ou mesmo distanciados. Há, então, uma dimensão social em toda produção musical: fazer música pressupõe o **domínio de gêneros musicais coletivamente construídos**.

Para compreendermos como um gênero musical enuncia um sentido a ser comunicado, é importante que a música seja entendida como um **objeto sonoro** que é dirigido ao outro[10] (dialogia) e filiado a

---

[10] Sob a ótica bakhtiniana, acrescente-se que "A música ou a obra musical não é um objeto sonoro que existe independentemente da interação entre sujeitos" (Petracca, 2015, p. 130).

um **gênero discursivo**[11] determinado (Schroeder, 2011, citado por Petracca, 2015, p. 46). O filósofo e pesquisador da linguagem Mikhail Bakhtin (2003, p. 261), ao alertar que a linguagem está ligada a todos os campos da atividade humana, comenta que "evidentemente, cada enunciado particular é individual, mas cada campo de utilização da língua elabora seus tipos relativamente estáveis (comuns, consagrados, consolidados) de enunciados, os quais denominamos gêneros do discurso". Petracca (2015, p. 130, grifo do original) confirma a validade do conceito de gênero discursivo bakhtiniano no campo da música:

> Bakhtin entende que a linguagem (entendida num conceito amplo) medeia a nossa relação com a realidade e também com as pessoas. Considerar o **sujeito em relação a outro** num ato musical ou uma atividade estética musical implica em definir como acontece e pode ser constatado esse tipo de relação envolvendo música.

Assim, entendemos um *gênero musical* como um conjunto de enunciados musicais que mantêm certa estabilidade (Piedade, 2004, citado por Petracca, 2015), ou seja, os gêneros musicais são reconhecíveis pela relativa uniformização das práticas composicionais e das temáticas, pelo uso um tanto padronizado dos instrumentos e de ritmos, entre outros fatores, que se estabilizam e se consolidam em práticas difundidas e coletivamente reconhecíveis. Se, em determinado grupo e ocasião social, a música que se ouve é um forró, por exemplo, podemos percebê-la como um gênero que enuncia determinado sentido – como aquele associado a, por exemplo, festa, alegria, movimento, nordeste, tradição, lazer, dança, erotização etc. – que é comunicado para as pessoas ali presentes.

---

11 "Todos os diversos campos da atividade humana estão ligados ao uso da linguagem. [...] o emprego da língua efetua-se em forma de enunciados (orais e escritos) concretos e únicos, proferidos pelos integrantes deste ou daquele campo da atividade humana. Estes enunciados refletem as condições específicas e as finalidades de cada referido campo não só por seu conteúdo (temático) e pelo estilo de linguagem, ou seja, pela seleção dos recursos lexicais, fraseológicos e gramaticais da língua, mas, acima de tudo, por sua construção composicional" (Bakhtin, 2003, p. 261).

Agora, vamos entender a diferença entre sinal e signo. Segundo a teoria de Voloshinov[12] (citado por Schroeder; Schroeder, 2011, p. 139, grifo do original), "o **sinal** é unívoco, tem sempre o mesmo significado independente do contexto e necessita apenas ser reconhecido. Já o **signo** precisa ser compreendido, pois seu significado está totalmente orientado pelo contexto, é polissêmico[13] por natureza". Segundo Schroeder e Schroeder (2011, p. 137),

> isso não significa que o material em si seja significativo por natureza. [...] o valor de um signo é sempre instituído numa relação social. Acontece, porém, na música, que alguns signos, pela recorrência do uso em determinados contextos, vão se "estetizando", cristalizando determinados significados de tal modo que esses significados passam a ser tidos como intrínsecos ao próprio material ou ao elemento frequentemente a eles ligado. (Schroeder; Schroeder, 2011, p. 139)

Corroborando essa afirmativa, ao dissertar sobre a escolha de músicas para filmes, Rawlings ([S.d.], p. 34) alerta:

> O ouvinte identifica quase sempre uma composição musical com a ocasião e o local em que a ouviu pela primeira vez. Por esta razão, os clássicos muito conhecidos devem ser evitados, pois o seu uso pode despertar [...] associações de ideias que entram em conflito com aquelas que o realizador cinematográfico quer estabelecer no seu filme.

Rawlings ([S.d.]) evidencia como construímos associações e funcionalidades, como conferimos significados que passam a operar como filtros de valor e ferramentas de apreensão para novas obras que apresentem similitudes aos modelos já culturalmente incorporados a uma memória coletiva.

Como exemplo de narrativa musical que se constituiu para a representação de pinturas, podemos citar o caso da obra *Quadros de uma exposição*, do compositor russo Mussorgsky[14], considerada pela

---

[12] Valentin Voloshinov (1895-1936), linguista russo que pertenceu ao grupo de Bakhtin.

[13] "1. Relativo a polissemia. 2. Que tem vários sentidos" (Polissêmico, 2017).

[14] Modest Petrovich Mussorgsky (1839-1881), compositor e militar russo conhecido por suas composições nacionalistas (Horta, 1985).

crítica a obra inaugural do período impressionista na música. Escrita em 1874, a obra é uma homenagem ao pintor Viktor Hartmann, amigo de Mussorgsky, morto um ano antes.

Elegendo alguns quadros de uma exposição de Hartmann em São Petersburgo, Mussorgsky buscou, em resposta às imagens dos quadros, interpretá-los por meio de sua música para piano. Segundo Schroeder e Schroeder (2011), é perfeitamente possível inferir uma intenção comunicacional visual descritiva em toda a obra. *Quadros de uma exposição* foi integralmente adaptada para orquestra sinfônica pelo compositor francês Maurice Ravel em 1922, como uma ação **responsiva** a Mussorgsky.

Os filmes da trilogia *Qatsi* – *Koyaanisqatsi* (1982), *Powaqqatsi* (1988) e *Naqoyqatsi* (2002) –, de Godfrey Reggio, com música original do compositor Philip Glass, caracterizam-se pela ausência de diálogos ou de locução em *off*[15]. As imagens são, predominantemente, fragmentárias, aparentemente desconexas das imagens precedentes e das que se sucedem, mas perfeitamente conectadas entre si pela narrativa musical, que é incessante por toda a extensão do filme, em faixas longas, constituindo-se na força que dá forma, extensão e contorno a cada sequência. Esse *continuum* sonoro, em contraste com a fragmentação visual, é o que permite a apreensão da dissociação dos componentes visual e sonoro (Schroeder; Schroeder, 2011).

A narrativa musical produz os signos por meio do uso de sonoridades específicas elencadas para cada filme: em *Koyaanisqatsi* ("vida em desequilíbrio"), o uso de sons eletrônicos; em *Powaqqatsi* ("vida em transformação"), o uso de instrumentos de sonoridades étnicas para uma representação acústica de culturas em países do terceiro mundo; em *Naqoyqatsi* ("vida como guerra") o uso de instrumentos associáveis a uma banda esportiva/militar. É, portanto, pelo uso da forma, pelo *continuum* musical que designa sua dissociação em relação às imagens fragmentadas e pelo uso de signos compreensíveis

▶ **Filme 1**
KOYAANISQATSI. Direção: Godfrey Reggio. EUA: MGM, 1982. 86 min.

▶ **Filme 2**
POWAQQATSI. Direção: Godfrey Reggio. EUA: MGM, 1988. 99 min.

▶ **Filme 3**
NAQOYQATSI. Direção: Godfrey Reggio. EUA: Miramax Films, 2002. 89 min.

---

15 O diretor Godfrey Reggio explica, no *making of* do filme *Koyaanisqatsi*, a falta de diálogo nos três filmes: "não é por falta de amor à linguagem que esses filmes não têm palavras. É porque, do meu ponto de vista, nossa linguagem está em um estado de grande humilhação. Já não descreve o mundo em que vivemos" (tradução nossa).

pelo público (sonoridades) que a música de Philip Glass confere **enunciados** que constituem a narrativa conformadora da obra.

3.3.2 Narrativas musicais e memória social

Acrescentaremos aos exemplos já citados os cantos de trabalho, indutores de narrativas de um grupo social determinado. Como comenta Santos (2006), os *cantos de trabalho* constituem-se em práticas essenciais para a construção da identidade e da cultura dos trabalhadores de um ofício ou de uma ocupação, em uma região específica, que operam como sinalizadores sociais referentes aos membros da comunidade. São, em muitos casos, construções coletivas que integram elementos lúdicos inventados a partir das práticas diárias no trabalho e que se reportam à atividade e à sua forma de ocorrência. De uma forma geral, são narrativas que se assemelham, funcionalmente, à canção popular.

Esses cantos têm a função de condutores musicais associados a uma mensagem explícita, pelos versos que conferem múltiplos significados. Como descreve Santos (2006, p. 9): "amenizam a dureza do trabalho ritmando o corpo do homem, expõem sentimentos e valores desses trabalhadores, constituindo-se em importantes expressões culturais"; além disso, são "fontes históricas, descortinando aspectos culturais, econômicos e políticos de um determinado meio social" (Santos 2006, p. 1).

> Eu vou panhar café
> Café eu vou panhar
> Se café não der dinheiro
> Olêê, oláá
> Eu vou vê se a Lira dá[16].
>
> (Santos, 2006, p. 3)

---

[16] Depoimento de Heremita Conceição dos Santos, 58 anos de idade, ex-operária residente em Cruz das Almas (Santos, 2006, p. 3).

Os cantos de trabalho recolhidos por Santos na região do Recôncavo Sul da Bahia são uma coleção de narrativas que promovem o registro da memória social de uma coletividade. Nesse mesmo sentido, Pinto (2001), citando Simon, reproduz um relato sobre a importância do registro dos cantos de trabalho de remadores do Rio Ogooué, no Gabão, África Ocidental: a carta do músico e médico alemão Albert Schweitzer[17] dirigida a Carl Stumpf, diretor do Departamento de Psicologia da Universidade de Berlim, datada de 4 de abril de 1914. Diz Albert Schweitzer (citado por Pinto, 2001, p. 260):

> Neste país há antigas e belíssimas cantigas de remadores. Parecem-se com motetos e são constituídas de interessantíssimos contrapontos. Está mais do que na hora de gravar estas músicas, pois os jovens só aprendem a cantar hinos cristãos com os missionários. Além disso os barcos a motor estão fazendo desaparecer os barcos a remo, onde 20 remadores em pé, cantavam, por vezes dias e noites a fio, para que pudessem manter o ritmo de suas remadas. O fim dos barcos a remo significa: fim das cantigas de remadores.

Discutimos aqui como a música induz narrativas por meio de signos que enunciam um significado coletivamente reconhecível e como a música opera, também por meio da narrativa, como sinalizadora social referente aos indivíduos membros de uma comunidade, cuja prática é incorporada à sua memória social.

3.4 O som e a música como indutores de experiências sensoriais

Examinaremos alguns dos aspectos ligados a experiências sensoriais induzidas pelo som ou pela música. Para começar, vamos tratar do processo da percepção, agora do ponto de vista da neurociência: as pesquisas mais recentes nessa área verificam uma clara distinção entre a nossa percepção e o mundo

---

17   Schweitzer abandonou uma vida de celebridade cultural na Europa para abrir um hospital de doenças tropicais no Gabão, na África Ocidental, nos primeiros anos do século XX, onde veio a falecer em 1965 (Nobelprize.org, 2018).

tal como ele se apresenta na realidade. Isso é muito importante para entendermos que a percepção humana não se restringe à mera captação de estímulos, mas consiste em transformações que se operam pelos sentidos, integrando em um mesmo fenômeno aspectos fisiológicos e psicológicos. Oliveira (1997) resume, do ponto de vista neurobiológico, a experiência da percepção:

> A percepção humana não se restringe à mera captação de estímulos, mas consiste em transformações que se operam pelos sentidos, integrando em um mesmo fenômeno aspectos fisiológicos e psicológicos.

O sistema sensorial começa a operar quando um estímulo, via de regra, ambiental, é detectado por um neurônio sensitivo, o primeiro receptor sensorial. Este converte a expressão física do estímulo (luz, som, calor, pressão, paladar, cheiro) em potenciais de ação, que o transformam em sinais elétricos. Daí ele é conduzido a uma área de processamento primário, onde se elaboram as características iniciais da informação: cor, forma, distância, tonalidade, etc, de acordo com a natureza do estímulo original.

Em seguida, a informação, já elaborada, é transmitida aos centros de processamento secundário do tálamo [...]. Nos centros talâmicos, à informação se incorporam outras, de origem límbica ou cortical, relacionadas com experiências passadas similares.

Finalmente, bem mais alterada, a informação é enviada ao seu centro cortical específico. A esse nível, a natureza e a importância do que foi detectado são determinados por um processo de identificação consciente a que denominamos percepção.

Assim, Oliveira (1997) explica que, se o ambiente estimula os canais sensoriais do organismo, como visão, audição, sensações somáticas, paladar e olfato, por sua vez, o organismo designa a qualidade da experiência.

Em nosso cérebro, as regiões sensoriais são um conjunto de áreas diversas, intimamente correlacionadas, que constituem a base das representações e a fonte de imagens mentais. Esse dado neurobiológico é importante para entender como ocorre o fenômeno da **sinestesia** e como a audição de música pode produzir experiências sensoriais associadas a outros sentidos.

Figura 3.2 – Ilustração do córtex cerebral

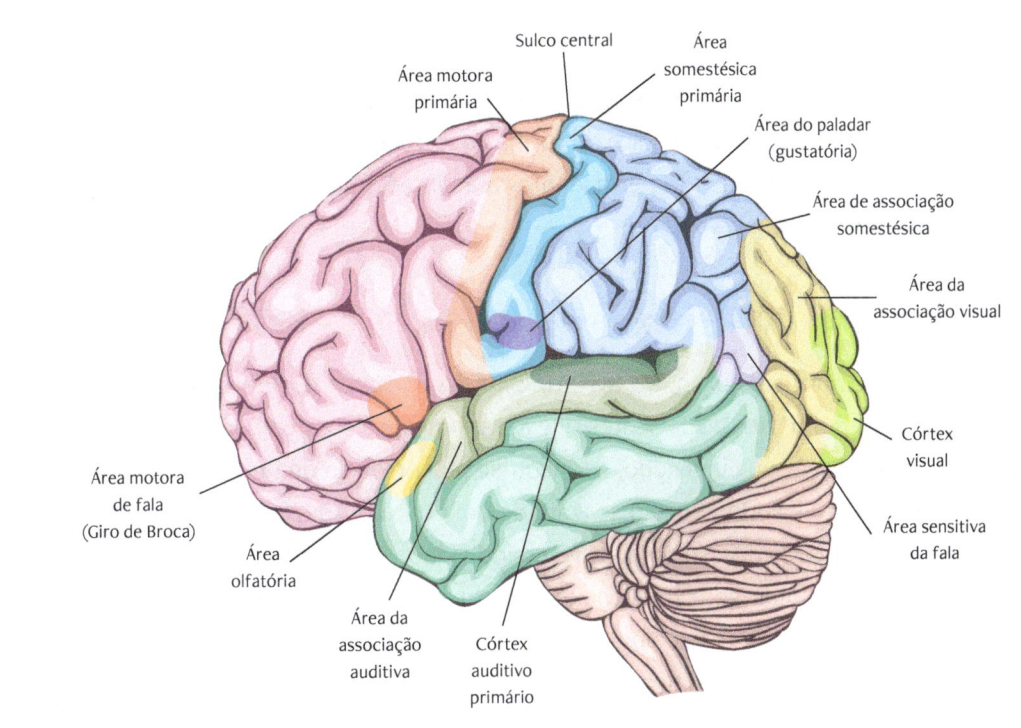

Antes de seguirmos, é importante compreender o que significa *sinestesia*. Para isso, vejamos a definição de Loth (2009, p. 13, tradução nossa):

> A sinestesia é um fenômeno complexo que permite uma comunicação instantânea entre várias funções sensoriais. Nossos cinco sentidos agem como captadores que enviam uma multitude de informações ao nosso cérebro. Todos os elementos externos que o homem é capaz de detectar são naturalmente divididos em cinco setores bem distintos segundo a natureza da informação, seja tátil, gustativa, olfativa, auditiva ou visual. Encontra-se, entre certas pessoas, que uma informação do tipo auditiva possa, no mesmo momento, disparar os captadores próprios à visão sem que estes últimos tenham recebido informação que lhes seja compatível.

Embora a maior parte das experiências sensoriais induzidas pela escuta musical possa ocorrer com qualquer pessoa, a sinestesia visual de cor e de formas ocorre apenas com alguns indivíduos, denominados *sinestetas*, cujas experiências são permanentes e acontecem independentemente da intencionalidade no momento do estímulo.

3.4.1 Sinestesia: música e cor

Como já mencionamos no Capítulo 1, no livro *Alucinações musicais: relatos sobre a música e o cérebro*, Sacks (2007) relata diversos casos de pacientes sinestetas em que é possível verificar o caráter individual dessas manifestações. Para cada indivíduo, verificou-se a ocorrência de uma associação diferenciada, de intensidade distinta, indicando que não se trata de um efeito produzido pelas propriedades da música, mas de um produto do processo perceptivo do indivíduo. Sacks (2007, p. 179) afirma que, com as técnicas avançadas de imageamento funcional do cérebro, "já não há margem para dúvida quanto à realidade fisiológica, tanto quanto psicológica, da sinestesia". Além disso, o autor comenta que "imaginar música pode ativar o *córtex* auditivo quase com a mesma intensidade que a ativação causada por ouvir música" (Sacks, 2007, p. 42).

Sacks (2007) reproduz, em seu livro, relatos de ocorrência de sinestesia de cores e também de formas visuais. Uma paciente, por exemplo, relatou que, ao ouvir música, vê "pequenos círculos ou barras verticais de luz que se tornam mais brilhantes, mais brancos ou mais prateados conforme os sons ficam mais agudos; nos sons mais graves, adquirem um lindo tom castanho-escuro" (Sacks, 2007, p. 177). Ele cita, ainda, o caso de um paciente que, semanas após perder a visão, adquiriu uma sinestesia de cores tão intensa que substituiu sua percepção real de música:

> Para mim, nos concertos, a orquestra era como um pintor. Inundava-me com todas as cores do arco-íris. Se o violino tocasse sozinho, eu era subitamente preenchido com ouro e fogo, e com um vermelho de uma intensidade que eu não me lembrava de ter visto em nenhum objeto. Ao chegar a vez do oboé, um verde-claro me percorria, tão frio que eu parecia sentir o hálito da noite. [...] Eu **via** a música a tal ponto que era incapaz de falar sua linguagem. (Sacks, 2007, p. 181, grifo do original)

Como mencionamos no Capítulo 1 ao citarmos a *cromestesia*, de acordo com Sacks (2007, p. 168), de todas as formas de sinestesia, a dos "efeitos de cor experimentados quando se ouve música ou se pensa em música" é uma das mais comuns. A seguir, vamos tratar da indução da sensação de sabor causada pela música.

3.4.2 Sinestesia: música e sabor

Sacks (2007) cita o caso de uma mulher com sinestesia de música e cores e de música e paladar, publicado em um artigo na revista *Nature*, em 2005, pelos pesquisadores Gian Beeli, Michaela Esslen e Lutz Jäncke, de Zurique, Suíça. A paciente, ao ouvir um intervalo musical[18] específico, sentia na língua um gosto que era sempre associado àquele intervalo musical, como mostrado no Quadro 3.1, a seguir.

---

18   Intervalo (música): é a diferença na altura de som (frequência) entre duas notas (Horta, 1985). Nossos ouvidos escutam música medindo, mesmo que inconscientemente, os intervalos entre as notas. É o fenômeno perceptivo mais comum, denominado *ouvido relativo*: quando não nos é possível identificar precisamente um som pelo seu nome específico, mas reconhecemos uma melodia, mesmo se cantada ou tocada a partir de qualquer nota – uma vez resguardados os intervalos (as distâncias de frequência) entre as notas, assim como as suas durações, reconhecemos como a mesma música. A sequência das notas musicais (pode-se partir de qualquer uma das sete) é do-ré-mi-fa-sol-la-si. Os intervalos são nomeados contando-se quantas notas compõem o "salto" entre elas: entre dó e ré, são duas, portanto o intervalo é de segunda. Entre dó e mi, por termos três notas (pulamos o *ré*), é um intervalo de terça, e assim por diante, até a oitava, de um dó a outro dó repetido acima ou abaixo. As classificações *maior*, *menor*, *justo*, *aumentado* ou *diminuto* referem-se às medidas de distância entre as notas (no Quadro 3.1, a coluna central) em termos de tons e semitons entre as notas.

Quadro 3.1 – Relação entre os intervalos musicais e o efeito de sabor na sinestesia de audição e paladar

Intervalo	Distância	Efeito
Segunda menor	½ tom	sabor azedo
Segunda maior	1 tom	sabor amargo
Terça menor	1 ½ tom	sabor salgado
Terça maior	2 tons	sabor doce
Quarta	2 ½ tons	grama cortada
Trítono	3 tons	nojo
Quinta	3 ½ tons	água pura
Sexta menor	4 tons	sabor de nata
Sexta maior	4 ½ tons	sabor de nata com baixo teor de gordura
Sétima menor	5 tons	sabor amargo
Sétima maior	5 ½ tons	sabor azedo
Oitava	6 tons	nenhum gosto

Fonte: Elaborado com base em Sacks, 2007.

Algumas pesquisas recentes vêm ampliando o espectro da população estudada e têm investigado a resposta do público em geral a respeito dos efeitos da audição musical na percepção dos sabores. "É possível sentir o gosto do som?", pergunta a *food designer* sueca Josefin Vargö[19] para o público presente

---

19 Para saber mais sobre Josefin Vargö, acesse o *site* (em inglês): JOSEFIN VARGÖ. Disponível em: <http://www.josefinvargo.com/About>. Acesso em: 12 mar. 2018.

no *Roskilde Festival 2015*, durante o experimento *Taste the change of frequencies*[20] ("Saboreie a mudança de frequências", em tradução livre), que tem como propósito identificar como a música influencia o paladar.

Indo na mesma direção, o *Daily Mail* publicou, em junho de 2016, o artigo "Music 'changes the Taste of Beer': High-pitched Tunes found to turn Drinks Sour while Deep Bass sounds make Beer bitter" ("A música 'muda o sabor da cerveja': notas agudas deixam a bebida azeda e baixos profundos deixam a cerveja amarga", em tradução livre), de Toby McDonald (2016), sobre o experimento aplicado em Bruxelas, Bélgica, liderado pelo brasileiro Felipe Carvalho, da Vrije Universiteit Brussel. Carvalho relata: "Pela primeira vez, demonstramos que é possível modular sistematicamente o sabor e a força percebidos nas cervejas por sugestões sonoras" (McDonald, 2016, tradução nossa).

O experimento consistiu em convidar voluntários que estavam em visita ao Museu de Instrumentos de Música em Bruxelas, na Bélgica, a provar uma cerveja e avaliar a experiência, cada vez sob a influência de um estímulo de som diferente. Os participantes não foram informados de que estavam, de fato, provando a mesma cerveja toda vez. Foram utilizados três tipos de música ambiental de fundo: uma música ao estilo Disney para o sabor doce; uma com notas agudas e dissonantes para o azedo; e uma com som de baixo profundo para o amargo. Os cientistas descobriram que a trilha sonora pode influenciar o gosto de bebidas e comidas e até mesmo alterar a força alcoólica.

Operando como estímulo involuntário de outros sentidos no cérebro, essas experiências buscam, com o uso da música como ambientação para o consumo de bebidas e comidas, a simulação de contextos que atuam na memória do consumidor. Esses estudos recentes apresentam resultados compatíveis com o processo neurobiológico conforme descrito por Oliveira (1997), apontando que as regiões sensoriais, como áreas correlacionadas que são, implicam aspectos fisiológicos e psicológicos, integrando as memórias passadas do indivíduo.

---

20 A instalação proposta por Vargö alia som e saber para que seja possível compreender a maneira como o som afeta a experiência de gosto. Os visitantes utilizam fones de ouvido e ingerem três alimentos diferentes, percebendo a relação entre as frequências de som e o impacto destas no sabor daquilo que está sendo ingerido (Josefin Vargö, 2018).

3.4.3 Música e sensação tátil: a "escuta" dos surdos

Ao nos referirmos à experiência sensorial tátil de indivíduos surdos, consideramos a percepção da vibração física como estímulo de produção de uma imagem sonora no cérebro que não recebe – ou recebe de forma gravemente reduzida – um estímulo auditivo. Os indivíduos considerados surdos contam com uma extensa gama de graduações no que se refere à deficiência auditiva. Ainda que apresentando quadros de deficiência mais agudas, os surdos percebem as vibrações físicas do som na mesma região do cérebro que os não surdos, o córtex auditivo, o que ajuda a explicar por que eles desfrutam de música sem ouvir.

A participação de indivíduos surdos em grupos de aprendizagem musical demonstra como a transmissão da vibração dos sons na superfície dos corpos ou instrumentos permite a ocorrência desse fenômeno perceptivo de sons e de música.

Uma pesquisa[21] desenvolvida por Dean Shibata, professor de radiologia da Universidade de Washington, indicou que o cérebro dos surdos reajusta sua estrutura para preencher a lacuna imposta pela surdez. Ao utilizar a ressonância magnética funcional para comparar a atividade cerebral entre as pessoas surdas e ouvintes, Shibata demonstrou que, se a atividade do córtex auditivo deveria estar operacional apenas durante a estimulação auditiva, nos surdos encontra-se, da mesma forma, operacional e estimulada. Os testes com ressonância magnética funcional foram realizados em 10 voluntários surdos e outros 11 com audição normal. Todos eles realizaram os exames mantendo as mãos em contato com dispositivos que emitiam vibrações intermitentes. Entre os surdos, o *scanner* registrou uma atividade importante no cérebro, na área conhecida como *córtex auditivo*, ao contrário do que foi constatado entre as pessoas com audição normal. Para Shibata, isso significa que o cérebro dos surdos foi utilizado para processar as vibrações em uma área desocupada por estímulos auditivos. Na opinião do pesquisador, isso explica por que o indivíduo surdo pode desfrutar de concertos de música e por que alguns podem até mesmo se tornar grandes artistas (Neary, 2001).

---

21 Essa pesquisa foi apresentada durante a 87th Scientific Assembly and Annual Meeting of the Radiological Society of North America (87ª Assembleia Científica e Reunião Anual da Sociedade de Radiologia da América do Norte, em tradução livre).

Talvez o caso histórico mais discutido sobre a relação entre música e surdez é o de Ludwig van Beethoven. A perda progressiva da audição nos primeiros anos do século XIX foi compensada, para a realização de muitas tarefas de seu trabalho como compositor, pela audição interna produzida pelas imagens sonoras que um sólido treinamento musical permite, estimulando da mesma forma o córtex auditivo, como mencionado por Sacks (2007).

Assim, podemos resumir os aspectos aqui abordados em três ocorrências de indução de experiências sensoriais que guardam especificidades. A **sinestesia** que ocorre apenas em alguns indivíduos, muitos com treinamento musical, cuja experiência encontra-se **incorporada** à fruição musical, com a produção de imagens mentais de cores ou formas e da percepção de sabor como processo permanente que caracteriza a audição do indivíduo. A **sinestesia eventual**, quando há indução da percepção de determinados sabores em bebidas ou comidas, fazendo com que sons de diferentes frequências estimulem a designação de uma qualidade de outro sentido sem caracterizar, de forma totalizante, a experiência de escuta do indivíduo. Finalmente, ao relacionar o aspecto tátil do estímulo para a representação de imagens sonoras entre os surdos, incluímos na discussão a existência de um processo que opera em sentido contrário: o do **sentido tátil** como indutor da experiência da audição de som e de música.

3.5 Som e música nos contextos educativos

A primeira imagem que surge ao iniciarmos essa discussão sobre o som e a música nos contextos educativos é, precisamente, o espaço escolar, no contexto do ensino de artes nas escolas. O chamado *ensino conservatorial de música*, ou seja, aquele que objetiva a formação de músicos, é uma ocorrência em espaços de ensino mais específicos, como escolas de música e conservatórios, e na formação específica do ensino superior. Para os objetivos deste livro, apresentaremos um recorte abordando as práticas do ensino de música no espaço escolar regular e, por extensão, analisaremos os espaços socioeducativos dos projetos implementados pelo terceiro setor (organizações não governamentais – ONGs).

Para Libâneo (1998, p. 82), a educação como atividade intencionalizada é

> uma prática social cunhada como influência do meio social sobre o desenvolvimento dos indivíduos na sua relação ativa com o meio natural e social, tendo em vista precisamente, potencializar essa atividade humana. [...] O modo de propiciar esse desenvolvimento se manifesta nos processos de transmissão e apropriação ativa de conhecimentos, valores, habilidades, técnicas em ambientes organizados para esse fim.

Tomando como base a definição de Libâneo (1998), passamos a considerar o contexto educacional como esse espaço social que se constitui no espaço escolar, especialmente no ensino fundamental, no qual a música se insere entre outras artes. O ensino da música é, da mesma forma, uma prática social que produz uma instância privilegiada de socialização: os indivíduos têm a oportunidade de exercitar as capacidades de ouvir, compreender e interagir com o outro, em um processo que contribui fortemente para o desenvolvimento cognitivo, psicomotor, emocional e afetivo.

Nesse sentido, acrescentamos que, como linguagem artística, a aprendizagem musical cumpre, tal como as outras linguagens, uma função de mediação nos processos expressivos do aluno, tanto na relação com seu mundo interno quanto nas sociabilidades. Como comenta a educadora musical Violeta de Gainza (1988, p. 28), "O processo musical [...] não difere do processo de aquisição da linguagem falada onde a resposta (ato de fonação) inicia-se – fisiológica e psicologicamente falando – desde o primeiro momento em que o indivíduo recebe o primeiro estímulo de caráter auditivo".

Para a criança em idade escolar, som e música são estímulos geradores de movimento, interno e externo. A criança responde instintivamente à música, gosta de explorar o mundo sonoro e manipula os sons espontaneamente, entrelaçando energia física e afetividade em sua experiência musical (Gainza, 1988).

A educadora alerta ainda que, como resposta a esse estímulo (causa expressiva) ocorre a expressividade, uma ação que é sempre projetiva, ou seja, reflete aspectos da personalidade do indivíduo.

Considerando *expressão* como sinônimo de "movimento" e "ação", toda ação expressiva é, por um lado, efeito e, por outro, causa e origem de um **produto expressivo**.

3.5.1 Aprendizagem de música nas escolas

As razões pelas quais a escola pode ser um espaço importante para a prática musical das crianças e dos jovens dependem dos propósitos educacionais a serem ali cultivados. Historicamente, o objetivo da educação tem sido o desenvolvimento sistemático da mente e das capacidades de cada criança, mas a primazia em nosso sistema educacional recai sobre as capacidades mentais específicas da linguagem e da matemática. Essa é uma concepção de inteligência humana claramente representada nos currículos.

Fundamentado em outra concepção de inteligência, Hodges (2005), no artigo "Why Study Music?" ("Por que estudar música?", em tradução livre), alerta que evidências nos campos da psicologia, da antropologia, da sociologia e de outras disciplinas corroboram a noção de que os seres humanos são dotados de múltiplas formas de aquisição de conhecimento, assim como de inteligências múltiplas[22], como as especificadas em uma lista desenvolvida e apresentada por Gardner (1983), em que cada inteligência fornece uma única e igualmente valiosa maneira de saber. A inteligência musical, além de constituir uma tipologia individual, é, ao mesmo tempo, veículo propiciador e fator importante para o desenvolvimento de todas as outras (Batres, 2010). Da mesma forma, Hodges (2005) lista 10 razões para estudar música, reproduzidas no quadro a seguir – e as respectivas justificativas apresentadas na coluna da direita.

---

22 Gardner (1983) especifica as inteligências linguística, musical, matemática lógica, espacial, corporal-cinestésica, intrapessoal (acesso à própria vida sensorial), interpessoal (capacidade de notar e fazer distinções entre outros indivíduos, especialmente seus temperamentos, motivações e intenções) e naturalista (sensibilidade à flora e fauna).

Quadro 3.2 – Razões para estudar música, segundo Hodges

Sentimentos	No centro de qualquer discussão de música como um sistema de conhecimento devem estar os sentimentos. De uma extremidade do *continuum* que trata do humor vago, não especificado, ao outro lado, o das emoções cristalizadas, como dor ou alegria, a música é intrinsecamente conectada com sentimentos.
Experiências estéticas	Todos os seres humanos têm a necessidade de beleza e de ativar sua resposta inata aos sons organizados e expressivos, a qual se denomina *música*.
O inefável	Precisamente por se tratar de uma forma de expressão não verbal, a música é um poderoso meio de expressar ou conhecer o que é difícil ou impossível de colocar em palavras. Duas das experiências humanas mais comuns que são frequentemente conhecidas por meio da música são o amor e a consciência espiritual.
Pensamento	O pensamento musical é tão viável quanto o pensamento linguístico, matemático ou visual e pode ser um poderoso meio de expressar ideias e de conhecer a verdade.
Estrutura	A estrutura é aliada próxima do pensamento. A mente humana procura padrões, estrutura, ordem e lógica. A música oferece uma forma única de estruturar os sons no decorrer do tempo, além de proporcionar um meio de estruturar pensamentos, sentimentos e experiências.
Tempo e espaço	Todos os sistemas de conhecimento humano proveem caminhos para lidar com o tempo e o espaço. Embora a música ocorra em "tempo real", lida mais com o tempo "sentido". A música, especialmente em conexão com a dança (conhecimento corporal), é um meio primário de experimentar o espaço no tempo.
Autoconhecimento	As experiências de aprendizagem fornecem *insights* poderosos em nossos mundos internos, confidenciais.
Identidade própria	Muitos ganham a percepção de si mesmos por meio de uma variedade de atividades musicais.

(continua)

(Quadro 3.2 – conclusão)

Identidade de grupo	A identidade de grupo que acontece por meio da música é inclusiva e exclusiva, na medida em que: i) a música ajuda a consolidar a ligação dos membros de um grupo que compartilha ideias, crenças e comportamentos; ii) a música ajuda a isolar e a distinguir um grupo de outro.
Cura e totalidade	De aplicações mais específicas da música em terapia e medicina até interações mais gerais, a música tem efeitos profundos sobre os seres humanos. Ela fornece um veículo para a integração entre corpo, mente e espírito.

Fonte: Elaborado com base em Hodges, 2005.

A lista de Hodges (2005) apresenta proposições convergentes e compatíveis com os resultados de muitas pesquisas recentes acerca da aprendizagem musical, que inserem a educação musical em um contexto educacional ampliado, na condição de ferramenta para o **desenvolvimento global** do indivíduo.

A importância do aprendizado de música, no entanto, não se justifica unicamente por seus desejáveis "efeitos colaterais", mas também por seu papel transversalizante e dialógico em relação ao aprendizado de outras disciplinas. A compreensão da linguagem musical, de suas **narrativas sonoras**, proporciona um aprofundamento da escuta e da fruição musical em si, experiência que integra o amplo espectro de atividades cognitivas que resultam no desenvolvimento global do indivíduo. Forquin (1982, p. 44, grifo do original) alerta que "a apreensão da obra de arte não é nunca **imediata**; ela pressupõe uma informação, uma familiarização, uma frequentação, únicos elementos capazes de propiciar ao indivíduo esses esquemas, esses sistemas de referência".

Swanwick (2003, p. 70, grifo do original), na mesma direção, alerta que a compreensão do aspecto discursivo da música para a aprendizagem musical é fundamental para "manter o ensino musical em um bom caminho, para mantê-lo musical". O autor propõe três princípios para a ação do educador musical: considerar a música como discurso, observar o discurso musical dos alunos[23] e enfatizar a fluência. "Esses cuidados ajudam a pensar sobre a **qualidade** da educação musical, sobre **como** em vez de **o que**".

---

23 Aqui Swanwick (2003) destaca que as crianças não chegam à escola sem ter experimentado música, como tabula rasa onde vamos introduzir algo inteiramente novo: os alunos são familiarizados com ela e têm experiências musicais a compartilhar no espaço educacional.

Segundo Swanwick (2003, p. 23), a música "não é uma anomalia curiosa, separada do resto da vida; não é só um estremecimento emocional que funciona como atalho para qualquer processo de pensamento, mas uma parte integral de nosso processo cognitivo". O autor lembra que produzimos representações de ações e eventos internamente, em um processo imaginativo, espontâneo e que nos é reconhecível, consciente. Durante a produção dessas imagens, empregamos sistemas de sinais e vocabulários que podemos compartilhar com outros.

Assim, o autor considera "que o fenômeno dinâmico da **metáfora** serve de base a todo discurso" (Swanwick, 2003, p. 23, grifo do original) e exemplifica: na escuta musical, somos exigidos a deixar de prestar atenção aos sons isoladamente e instados a experimentar, em vez disso, "uma ilusão de movimento, um sentido de peso, espaço, tempo e fluência" (Swanwick, 2003, p. 30). Precisamente pela propriedade da escuta musical como uma narrativa em curso, Swanwick (2003, p. 57) dá ênfase aos três princípios citados anteriormente, cuja origem está "na premissa básica de que a música é uma forma simbólica, rica em potencial metafórico".

De volta a Gainza (1988), destacamos a importância do aspecto expressivo da prática musical que funda o vínculo da criança com a música. A epígrafe de Rubem Alves que inicia esta seção vai ao encontro da percepção de muitos educadores musicais de que o ensino de música para as crianças precisa ser embasado pela construção de um vínculo lúdico, de prazer, de uma experiência significativa para a criança e voltada para seu desenvolvimento.

Assim, quando Rubem Alves propõe deixar para depois a leitura da notação musical, ele reforça a ideia de que a experiência da música precisa ser o foco da formação desse vínculo. A primazia da leitura da partitura musical é uma atribuição historicamente reproduzida. Segundo Penna (2010, p. 52),

> Este tipo de concepção, dominante em muitos espaços sociais, desvaloriza a vivência musical cotidiana de quem não tem estudos formais na área. Deslegitima ainda, inúmeras práticas musicais que não se guiam por uma pauta e não dependem de uma notação, encontradas em diversos grupos sociais, sendo muito comuns na música popular brasileira.

Na mesma direção, Swanwick (2003), ao referir-se ao papel do professor de artes no contexto escolar – ele não se refere exclusivamente ao ensino de música –, acrescenta à discussão questões práticas e cotidianas que eventualmente entram em conflito com as atividades criativas e artísticas. O autor ressalta:

> Acredito então que, sempre no contexto de nossas instituições educacionais contemporâneas, todos gostaríamos de promover acontecimentos memoráveis, como um antídoto para as sequências de baixa intensidade das insípidas rotinas que tão frequentemente parecem caracterizar o "básico" educacional. Seria estimulante, assertivo e encorajador para professores de arte verem a si próprios nessa espécie de quadro, como iniciadores importantes da experiência estética, organizando atividades celebratórias que iluminariam cada esquina da vida. (Swanwick, 2003, p. 20-21)

Finalmente, as questões implicadas nas práticas musicais[24] na escola extrapolam os campos pedagógico e social. Apesar dos inegáveis exemplos exitosos que atestam o sucesso dessas práticas musicais, referimo-nos a exceções, ilhas de excelência em um universo de silêncio (Fuks, 1991) e de ausências. O quadro generalizado é ainda a oferta irregular e desigual de ensino musical no Brasil, resultado de políticas públicas governamentais que descumprem uma legislação federal. O ensino de música nas escolas está inserido em um sistema educacional ainda verticalizado, que hierarquiza o papel de algumas disciplinas em detrimento de outras, de forma conflitante com princípios educacionais voltados para o desenvolvimento global do indivíduo.

3.5.2 Práticas musicais nos projetos sociais

Há algum tempo, assistimos à proliferação de projetos sociais dirigidos a determinados setores da população – especialmente jovens e adolescentes em situação de exclusão ou sob risco social – que utilizam

---

[24] Apesar da vigência da Lei de Diretrizes e Bases da Educação Nacional de 1996, a LDB-96, e dos Parâmetros Curriculares de Arte, os PCNs, que disciplinam e normatizam a disciplina de Arte no ensino fundamental, o ensino de música encontra-se ausente na maioria das escolas brasileiras.

o ensino de música. Os movimentos sociais organizados e as organizações não governamentais (ONGs) têm ofertado novos espaços de aprendizagem musical não formal cujos ganhos para o capital social chamaram a atenção da mídia, da sociedade e da academia nos últimos anos (Kleber, 2006).

Os projetos sociais de ONGs que ofertam serviços de educação musical devem ser compreendidos como **fenômenos sociais**, construídos coletivamente por atores sociais em um contexto socioeducativo musical que está inserido em uma dinâmica diversa dos espaços escolares: em um espaço que, se por um lado encontra-se independente da formalidade do ensino institucionalizado, por outro é dinamizado e determinado por diversos contextos sobrepostos. Esses projetos têm se mostrado "capazes de produzir novos conhecimentos de diferentes naturezas" (Kleber, 2006, p. 25), em que o "o ato pedagógico está permeado pela noção de coletividade" (Kleber, 2006, p. 306), e têm resultado em inovadores processos pedagógico-musicais.

Nesse contexto, segundo Kleber (2006), o ensino de música opera como **práxis cognitiva** originada nas ideias e práticas provenientes dos movimentos sociais como espaços de produção de conhecimento e construção da identidade coletiva e individual dos atores sociais. É dessa forma que os projetos têm logrado contribuir para a cultura, no âmbito da reconstituição dos sentimentos, dos códigos cognitivos e da própria dinâmica social.

Paulo Freire, por exemplo, corrobora o importante papel das cantigas de roda como agentes simbólicos que propiciam o fortalecimento dos laços sociais ao comentar que elas "nos inserem no nosso grupo social e contribuem na socialização das crianças. As cantigas tratam de temas belos e vivenciais, falam de amor/desamor, de alegria/ tristeza, disputas e papéis sociais – ajudam a criança na elaboração de emoções e a se preparar para a vida" (Paulo Freire, citado por Vale; Jorge; Benedetti, 2005, p. 8).

> O ensino de música nas escolas está inserido em um sistema educacional ainda verticalizado, que hierarquiza o papel de algumas disciplinas em detrimento de outras.

Síntese

Neste capítulo, demonstramos como a coletividade de sons e músicas que compõem o ambiente à nossa volta constitui uma paisagem sonora que é determinante para a qualidade de nossa relação comunicacional com o mundo. Expusemos como o advento do rádio nos anos 1920 transformou a comunicação para milhões de pessoas em todo o mundo, ao mesmo tempo que impactou a escuta musical. Em seguida, analisamos alguns aspectos comunicacionais nos quais a música pode operar como indutora de narrativas e de experiências sensoriais. Finalmente, discutimos a importância da música no contexto educacional na escola e em projetos sociais, demonstrando que o ato pedagógico é transformador da cultura e dos modos de sociabilidade.

Apresentamos, a seguir, alguns dados importantes sobre o que discutimos neste capítulo.

Sobre paisagem sonora	Uma paisagem sonora é formada pelos diferentes sons que compõem determinado ambiente. Schafer (2001) destaca três elementos constituintes que podem se manifestar em um ambiente sonoro: som fundamental ou de fundo (som contínuo de um ambiente que nos permite caracterizá-lo); sinais (sons que se destacam por timbre ou intensidade em relação ao fundo); marcas sonoras (sons que integram a identidade comunal e que refletem o caráter cultural dos locais de ocorrência).
Sobre ambientes sonoros *hi-fi* e *lo-fi*	Em um ambiente sonoro *hi-fi*, os sons chegam aos nossos ouvidos com maior clareza e resultam em maior inteligibilidade. Um ambiente *lo-fi* é, ao contrário, um ambiente ruidoso e que impede a clareza de audição e de inteligibilidade.
Sobre a comunicação pelo rádio	O rádio, ao dirigir-se diretamente e de forma particularizada ao ouvinte, afeta-o pessoalmente, oferecendo um espaço dilatado de comunicação que excede a relação locutor-ouvinte, em que a imaginação precisa estar envolvida e operante. Precisamente por isso, a comunicação radiofônica se caracteriza por uma narrativa que desperta e intensifica a produção de imagens pela imaginação do ouvinte.
	O rádio não transformou a mensagem, mas, como veículo em que poucos comunicam para muitos, redesenhou as interações sociais no Brasil e reestruturou práticas sociais, transformando as comunicações e as relações sociais.

(continua)

(conclusão)

Sobre a indução de narrativas em música	As músicas, embora únicas, sempre se filiam a algum gênero de discurso artístico e enunciam um significado que é coletivamente reconhecível; há, portanto, uma dimensão social em toda produção musical: fazer música pressupõe dominar gêneros musicais coletivamente construídos.
	Para Voloshinov, o sinal, independentemente do contexto, tem sempre o mesmo significado, ou seja, é unívoco; o signo, por sua vez, tem seu significado orientado pelo contexto, o que exige que ele seja compreendido, ou seja, é polissêmico, já que une um conceito e uma imagem acústica.
Sobre a indução de experiências sensoriais	A percepção humana não se restringe à mera captação de estímulos, mas consiste em transformações que se operam pelos sentidos, integrando em um mesmo fenômeno aspectos fisiológicos e psicológicos.
	No processo neurobiológico, as regiões sensoriais, como áreas correlacionadas que são, implicam aspectos fisiológicos e psicológicos, integrando as memórias passadas do indivíduo.
	Na sinestesia, há a produção de imagens mentais de cores ou formas e da percepção de sabor como processo permanente que caracteriza a audição de determinados indivíduos; na indução da percepção de sabores em bebidas ou comidas, há uma experiência eventual que não caracteriza a experiência de escuta do indivíduo; de forma inversa, no sentido tátil, há um processo indutor da experiência da audição de som e de música.
Sobre a música nos contextos educativos	O processo de aprendizagem musical assemelha-se ao processo de aquisição da linguagem.
	O ensino da música é uma prática social que produz uma instância privilegiada de socialização, em que os indivíduos têm a oportunidade de exercitar as capacidades de ouvir, compreender e interagir com o outro. A aprendizagem musical contribui fortemente para o desenvolvimento cognitivo, psicomotor, emocional e afetivo.
	As proposições de Hodges (2005) são convergentes e compatíveis com os resultados de muitas pesquisas recentes e inserem a educação musical em um contexto educacional ampliado, como ferramenta para o desenvolvimento global do indivíduo.

Atividades de autoavaliação

1. Considerando os conceitos de Schafer acerca da paisagem sonora, é possível afirmar:
   a) Em uma paisagem sonora, o som fundamental refere-se ao conjunto de sons preponderantes e contínuos.
   b) *Fundo* são os sons que se destacam em meio ao som fundamental.
   c) A paisagem sonora *lo-fi* é aquela em que os sons separados podem ser claramente ouvidos em razão do baixo nível de ruído ambiental.
   d) Marcos sonoros são os sons que se destacam em um ambiente acústico e que alteram o sentido de identidade cultural de uma comunidade.

2. Com relação à comunicação pelo rádio, é possível afirmar:
   a) O rádio no Brasil viveu sua Era de Ouro sem, contudo, transformar as relações sociais de seu tempo.
   b) O fim da Era de Ouro do Rádio no Brasil foi causado pelo acentuado declínio econômico ocorrido no país a partir do golpe civil-militar de 1964.
   c) O rádio brasileiro manteve, desde a sua criação, um modelo de programação que se apoiava em cinco núcleos: música, dramaturgia, jornalismo, educação e programas de variedade.
   d) A comunicação radiofônica se caracteriza por uma narrativa que desperta e intensifica a produção de imagens pela imaginação do ouvinte.

3. A respeito da narrativa em música, é possível afirmar:
   a) O entendimento da narrativa musical independe de sua dimensão social e dos gêneros musicais conhecidos.
   b) Na música, a narrativa é uma enunciação não designativa de significados (signos) cuja apreensão pressupõe familiaridade com seus códigos.
   c) Sinal e signo operam, na comunicação, em sentido idêntico: ambos podem representar, de maneira simbólica, independentemente do contexto em que estão inseridos.
   d) Rawlings afirma que, na escuta musical, construímos associações e conferimos significados que passam a operar como filtros de valor, os quais, por sua vez, impedem a apreensão de novas obras.

4. Identifique as afirmativas a seguir como verdadeiras (V) ou falsas (F):
   ( ) A associação sinestésica de música e cor é a ocorrência mais frequente, cujas correspondências são comuns a todos os sinestetas.
   ( ) No processo neurobiológico, as regiões sensoriais, como áreas relacionadas que são, integram memórias passadas e podem acionar experiências sensoriais por meio de estimulação involuntária.
   ( ) A sinestesia é hoje uma realidade fisiológica e psicológica, consistindo-se em um efeito produzido pela música.
   ( ) A percepção humana não se restringe à mera captação de estímulos, mas se traduz também em transformações que se operam pelos sentidos.

5. Identifique as afirmativas a seguir como verdadeiras (V) ou falsas (F):
   ( ) O ensino de música, analogamente ao ensino de artes, está inserido no contexto educacional como uma prática intencionalizada para potencializar o desenvolvimento dos indivíduos em sua relação ativa com os meios natural e social.
   ( ) Swanwick alerta que as crianças chegam à escola sem ter experimentado música, e que cabe ao educador introduzir a matéria, que lhes é algo inteiramente novo.
   ( ) Segundo Kleber, o ensino de música implementado pelos projetos sociais opera como espaço de produção de conhecimento e construção da identidade coletiva e individual dos atores sociais.
   ( ) Hodges, no texto "Por que estudar música?", justifica o ensino de música relacionando 10 razões ou competências que são desenvolvidas durante a prática musical: sentimentos; experiências estéticas; o inefável; pensamento; estrutura; tempo e espaço; autoconhecimento; identidade própria; identidade de grupo; cura e totalidade.

Atividades de aprendizagem

1. Refletindo sobre o papel da comunicação pelo rádio, determine a diferença fundamental entre a linguagem radiofônica e a televisiva.

2. Práticas musicais recorrentes tendem a estetizar e consolidar um estilo, um gênero ou um procedimento estético socialmente reconhecível. O *rock* brasileiro é um exemplo dessa estetização. Discorra sobre esse estilo, sem esquecer-se de anotar todos os enunciados que lhe surgirem à mente e que sua memória associou a esse gênero de discurso artístico.

Atividade aplicada: prática

1. Assista ao filme *Koyaanisqatsi*, de Godfrey Reggio (1982). Elabore notas ou uma tabela elencando os aspectos percebidos na montagem fílmica em relação aos eventos musicais e aos enunciados a eles associados que surgirem sem sua memória.

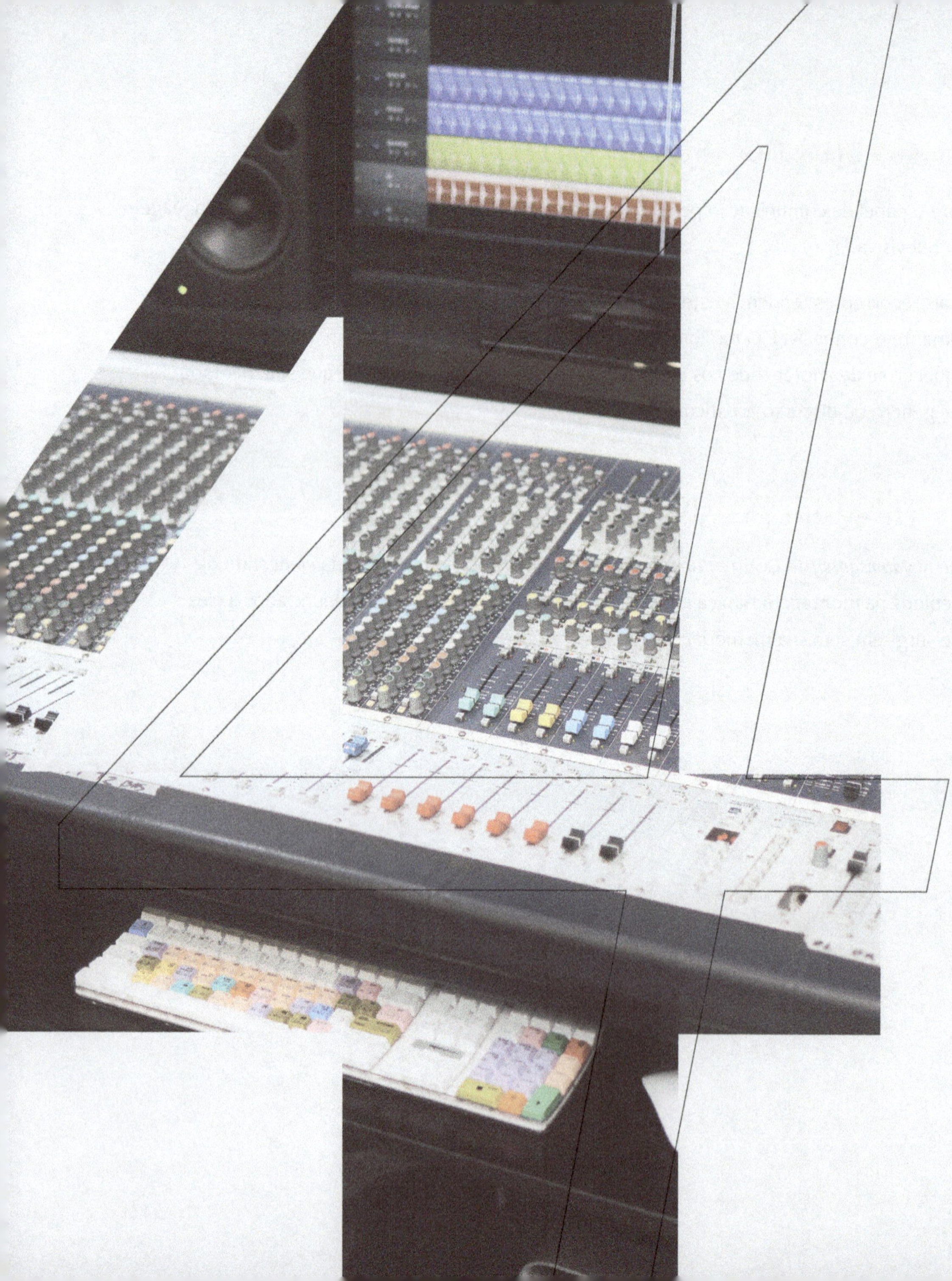

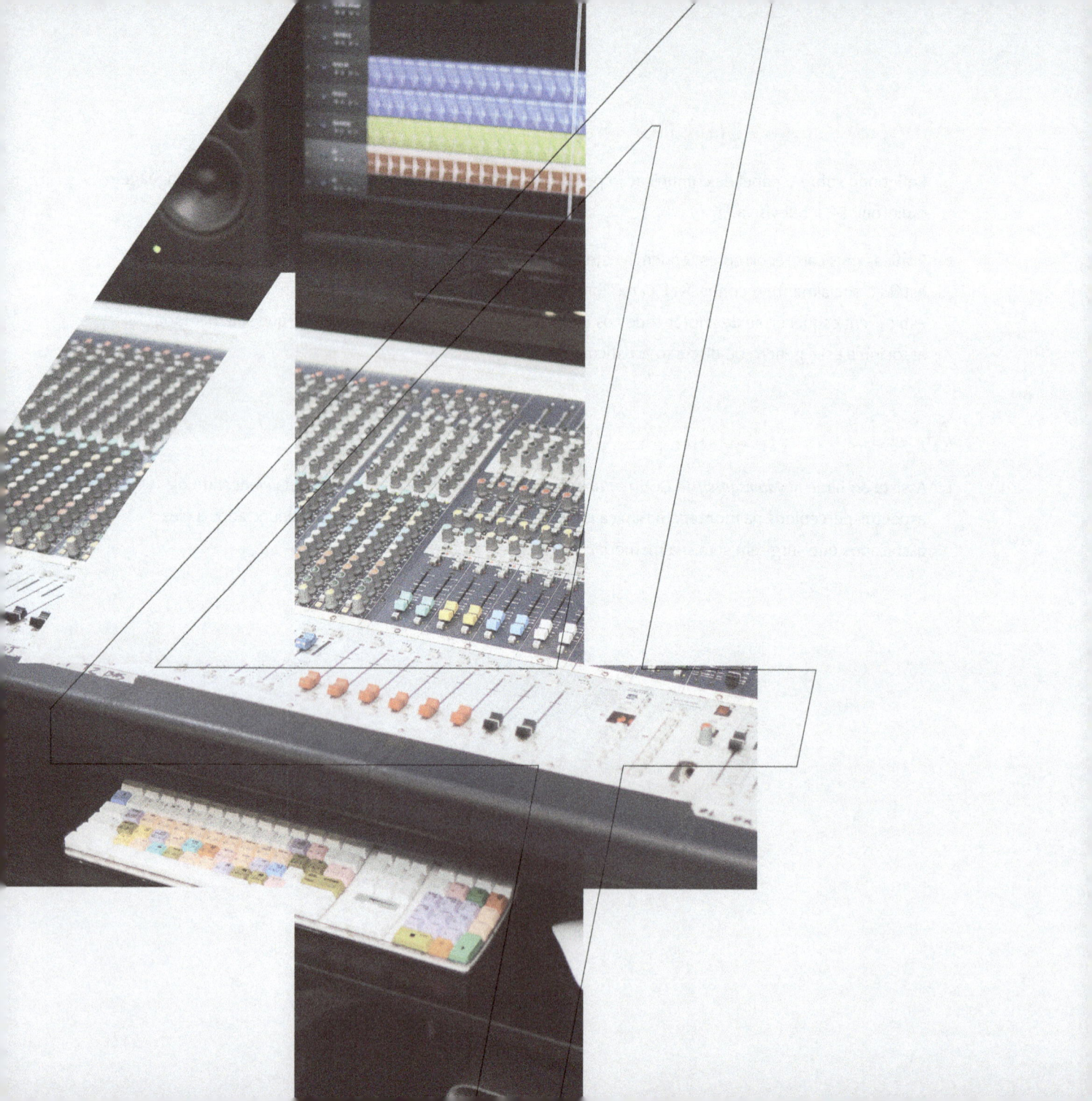

Som, música e imagem

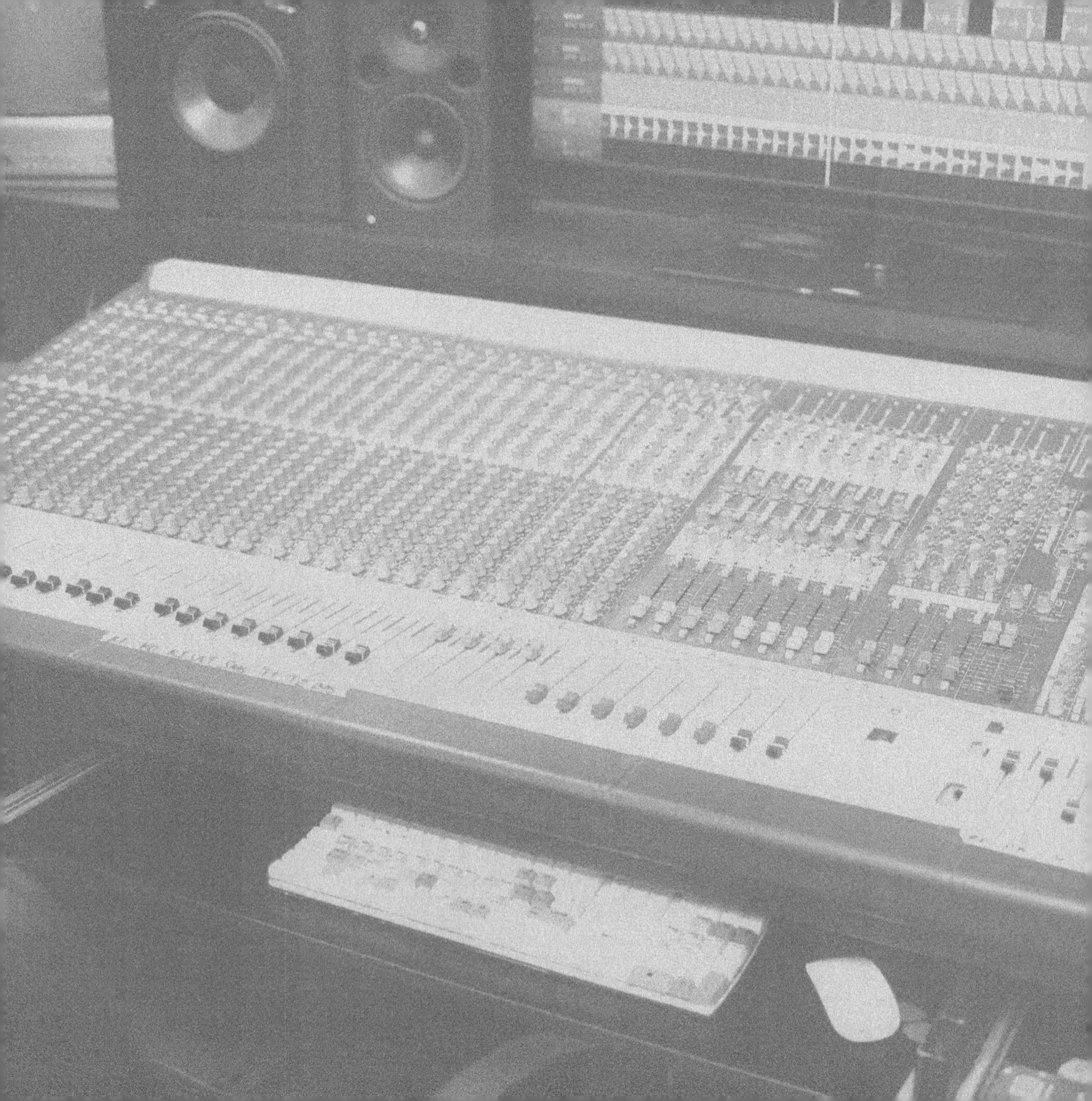

Após os três primeiros capítulos, em que analisamos alguns aspectos relacionados exclusivamente ao som e à música, neste, damos início à discussão das relações entre o som, a música e a imagem, detalhando conceitos que serão fundamentais para o entendimento do material que será apresentado nos capítulos seguintes. Na primeira parte, explanamos um pouco sobre as práticas e as teorias que, historicamente, estabeleceram associações entre música e pintura, além da imensa contribuição dos ensaios de Wassily Kandinsky. Na sequência, discutimos alguns conceitos referentes à percepção do som, da música e da imagem no contexto relacional de seus componentes. Então, dedicamo-nos ao exame, em detalhe, das relações entre som, música e imagem em movimento no processo de montagem do audiovisual, à luz das reflexões de alguns dos cineastas pioneiros do cinema sonoro. Abordamos, ainda, outro importante aspecto da montagem audiovisual: a edição de som. Finalizando este capítulo, apresentamos um pouco da história e das principais práticas referentes ao uso da música nos filmes de animação.

4.1 Relações entre música e pintura: um breve histórico

A música pode pintar tudo, porque ela pinta tudo de uma maneira imperfeita.
Michel-Paul Guy de Chabanon[1]

A epígrafe de Chabanon serve para, neste capítulo, refletirmos sobre as relações (e os problemas) entre música e imagem de uma forma geral. Relações, aproximações e similaridades entre as duas linguagens já haviam sido, todavia, estabelecidas muito antes. Sabatier (1999) identifica essas relações comparativas desde o século XII, entre a arte gótica e a *Ars Nova*[2], durante o surgimento da polifonia na Europa. As relações dialógicas entre música e pintura identificadas em diversos momentos históricos se inserem em contextos estilísticos, no desenvolvimento de técnicas expressivas e em ocorrências temporais, mas é no século XIX, em decorrência do que Adorno (1995) denominou *processo de convergência*, que verificamos uma interdisciplinaridade evidente, em uma progressão histórica que impeliu artistas e especialistas a debaterem a questão.

Para Sabatier (1999), os exemplos históricos se estabelecem pela correlação entre princípios estético-estilísticos. O pensamento geométrico no espaço pictórico em que, no século XVIII, a simetria era um objetivo primordial para pintores como Jacques-Louis David (1748-1825) é compatível com a composição das sonatas para piano de Wolfgang Amadeus Mozart (1756-1791), em que a simetria foi empregada como elemento indutor de equilíbrio da forma. Sabatier (1999) traça um paralelo entre as pinturas de grande formato de Géricault (1791-1824) e Delacroix (1798-1863) e a grandiloquência da música de Héctor Berlioz (1803-1869) e, no impressionismo, destaca a proximidade temática e de formas

---

[1] Michel-Paul Guy de Chabanon (1730-1792), francês, foi um violinista, compositor, escritor e teórico da música.

[2] *Ars Nova* (do latim, "arte nova") refere-se a um estilo musical que floresceu no final da Idade Média, associado aos compositores Phillipe de Vitry (*Romain de Fauvel*, 1310) e Guillaume de Machaut. O termo é associado à música polifônica europeia do século XIV (Horta, 1985).

expressivas entre Claude Monet (1840-1926) e a música de Claude Debussy (1862-1918)[3], que revela a forte ressonância entre o imagético e o sonoro que caracterizou o estilo impressionista na música.

Além de a música ter sido representada, historicamente, como tema na pintura, o realismo emocional (Bèhague, 1998) atribuído à música programática ou descritiva (de imagens) na segunda metade do século XIX ganhou mais espaço e validade no campo musical. Destacamos, portanto, o fato de que, no período, eram muito conhecidas as **conferências sobre música e significado** – tão difundidas no final do século XIX que mereceram menção no filme inglês *Howards End*, baseado no romance de E. M. Foster. Nessas conferências, as descrições imagéticas da música contribuíram para consolidar essa aproximação.

Adorno (1995) identifica, no período romântico e depois dele, a apropriação de conceitos ligados à percepção das artes visuais na fruição e na produção musical, que, para ele, consubstanciou-se em um processo de convergência.

▶ **Filme 1**
HOWARDS END. Direção: James Ivory. Reino Unido/Japão: Merchant Ivory Productions, 1992. 142 min.

> Na música, mesmo depois da rejeição de Wagner[4] e do princípio neorromântico da sinestesia – "ouço a luz" – o movimento em direção à pintura continua entre as tendências antiwagnerianas: a prova de seu poder subterrâneo. A pseudomorfose para a pintura, uma das principais categorias de Stravinsky e uma continuação da direção tomada por Debussy, [...] deve ser entendida hoje como uma etapa no processo de convergência. (Adorno, 1995, p. 67)

---

3   Os títulos de muitas obras de piano de Claude Debussy são reveladores dessas associações imagéticas: *Os jardins sob a chuva, O mar, Sinos por entre as folhagens, A catedral submersa, Estampas, Imagens*, entre outras.

4   Adorno (1995) relaciona ao que denominou *processo de convergência* entre a música e a pintura o papel determinante do compositor alemão Richard Wagner (1813-1883) para a música e para as artes em geral, identificando as polarizações entre wagnerianos e antiwagnerianos, assim como o tempo de sua decadência na condição de referência na música erudita europeia no século XIX.

Um dos pintores que mais contribuíram para o debate sobre as relações entre música e pintura foi Kandinsky (1866-1944). A influência que a música teve em suas obras não pode ser subestimada, uma vez que sua principal meta foi criar na pintura uma linguagem pictórica que pudesse ser comparada à da música. Embora tenha declarado que não pretendia "pintar música", para ele, os elementos da composição formal da pintura poderiam ser relacionados com os da composição musical (Kandinsky, 1997). O artista comparava o silêncio ao espaço vazio, que poderia ser preenchido com sons ou formas gráficas:

> A estabilidade do ponto, sua recusa a se mover no plano ou além dele, reduzem no mínimo o tempo necessário à sua percepção, de modo que o elemento tempo é quase excluído do ponto, o que o torna, em certos casos, indispensável à composição. Ele corresponde à breve percussão do tambor ou do triângulo da música, às bicadas secas do pica-pau na natureza. (Kandinsky, 1997, p. 27)

Kandinsky manteve, durante algum tempo, um diálogo criativo com o compositor Arnold Schoenberg (1874-1951), a partir do qual desenvolveu seu pensamento na direção de uma "pintura pura", que teria o mesmo poder emocional de uma composição musical, como depreendemos da correspondência entre eles:

> Quão afortunados os músicos, com a sua arte tão avançada. Verdadeira arte, há muito afortunada por ter antecedentes com meios puramente prácticos. Quanto tempo mais terá a pintura de esperar para atingir o mesmo? Apesar de também lhe estar autorizado: cores e linhas por elas mesmas – quão ilimitada beleza e poder. (Kandinsky, citado por Gomes, 2003, p. 58)

Kandinsky estabelece associações entre a música e a pintura por meio da imagem da partitura musical como representação pictórica da música, nas formas pontuais da notação (notas grafadas) e em seu posicionamento no espaço (acima as mais agudas, abaixo as mais graves), assim como na construção imagética dos movimentos do regente diante da orquestra, realizando desenhos no ar.

Comentando sua obra *Composição VIII*, do período de **abstrações construídas**, Kandinsky redige um texto interpretativo em que a todo instante encontramos associações de caráter sinestésico, notadamente pelo uso de termos musicais para a designação de formas e para a adjetivação das impressões visuais:

> A forma, mesmo quando abstrata e geométrica, possui o seu próprio **som** interior; ela é um ser espiritual, dotado de qualidades idênticas a essa forma. Um triângulo (agudo, obtuso ou isósceles) é um ser. Emana um perfume espiritual que lhe é próprio. Associado a outras formas, este perfume diferencia-se, enriquece-se de nuanças – como um **som** das suas **harmonias** – mas no fundo permanece inalterável, tal como o perfume da rosa que nunca se poderá confundir com o da violeta [...]. As cores **agudas** têm uma maior **ressonância** qualitativa nas formas pontiagudas (como, por exemplo, o amarelo num triângulo). As cores que se podem classificar de profundas são reforçadas nas formas redondas (o azul num círculo, por exemplo). É evidente que a **dissonância** entre a forma e a cor não pode ser considerada uma desarmonia. Pelo contrário, pode representar uma possibilidade nova e, portanto, uma causa de harmonia. (Kandinsky, 1997, p. 64-65, grifo nosso)

Gomes (2003) afirma que o uso da cor por Kandinsky é baseado em estudos teóricos que associam o tom ao timbre, o matiz à altura e a saturação à intensidade. "[Kandinsky] Chegou a afirmar que ao ver cor ouvia música" (Gomes, 2003, p. 4). Se, pelo lado da música, Schoenberg pretendeu libertar a composição musical de qualquer forma preestabelecida, Kandinsky, por sua vez, pretendeu libertar sua pintura de todos os cânones até aí instituídos. De acordo com Gomes (2003, p. 15), "No seu esforço de investigação da 'sonoridade interior' do material, que causa 'vibrações na alma', Kandinsky foi além do que pensou alcançar, na expansão das suas próprias experiências subjectivas com cores, formas e relações de cores e formas coloridas".

Figura 4.1 – Kandinsky, *Composição VIII*

KANDINSKY, W. **Composição VIII**. 1923. 1 óleo sobre tela: color.; 140 cm × 201 cm. Solomon R. Guggenheim Museum, Nova York.

Kandinsky projetou que "as artes visuais se encontravam largamente libertas do elemento temporal intrínseco à audição de sequências de sons ou melodias" (Gomes, 2003, p. 57), ou seja, da fruição temporal da música em oposição à fruição espacial das artes visuais. Adorno (1995, p. 70), por sua vez, alertou que "a linguagem da arte só pode ser compreendida na relação mais profunda com a teoria dos signos". Para ele, "a visualização adequada de uma pintura [...] testemunha o fato de que mesmo o que está pendurado na parede como algo absolutamente espacial **só pode ser percebido na continuidade temporal**" (Adorno, 1995, p. 70, grifo nosso).

Dessa forma, Adorno (1995, p. 71) dirige-se ao aspecto estrutural da recepção da linguagem ao afirmar que "a pintura e a música não convergem por meio de semelhanças crescentes, elas se encontram numa terceira dimensão: ambas são linguagem" e destaca que, apesar das muitas associações que o movimento de convergência entre música e pintura estabelece, os **canais comunicantes** entre as duas linguagens se encontram no **campo semiótico**[5], nas similaridades produzidas pelos enunciados, pelos signos visuais e musicais e, assim como é intrínseca à fruição musical seu desenvolvimento temporal, a apreciação de uma pintura também **enuncia**, "idealizadamente, o tempo que está implícito dentro dela" (Adorno, 1995, p. 70).

Ao passo que Adorno aponta a semiologia como porta de entrada para a compreensão da relação imagem-som, Kandinsky e outros artistas utilizaram a **metáfora** e a **metonímia** como ferramentas de reflexão, organização e desenvolvimento de suas linguagens artísticas.

De fato, Kandinsky fez, reiteradamente, analogias entre a música e a pintura, comparando timbres musicais a cores. Gomes (2003, p. 59-60) relaciona uma série de **sinestesias audiovisuais** cujas relações são acessíveis a todos os indivíduos, independentemente de serem ou não sinestetas. Vejamos o quadro a seguir.

---

[5] *Semiótica* ou *semiologia* é a "ciência dos modos de produção, de funcionamento e de recepção dos diferentes sistemas de sinais de comunicação entre indivíduos ou coletividades" (Semiótica, 2018).

Quadro 4.1 – Sinestesias audiovisuais

Música	Pintura
Dinâmica do som (intensidades)	Dinâmica do gesto (correspondendo simultaneamente à mudança da altura do som, à profundidade do movimento e à alteração do brilho)
Desenvolvimento melódico	Dinâmica da plástica, do quadro
Ritmo musical	Velocidade de movimento e de transformação das imagens visuais
Desenvolvimento do timbre	Desenvolvimento da cor na plástica
Mudança de tonalidade	Desenvolvimento cromático da globalidade do quadro ou dos planos de cor
Mudança de modo (da escala)	Mudança da luminosidade do quadro por inteiro

Fonte: Elaborado com base em Gomes, 2003.

Entre as manifestações artísticas do período pós-guerra, o que ocorreu foi uma progressão ainda mais acentuada da convergência a que Adorno se referiu, um processo de dissociação de fronteiras entre linguagens que extrapola as associações e interfere no próprio material, em um processo que passou a caracterizar uma **hibridação** das artes.

Bosseur (2006) ao referir-se ao movimento Fluxus[6], relata como as experiências de Rauschenberg (1925-1008), exibindo telas totalmente pretas e outras inteiramente brancas, produziram, no compositor norte-americano John Cage (1912-1992), a intenção de fazer o mesmo com som: sua peça para piano *4'33"* é constituída apenas do silêncio do intérprete (que é instruído a permanecer imóvel e em silêncio pelo tempo designado e que dá nome à obra) e do consequente ruído produzido pela plateia – que é impelida a interferir no silêncio proposto pela obra. Como comenta Bosseur (2006, p. 9, tradução nossa), assim como Rauschenberg "tinha observado que uma pintura nunca está completamente vazia e que,

---

[6] Fluxus foi um movimento artístico de vanguarda que operou mais fortemente nos anos 1960/70 e que deu origem à ideia de *arte conceitual*. Para saber mais sobre o movimento, consulte: FLUXUS. In: ENCICLOPÉDIA Itaú Cultural de Arte e Cultura Brasileiras. São Paulo: Itaú Cultural, 2018. Disponível em: <http://enciclopedia.itaucultural.org.br/termo3652/fluxus>. Acesso em: 13 de mar. 2018.

mesmo sem qualquer intervenção, atrai para ela reflexões, poeira e sombras", Cage, com a música, e mais tarde Nam June Paik (1932-2006), com o vídeo, reproduziram a mesma ideia.

Na representação do músico – como em *O violinista* (1924), de Marc Chagall (1887-1985), e *Três Músicos* (1921), de Pablo Picasso (1881-1973) –, na retratação de instrumentos ou na representação plástica de impressões musicais, as relações com a música vêm sendo evocadas nas manifestações de artistas plásticos em todos os períodos e estilos. No entanto, esses canais comunicantes são dinamizados em dois sentidos: a música encontra-se, nos primeiros exemplos, representada na pintura; a pintura, por sua vez, induz a representação musical de imagens, como a evocativa *O baile no Moulin de la Galette* (1876), de Renoir (1841-1919), e em *Quadros de uma exposição* (1874), de Mussorgsky, analisada no Capítulo 3.

Para finalizar, voltamos para a contribuição das pesquisas de Kandinsky no campo das relações entre música e pintura, evidenciada nesta comparação com a imagem do piano: "A cor é a tecla; o olho, o martelo. A alma, o instrumento das mil cordas. O artista é a mão que, ao tocar nesta ou naquela tecla, obtém da alma a vibração justa" (Kandinsky, 1987, p. 60).

Discutimos aqui alguns aspectos históricos das associações feitas entre música e pintura, conhecendo um pouco da pesquisa e do pensamento dos principais artistas e autores que se debruçaram sobre essa questão. As práticas e teorias levantadas, longe de esgotar os debates, indicam o processo histórico e constante de convergência apontado por Adorno (1995) e que hoje se manifestam claramente hibridadas na arte contemporânea.

4.2 Ver o som, ouvir a imagem: os aspectos perceptivos

As grandes conchas contêm dentro de si o som-imagem do marulho.
Rodolfo Caesar

A epígrafe ora citada, do compositor Rodolfo Caesar, anuncia nossos objetivos: abordar a aproximação e as relações entre imagem e som em um contexto relacional e perceptivo, que está contido em algumas reflexões que vamos analisar agora.

> Os sinais sonoros conferem um significado designativo, e os signos demandam interpretação por parte do receptor.

As aproximações perceptivas que vêm sendo historicamente praticadas, como já discutimos anteriormente, guardam, todavia, diversidade fundamental quanto à sua natureza: se ambas as formas de energia – o som e a luz – propagam-se na dimensão espacial como feixes de ondas e na dimensão temporal como frequências, o som se propaga como ondas sonoras (ação mecânica sobre as moléculas do ar), e a luz se propaga no campo das ondas eletromagnéticas, em um espectro visual que se realiza em uma escala de frequências exponencialmente maior do que das frequências audíveis[7].

Essas aproximações têm servido às analogias entre as artes visuais, o som e a música partindo de diferentes orientações conceituais. No item anterior, lembramos que Adorno (1995) admite essa aproximação em um contexto perceptivo, que se realiza no campo semiótico, ou seja, por meio de signos das duas linguagens. Mais adiante, vamos abordar os resultados, para a comunicação, dessa combinação entre som e imagem.

Como alerta Alves (2018) sobretudo em razão dos usos da comunicação, conservamos a ideia de que a visão e a audição são sentidos que mantêm, entre si, "relações privilegiadas de complementaridade e de oposição". Inseridos em um processo de **naturalização** que se opera por meio da aprendizagem, ao associarmos som e imagem, reproduzimos a ideia de uma relação com o mundo exterior.

Vamos voltar à frase de Schafer (2001, p. 29), citada no Capítulo 2: "os olhos apontam para fora, os ouvidos, para dentro". Schafer (2001) refere-se à ativação perceptiva de uma linguagem, na medida em que, como um processo adquirido por aprendizagem, "para dentro", via auditiva, seja por comunicação oral, por signos ou sinais sonoros, constitui-se em um fenômeno em si indutor de uma relação interpretativa, ou seja, o espectador, nessas condições, está pronto a interpretar à medida que assiste. Vale recordar que os sinais sonoros conferem um significado designativo, e os signos demandam interpretação por parte do receptor.

---

[7] Nas ondas sonoras, a velocidade de propagação no ar é de aproximadamente 340 m/s; nas ondas luminosas, porém, essa velocidade é de aproximadamente 300.000.000 m/s.

Outra abordagem da questão é a de Schaeffer (1993), que destaca a dupla dimensão do aspecto comunicacional da música: estruturada em um par antitético é, naturalmente, inter-relacional e dialética – a dimensão de abstração e a de concretude.

De acordo com Schaeffer (1993, p. 54), "O fenômeno musical tem, portanto, dois aspectos correlativos: tendência à abstração, na medida em que a execução possibilita estruturas; aderência ao concreto, na medida em que ele permanece vinculado às possibilidades instrumentais".

Figura 4.2 – Confronto na Candelária, Rio de Janeiro, 1968.

Nassif e Schroeder (2014) comentam que, para Schaeffer, o sentido de "concreto" se aproxima do que confere "materialidade" à música, refere-se às possibilidades concretas de execução musical, mediadas pelos instrumentos que realizam as músicas, e abstração refere-se às "possibilidades de a música organizar estruturas próprias, estritamente musicais, mais ou menos independentes de outros pontos de vista externos (nesse sentido ele aproxima a música da linguagem verbal e dos sistemas simbólicos organizados)" (Nassif; Schroeder, 2014, p. 101).

A fotografia e o surgimento do cinema mudo, quando a tecnologia permitia exclusivamente a representação de imagens, fundaram o espaço para a compreensão de que o audível se fazia presente na fruição da fotografia e no cinema, de forma enunciada, sugerida. Mesmo um único **fotograma**[8] que representa um movimento é indutor da "escuta" que ocorre imaginativamente no espectador. Ao estabelecermos contato com a imagem sem som, privados de um dos sentidos que nos poderia conferir analogia com a "realidade", damos início a uma relação projetiva, somos instados a completar, imaginativamente, o elemento que está ausente, tal como ocorre no processo de leitura silenciosa de um livro, por exemplo, em que ouvimos uma voz imaginativa que lê. A título de exemplo, apresentamos, na Figura 4.2, uma imagem estática que induz a uma escuta imaginativa dos sons que resultariam da ação representada (cascos de cavalos no asfalto, apitos da polícia, gritos, multidão etc.):

Como explica Alves (2018) "O áudio, o visual e o audiovisual estão assim indissociavelmente ligados à percepção sensorial audio-ouvido; visual-visão; audiovisual-interação ouvido/visão".

4.2.1 Visão e audição se relacionam: o audiovisual

A partir de agora, entendemos a associação de som, música e imagem como um produto audiovisual, "composto por todos os signos percebidos pela vista e pelo ouvido" (Alves, 2018) e, simultaneamente, aquilo que é percebido nas "relações que entre eles se estabelecem". Para referido autor, o audiovisual

---

[8] "Denomina-se **fotograma** cada uma das imagens impressas quimicamente no filme cinematográfico. Fotografados por uma câmara a uma cadência constante [desde 1929 padronizada em 24 por segundo] e depois projetados no mesmo ritmo, em registro e sobre uma tela, os fotogramas produzem no espectador a ilusão de movimento" (Fotograma, 2018, grifo do original).

é, portanto, "um sistema que articula diversos subsistemas expressivos: visual-infográfico-escrito, visual-icônico e informação auditiva" (Alves, 2018).

Quadro 4.2 – O sistema audiovisual e os subsistemas comunicativos

Visual-infográfico-escrito	Visual-icônico	Informação auditiva
parte visual onde se insere a comunicação escrita, imageticamente organizada	imagens fílmicas propriamente ditas	sons: vozes, ruídos, sinais e música

Fonte: Elaborado com base em Alves, 2018.

Vamos destacar aqui que não se trata unicamente da superposição de sistemas comunicativos, mas de um sistema múltiplo, formado por componentes que operam simultaneamente, confrontados e relacionados entre si, produzindo um novo resultado global e diferenciado. Como comenta Cebrián Herreros (1995, citado por Alves, 2018) "som, imagem e transformação técnico-retórica compõem um tecido unificado para refletir fatos, provocar emoções e sugerir ideias". Portanto, em sua dimensão global, o audiovisual opera como um **sistema de signos** e como **unidade integradora de subsistemas e códigos**, a qual se afirma como "superação qualitativa dos seus componentes" (Alves, 2018).

Alves (2018) alerta, ainda, que "estes perdem parcialmente a sua autonomia", já que, em diferentes situações, há a primazia da narrativa de uma linguagem sobre a outra, em que "a substituição ou modificação de um dos componentes altera o conjunto" (Alves, 2018). No cinema, por exemplo, a música perde parte de sua característica pela emergência do domínio visual-sonoro simultâneo. "A relação entre imagem e som não se dá em espaços separados, mas sim na constituição de um mesmo objeto" (Carneiro, 2018).

> Na linguagem audiovisual, o som e a música não enriquecem a imagem, mas operam como transformadores da percepção do espectador.

O esquema a seguir descreve a funcionalidade do **subsistema sonoro** no audiovisual e é indicativo de que, na linguagem audiovisual, o som e a música não enriquecem a imagem, mas operam como transformadores da percepção do espectador. Assim, o áudio, apesar de sua condição subordinada à imagem, atua simultaneamente e dialogicamente com ela, complementando a informação que integra a percepção do espectador (Alves, 2018).

Quadro 4.3 – Subsistema sonoro no audiovisual

Voz falada	Som e música
A palavra amplia, concretiza ou ancora o significado das imagens	A banda sonora (ruídos + música) inter-relaciona-se com as imagens para formar um novo significado. A música, ao estar associada à imagem, assume uma significação concreta, referencial.

Fonte: Elaborado com base em Alves, 2018.

É na operação de montagem técnica do audiovisual que a integração desses componentes se realiza. Como confirma Deleuze (2005, p. 48, grifo do original), "é a própria montagem que constitui o todo, e nos dá assim a **imagem do tempo** ou seja, a percepção do espectador quanto ao ritmo do filme, da passagem de tempo 'psicológica'".

Alves (2018) alerta que a montagem se constitui no "ponto de encontro de dois eixos de significação: o eixo das simultaneidades ou sincrônico e o eixo das sucessividades ou diacrônico". E acrescenta que o conceito de eixos de significação refere-se à organização temporal dos eventos entre si e das **relações de força** que se estabelecem a partir dessa organização. Da relação harmônica desses dois eixos, emerge a coerência, a unidade e o sentido global no audiovisual. Representamos, no quadro comparativo a seguir, as relações de temporalidade entre os subsistemas imagem e som com base nesses dois eixos de significação, de acordo com Alves (2018).

Quadro 4.4 – Relações de temporalidade entre os subsistemas *imagem* e *som*

Simultaneidades	Sucessividades
- **Sincrônica**: refere-se à coincidência exata no tempo de dois estímulos distintos que o espectador apreende como perfeitamente diferenciados. Imagens e sons aparecem ao mesmo tempo e em perfeita inter-relação. É a relação de maior ocorrência e que é associada à representação da realidade. - **Assincrônica**: imagem e som encontram-se fora de sincronismo. Os teóricos do cinema chamam atenção para as relações expressivas de sincronia e assincronia que se estabelecem entre sons e imagens. - **Antissincrônica**: quando as imagens referem-se a um fato e a expressão sonora refere-se a outro.	- O desenvolvimento temporal de sons e imagens origina relações sequenciais entre esses elementos, destacando uma expressividade que se manifesta pela continuidade dessas relações. O fenômeno possibilita articular o momento anterior com o seguinte, pelo que determina também o sentido da comunicação.

Fonte: Elaborado com base em Alves, 2018.

Em um texto publicado no periódico *Cahiers du Cinéma*, em 1960, Schaeffer, ao estabelecer as correspondências dimensionais entre som e imagem, refere-se à dimensão temporal comum dos objetos (imagéticos e sonoros), o perfil, o movimento ou o dinamismo interno, e comenta que "é a estrutura da duração de cada objeto, som ou imagem, que é um mundo inesgotável de correspondências que se abre, assim, para nós" (Schaeffer, 1960, p. 13, tradução nossa). O depoimento de Schaeffer corrobora que, na montagem do audiovisual, essa dimensão temporal correspondente entre imagem e som adquire relação dialógica, que integra sua coerência narrativa.

4.2.2 "O som como imagem"

As correspondências entre imagem e som apontadas por Schaeffer (1960) reverberam na discussão que se segue e que nos reporta à epígrafe de Caesar: é em razão das aproximações perceptivas que compreendemos a significação da imagem mental como primordial, que transborda em uma distribuição da imagética entre os demais sentidos, em que "a palavra imagem remete à visualidade e som a uma região obscura do saber" (Caesar, 2012, p. 256).

Nesse sentido, Caesar (2012), na comunicação da qual emprestamos o título deste item, e Bayle (1989) se referem a som "como imagem", no contexto de sua representação psíquica, como metáfora, enunciado ou indução[9]. Bayle (1989), a exemplo de Schaeffer, estabelece uma ponte entre o físico e o simbólico, entre o ouvir e ouvir seu significado, entre a escuta e compreensão. Ambos referem-se ao enunciado implícito em um objeto sonoro: ao ouvir o som do metrô, imediatamente compomos sua imagem mental; ao ouvir o grito de alguém, todos os enunciados presentes em nossa memória das experiências passadas são ativados e atualizados, ou seja, são trazidos para o presente, afetando os sentidos e as emoções e determinando a relação com os eventos. Os processos comunicativos que ocorrem na fruição do audiovisual reproduzem esses modelos de comportamento.

> Indicações culturais
>
> Para saber mais sobre François Bayle, visite o *site* do IRCAM/Centro Georges Pompidou (em francês):
>
> IRCAM CENTRE POMPIDOU. **François Bayle**. Disponível em: <http://brahms.ircam.fr/francois-bayle#bio>. Acesso em: 13 mar. 2018.

Assim, Bayle (1989, p. 236, tradução nossa) propõe "fazer uma imagem correta do contorno do audível e de sua coerência percebida, segundo vários planos instantaneamente e continuamente comparados entre eles". No Quadro 4.5, apresentamos o modelo, proposto por Bayle (1989), de reconhecimento de formas perceptivas em sua dimensão musical, na circularidade e na referência contínuas em que essa divisão tripartite do audível executa sua função de fazer "entender":

---

9   Em um mesmo sentido, para Jean-Paul Sartre (2012, p. 144, tradução nossa), "imagem é um ato e não uma coisa. Imagem é a consciência de alguma coisa", portanto ela é uma modalidade da consciência imaginante e não perceptiva.

Quadro 4.5 – Planos perceptivos de Bayle

Plano primeiro	Aparelho sensório-motor	Ouvir
Plano segundo	Atenção localizada sobre as pertinências	Escutar
Plano terceiro	Correspondência	Entender

Fonte: Elaborado com base em Bayle, 1989.

4.3 Montagem no audiovisual: as relações entre som, música e imagem em movimento

> *Ao ser montada, a música de cinema se adequaria à situação [...].*
> *Em primeiro lugar, em um sentido muito simples: ambos os meios têm se*
> *desenvolvido independentemente e hoje se reúnem sob os auspícios de uma*
> *técnica que não nasceu de seu desenvolvimento, mas de sua reprodução.*
>
> Theodor W. Adorno e Hans Eisler

Música e imagem em movimento se realizam no tempo, em um lapso decorrido em que pelo menos ritmo e andamento são princípios não apenas comuns, mas determinantes para a comunicação.

Não pretendemos, aqui, esgotar o debate sobre o processo de montagem de som do audiovisual, mas discutir as relações entre som, música e imagem que são necessariamente estabelecidas no processo de montagem, visitando, de forma breve, o pensamento de Sergei Eisenstein, um dos mais importantes cineastas e teóricos, cujos ensaios e conceitos ajudaram a estabelecer os princípios norteadores dessas relações, no momento histórico em que os processos técnicos permitiram, finalmente, a sincronização de som nos filmes. De forma complementar, visitaremos também a teoria do contraponto dramático de Eisler e Adorno[10].

> Indicações culturais
> Para saber mais sobre Sergei Eisenstein (1898-1948), consulte o livro (em espanhol) e a página a seguir:
>
> EISENSTEIN, S. **Reflexiones de un cineasta**. Barcelona: Lumen, 1970.
> UOL EDUCAÇÃO. Biografias. **Sergei Eisenstein**. Disponível em: <https://educacao.uol.com.br/biografias/sergei-eisenstein.htm>. Acesso em: 13 mar. 2018.

O cinema – primeiro meio audiovisual em que a sincronização[11] técnica de som e imagem alcançou resultados comercialmente satisfatórios – é, "desde os primeiros anos do século XX entendido como uma forma de arte" que se vincula ao som e à música "para além das similaridades de conceitos" (Lanzoni, 2013, p. 50). Música e imagem em movimento se realizam no tempo, em um **lapso** decorrido em que pelo menos **ritmo** e **andamento** são princípios não apenas comuns, mas determinantes para a comunicação. Não por acaso, os primeiros teóricos da montagem de som utilizaram-se de conceitos musicais por empréstimo, para estudos, ensaios e análises fílmicas que nortearam as primeiras práticas audiovisuais, como veremos adiante.

Assim, décadas após a utilização de música como acompanhamento para o filme mudo, desde que a realização técnica da sincronização do som com a imagem tornou-se possível, a relação da música e do som com a imagem foi vista como um aspecto central na constituição do audiovisual. Como comenta Lanzoni (2013, p. 50), a complexidade dessa relação reside

---

10   O processo histórico do cinema falado é discutido no Capítulo 5.

11   *Sincronização* de som e imagem é um termo técnico que designa duas ações: 1. Processo simples de inserção da música na banda sonora de um filme; 2. Inserção de informação sonora (falas, ruídos e/ou música) em perfeito alinhamento temporal com as imagens. O fenômeno do assincronismo é mais bem percebido quando o som da fala não corresponde ao movimento dos lábios dos atores. Nesse caso, o termo inglês *lip sync* indica o ponto de ajuste sincrônico entre imagem e som.

nas apropriações terminológicas entre as teorias; nas aproximações entre corpus fílmicos e formas musicais específicas; nas combinações entre música e imagem em movimento, discutidas sob diferentes vieses. Entre cinema e música há, pois, verdadeira comunhão de sentidos, não restrita a alguns exemplos fílmicos, mas abrangendo a própria concepção cinematográfica.

Um filme, analogamente ao que ocorre com a música, é constituído de uma sequência de fragmentos ordenados. Nela, cada fragmento é composto por uma sequência de fotogramas que constituem um **plano**[12]. A ordenação de planos que constitui a narrativa do filme pertence ao domínio da montagem. O ritmo, em um filme, é percebido por meio da velocidade e da estrutura temporal da **sucessão dos planos**.

4.3.1 O que acontece conosco quando assistimos a um filme?

Hickmann (2008), em sua dissertação que aborda o processo de fruição do audiovisual à luz da psicologia cognitiva, comenta que, ao assistirmos a um filme, acionamos uma atenção **pré-consciente**, estabelecemos com o conjunto audiovisual uma forma de relação involuntária, que consome poucos recursos de atenção, ocorrendo o processo interpretativo do estímulo musical como conotação, o que pode resultar em resposta afetiva, "além de ser fundamental à formação das memórias representacional e emocional" (Hickman, 2008, p. 55).

Esse processo cognitivo, que se torna automático pela aprendizagem prática, é indispensável à inteligibilidade do cinema. O fato de a experiência audiovisual conferir múltiplos estímulos em ocorrências simultâneas permite ao espectador o deslocamento voluntário ou involuntário da atenção para eventos que se destacam em determinados momentos. O espectador, na maior parte das vezes, não está com a atenção dirigida à música, mas a percebe inserida na narrativa, e a "conexão entre memória

---

[12] "Um *plano* é o espaço de imagem gravada entre os atos de disparar e interromper a gravação de uma câmera. É, também, a perspectiva visual dentro da imagem, mais próxima ou mais distante do ponto vista da câmera" (Plano, 2018).

representacional e memória emocional tanto pode ser trazida pelo espectador, a partir de sua própria experiência afetiva, quanto estabelecida ao longo do filme" (Hickman, 2008, p. 61).

Assim, como fenômeno de ocorrência mais comum (Hickmann, 2008), o espectador, diante do audiovisual, estabelece uma relação em nível essencialmente pré-consciente, em que o processo comunicacional aciona, atualiza e forma, a todo momento e simultaneamente, as memórias representacionais e emocionais, como especificado no Quadro 4.6.

Quadro 4.6 – Audiovisual > acionamento da memória

Memória representacional	Memória emocional
Evento ou objeto (signo comunicacional)	Estímulo afetivo associado ao objeto

Fonte: Elaborado com base em Hickmann, 2008.

4.3.2 Aspectos da montagem audiovisual em Eisenstein

O cineasta norte-americano David Griffith (1875-1948) foi o primeiro a dar à montagem uma importância essencial, mas Eisenstein (1898-1948) debruçou-se sobre o problema da montagem do filme sonoro pioneiramente, o que naturalmente implica a resolução da relação entre a música e a narrativa imagética, na busca de técnicas para a produção de sentido no audiovisual. Suas reflexões convergiram precisamente para a montagem fílmica. Eisenstein (2002, p. 54, citado por Lanzoni, 2013, p. 46) comenta: "Não há diferença fundamental quanto às abordagens dos problemas da montagem puramente visual e da montagem que liga diferentes esferas dos sentidos no processo de criação de uma imagem única, unificadora, sonoro-visual".

Discutiremos aqui, em detalhe, a **montagem rítmica**[13] de Eisenstein.

Aplicada empiricamente como princípio estrutural, a montagem rítmica relaciona os fragmentos sucessivos do filme, conferindo às relações de conteúdo, entre os planos, propriedades enunciáveis pelo aspecto rítmico, como velocidade, fragmentação, condensação, regularidade, irregularidade etc. As categorias criadas por Eisenstein (2002) na montagem rítmica, utilizando apropriações de conceitos originalmente musicais, buscavam imprimir sentido às ideias por meio do arranjo dos fragmentos fílmicos. Para Eisenstein, a narrativa fílmica não existia em um plano ou sequência como algo fixo, mas que precisava "surgir". Lanzoni (2013, p. 47) alerta:

> Esta especificidade da montagem não considera a duração mensurada dos fragmentos, mas a duração sentida pelo espectador, a duração empírica e vivida, para a qual o primeiro plano e um plano de conjunto de mesmo comprimento, por exemplo, terão durações aparentes diversas. Na montagem rítmica, é o movimento dentro do quadro que impulsiona o movimento da montagem de um quadro a outro.

Uma das mais famosas sequências da história do cinema, a da escadaria de Odessa[14], em *O encouraçado Potemkin*, é exemplo desta técnica de montagem[15]. "O ritmo dos pés dos soldados que descem as escadas não está em acordo de sincronismo com os cortes dos planos, em um ritmo que se transfere para a descida escada abaixo do carrinho do bebê" (Lanzoni, 2013, p. 47). "A tensão é continuamente acrescida pela introdução de material não apenas mais intenso (conteúdo), mas em ritmo novo, reconhecível e que está relacionado temporalmente aos planos anteriores" (Lanzoni, 2013, p. 47). O ritmo da

▶ **Filme 2**
O ENCOURAÇADO Potemkin. Direção: Serguei Eisenstein. URSS, 1925. 77 min.

---

13   Eisenstein "foi um dos primeiros teóricos a incorporar conceitos musicais para definir questões cinematográficas. Montagem tonal, atonal, rítmica, harmônica e polifônica explicitam algumas das aproximações identificadas pelo autor entre ambas as linguagens" (Lanzoni, 2013, p. 46).

14   A famosa cena da escadaria de Odessa pode ser vista aos 48min 15s do filme *O encouraçado Potemkin* (1925).

15   De preferência, assista às cenas citadas para acompanhar a discussão das próximas páginas.

música produz, no espectador, a referência sonora pela qual, visualmente, ele pode identificar – de forma comparativa – a montagem rítmica das imagens. De igual modo, a música enuncia um sentido de continuidade que contrasta com a fragmentação do material visual.

4.3.3 Estudo de caso: a montagem de Eisenstein em *Cavaleiros de Ferro* (1938)

▶ Filme 3
CAVALEIROS de ferro. Direção: Serguei Eisenstein. URSS, 1938. 111 min.

Eisenstein, no livro *O sentido do filme* (2002), descreve o processo de criação e montagem da música de Serguei Prokofiev[16] para o filme *Cavaleiros de Ferro* (*Aleksandr Nevskiy*), destacando a sua mais famosa cena, a "Batalha sobre o gelo", particularmente o "Ataque dos cavaleiros", apontando o fato de que a música foi composta após a filmagem e a montagem. Para a composição, Eisenstein solicitou a Prokofiev que acompanhasse o movimento visual dos planos, como veremos mais adiante.

De forma inversa, mas análoga, Eisenstein (2002) apreendeu os contornos melódicos da música acabada e gravada que Prokofiev compôs para a cena seguinte, submetendo a montagem à música, em um processo de correspondência orgânica demonstrando que, "em consequência, metodologicamente, não tem nenhuma importância o elemento a partir do qual começa o processo de determinar combinações audiovisuais" (Eisenstein, 2002, p. 116).

O cineasta alerta que o método de correspondência audiovisual (montagem rítmica) usado na sequência da "Batalha sobre o gelo" é o mesmo de todas as outras sequências do filme, apontando para um procedimento técnico geral de montagem. O diagrama esquemático publicado por Eisenstein (2002), e parcialmente reproduzido a seguir, ilustra as correspondências entre o movimento melódico e o grafismo dos fotogramas,

---

16 Sergei Sergeyevich Prokofiev (1891-1953) foi um compositor, pianista e regente russo, considerado um dos maiores compositores do século XX (Horta, 1985).

representadas na linha horizontal inferior. O movimento gráfico das notas corresponde aos espaços pictóricos da sequência.

4.3.4 Outros usos da música na montagem fílmica

Paralelamente aos ensaios sobre as possibilidades imanentes do uso da música no cinema de Einsenstein, a indústria do cinema de Hollywood consolidava seu uso dramático na narrativa cinematográfica, segundo Claudia Gorbman, no livro *Unheard Melodies: Narrative Film Music* (1987). Como discutiremos mais detidamente no Capítulo 5, Gorbman, citada por Baptista e Freire (2006, p. 745-746), alerta que a música no clássico cinema hollywoodiano tem "como função principal envolver emocionalmente o espectador, desarmando o seu espírito crítico e colocando-o 'dentro' do filme".

Essa forma de uso tem consequências importantes, ao contribuir para "transformar enunciação em ficção, diminuindo a consciência da natureza tecnológica do discurso fílmico" (Baptista; Freire, 2006, p. 746). Assim, verificamos que essa forma de uso da música resulta em sentido unívoco, subdividido em funcionalidades utilitárias[17] que não alteram sua natureza funcional no audiovisual. Esse procedimento, definido pelo uso dramático do som e da música no audiovisual, é, por sua vez, determinante da escolha de materiais e processos técnicos a serem empregados pelo compositor.

Em oposição a essa abordagem, Adorno e Eisler (1976) descrevem o procedimento de correspondência da música com a imagem no audiovisual denominado *contraponto dramático*, em que citam, entre vários exemplos, o uso da música no filme *Kuhle Wampe* (1931)[18], de Bertold Brecht e Slatan Dudow. Para Adorno e Eisler (1976, p. 44, tradução nossa), "a música, longe de se esgotar na imitação visual convencional, dos processos

▶ **Filme 4**
KUHLE Wampe Oder: wem gehört die welt? Direção: Slatan Dudow. Alemanha, 1932. 71 min.

---

17   As funções da música no cinema hollywoodiano serão abordadas no Capítulo 5.

18   *Kuhle Wampe ou: quem é dono do mundo?* É uma obra cinematográfica realizada no período da República de Weimar, no gênero de filme para o proletariado. Em sua criação, trabalharam, entre outros, Bertolt Brecht como roteirista e, como diretor, o búlgaro Slatan Dudow. O filme é uma espécie de documentário sobre as condições de vida dos trabalhadores em Berlim, feito sob a enorme pressão da repressão política em 1932.

visuais ou em sua ambientação, pode facilitar a captação do sentido da cena, colocando-se em uma posição contrária à dos eventos superficiais". Os autores descrevem o uso de movimento na música em confronto à calma representada na imagem:

> Casas tristes e subúrbios degradados em toda a sua miséria e sujeira. A "atmosfera" da imagem é passiva, deprimente: inclinada à melancolia. Em contraste, a música é ágil e estridente, um prelúdio polifônico de caráter muito pronunciado. O contraste entre a música a dureza de sua forma assim como a de seu tom com as imagens simplesmente montadas produz um choque que intencionalmente provoca mais repugnância que sentimentos compassivos. (Adorno; Eisler, 1976, p. 44, tradução nossa)

O sentido que Adorno e Eisler (1976) imprimem ao termo *contraponto dramático* refere-se ao uso de dois componentes contrastantes em conteúdo que resultam em um produto expressivo diferenciado. A famosa cena final do filme de Oliver Stone, *Platoon* [5] (1986) é exemplo de intensificação do sentido pelo emprego de contraponto dramático entre música e imagem, em que o diretor Oliver Stone e o diretor musical Georges Delerue utilizam o *Adagio para cordas*, de Samuel Barber, uma obra extremamente lenta, estática e triste em dialogia com imagens de ação e batalha.

Os exemplos de usos da música no processo de montagem do audiovisual ilustram que os diferentes procedimentos adotados pelos cineastas e autores revelam, por sua vez, objetivos estéticos e comunicacionais distintos. Ao abordar, de forma mais teórica e conceitual, alguns dos autores pioneiros do som no audiovisual, analisaremos de forma mais ampla a música no cinema no Capítulo 5.

▶ **Filme 5**
PLATOON. Direção: Oliver Stone. EUA: Orion Pictures, 1986. 120 min.

4.4 Montagem no audiovisual: a edição de som

Acabamos de discutir os aspectos da montagem relacionados ao posicionamento (sincronização) de determinada informação auditiva (vozes, ruídos e música) no audiovisual. Agora, vamos abordar os aspectos expressivos e perceptivos produzidos pelo processo de edição de som e mixagem[19] na montagem do audiovisual, que compreende o posicionamento espacial, o volume (intensidade) de cada informação, as relações de intensidade entre elas e seu resultado final para a narrativa.

O tão conhecido termo *trilha sonora*, que se refere ao som no cinema e no audiovisual em geral, em verdade inclui todo o complexo de informações auditivas presentes: vozes dos atores e/ou de um narrador, todos os ruídos de ambiente e de eventos físicos representados e, por fim, a música, seja **diegética**[20], seja **não diegética**.

No plano narrativo de um audiovisual, a música diegética é aquela que **integra a narrativa** de uma cena, que é parte da história, aquela em que se encontram visíveis, em enquadramento, à frente ou ao fundo, a fonte sonora que está emitindo a música que tanto as personagens da ação quanto o público estão ouvindo, como os músicos que a estão executando ou um rádio ligado. A música não diegética é aquela que é ouvida apenas pelo público, que atua em um plano comunicacional **fora da realidade** ou da **diegese** em que as personagens se inserem na narrativa, como uma canção ou a música incidental, mesmo que presente no primeiro plano de sonoro.

O termo *banda sonora* de um filme ou audiovisual tem origem na pista magnética ou ótica que se encontra inserida na faixa lateral da película dos filmes, onde será "lida", pelo equipamento de projeção, a trilha sonora completa.

A mixagem é um processo criterioso de tratamento técnico das sonoridades e de escolha das intensidades (volume) de cada informação auditiva que resultará em pistas consolidadas (as diferentes

> A música diegética é aquela que integra a narrativa de uma cena, que é parte da história; a não diegética é aquela que é ouvida apenas pelo público, que atua em um plano comunicacional fora da realidade.

---

19   Mixagem. 1. Registro simultâneo de sons de várias origens numa uma única via, por exemplo, na banda sonora de um filme. 2. Sobreposição ou combinação de sons ou imagens em um registro novo (Mixagem, 2018).

20   "Relativo à narração ou à diegese" (Diegético, 2018). A diegese é a realidade própria da narrativa (mundo ficcional, vida fictícia), à parte da realidade externa de quem lê (o chamado *mundo real* ou *vida real*). O *tempo diegético* e o *espaço diegético* são, assim, o tempo e o espaço que decorrem da trama ou existem dentro dela, com particularidades, limites e coerências determinadas pelo autor (Rockenback, 2014).

Figura 4.3 – A banda sonora ótica no filme de película

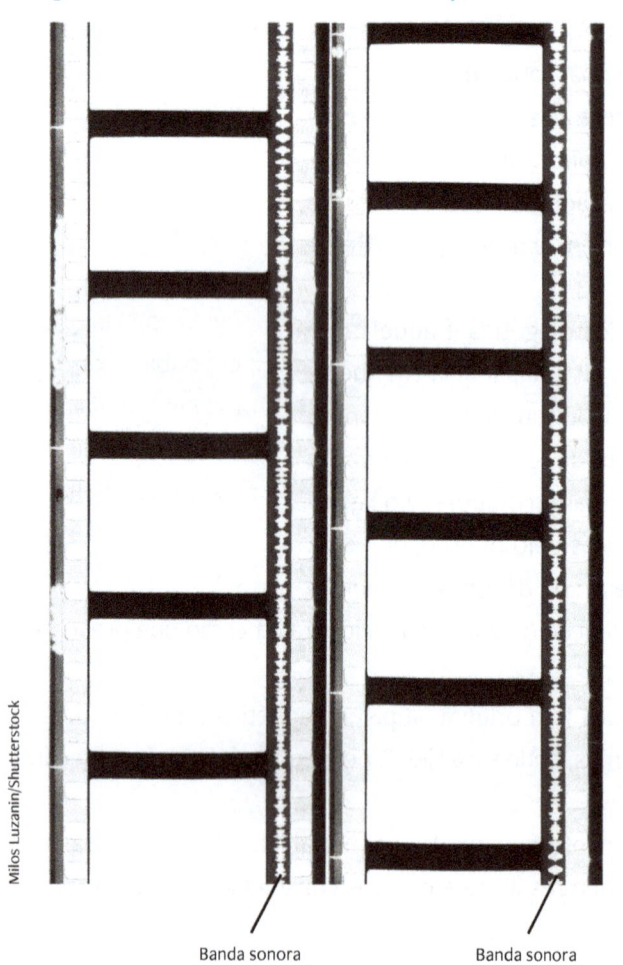

Banda sonora   Banda sonora

Milos Luzanin/Shutterstock

pistas ou **canais** de som gravado são reduzidas para o formato final de áudio[21], em um processo de regravação), as quais uniformizarão a escuta do som de um audiovisual. O processo técnico, apesar de empírico, observa não apenas a **audibilidade**[22] de seus elementos, mas sua função na narrativa e, portanto, a adequação das intensidades em diferentes planos.

Desde a filmagem até a pós-produção, o áudio de um filme precisa passar por três etapas: a captação de som ou *som direto* (gravação das vozes dos atores e do ambiente

---

21 Os formatos finais de som adotados no uso comercial caseiro são o estéreo (2.1), em cinco canais (5.1) e sete canais (7.1). No cinema, o áudio final pode ser editado para os formatos Dolby "A" e Dolby "SR", com os canais esquerdo, centro, direito e o canal *surround*. No Dolby Digital, esse canal *surround* mono se divide em dois: esquerdo e direito. Assim, temos cinco canais para reprodução dos sons médios e agudos, mais o canal para os sons graves, o *subwoofer*: é daqui que se origina o nome de formato 5.1. No formato Dolby EX, passamos a ter um sistema 6.1. (Klachquin, 2002). Para conhecer um pouco da história do som no cinema, visite: ABCINE – Associação Brasileira de Cinematografia. Disponível em: <http://www.abcine.org.br/artigos/?id=121&/o-som-no-cinema>. Acesso em: 13 mar. 2018.

22 *Audibilidade* é a capacidade ou a possibilidade de uma informação sonora ser ouvida, reconhecida ou inteligível.

da cena, feita no ato de rodagem do filme), a edição e, por fim, a mixagem. Nas três etapas, a equipe da captação de som precisa colher, técnica e adequadamente, toda a informação sonora necessária. O editor de som insere os arquivos gravados na captação e sonoriza o filme, ou seja, o editor insere os sons que completam as ações e os efeitos especiais e posiciona a música em pontos atribuídos do filme, denominados *cues*.

Nessa etapa de trabalho, o que ocorre é o desenho sonoro ou *soundesign*. O processo de desenho sonoro compreende o estudo, a montagem e a organização plástica de toda informação sonora: o ambiente, os ruídos produzidos por ações a serem acrescentados, denominados *foley*[23], e, por fim, os efeitos especiais.

Wyatt e Amyes (2005, p. 3) listam as principais funções que podem ser operadas pelo editor de som durante o desenho sonoro, conforme o quadro a seguir.

Quadro 4.7 – Funções do desenho sonoro

Desenho sonoro	<ul><li>Para adicionar ritmo, emoção e impacto</li><li>Para complementar a ilusão de realidade e perspectiva</li><li>Para complementar a ilusão de irrealidade e fantasia</li><li>Para induzir ilusão de continuidade por meio de cenas que foram filmadas descontinuamente</li><li>Para criar uma ilusão de profundidade e largura espacial (espacialização)</li><li>Para corrigir problemas com o som, editando ou substituindo na pós-produção e usando processadores para maximizar a clareza ou reduzir um ruído indesejado</li><li>Para finalizar/publicar a trilha sonora nas especificações apropriadas e nos formatos corretos</li></ul>

Fonte: Elaborado com base em Wyatt; Amyes, 2005.

---

[23] *Foley* é o termo utilizado para descrever o processo de pós-produção de efeitos sonoros para marcar ações físicas presentes na ação (ruído de roupas, passos, objetos etc.) de um filme, vídeo ou outras mídias. O termo vem do nome de Jack Donovan Foley (1891-1967), editor de som da Universal Studios (Rodrigues; Moraes, 2013).

É importante destacar que, durante o desenho sonoro, o editor de som aplica uma **estética** à narrativa sonora propriamente dita. As sonoridades são escolhidas, organizadas de forma relacional, tal como uma paleta de cores determina uma estética para uma imagem. A última etapa é a mixagem final. A edição de som é tão importante para o resultado final de um audiovisual que os principais festivais internacionais de cinema premiam essa categoria.

4.4.1 Três exemplos de desenho sonoro no cinema

Para entender as possibilidades expressivas da edição de som e da mixagem, vamos examinar alguns casos que podem ilustrar diferentes situações narrativas nas quais a edição de som concorre para sua clareza e significação.

Na escuta audiovisual, diferentes intensidades ou volumes operam expressivamente para representar espacialidade – para um evento mais distante, sons mais fracos que aqueles que sonorizam eventos próximos no enquadramento –, mas a narrativa exige outras disposições sonoras expressivas: a informação auditiva mais importante para a narrativa é aquela que deve ser escutada em primeiro plano, em maior intensidade ou volume mais forte – a voz de uma personagem que fala, um narrador, o som que, sincronizado, destaca um evento, como um objeto que cai, um impacto ou uma explosão, a música não diegética que, ao pular para o primeiro plano (em volume ou intensidade), assume sozinha a condução da narrativa etc.

Assim, nos três casos que apresentaremos a seguir, podemos perceber como a mixagem proporciona ao espectador uma "leitura" sonora compatível com as imagens e com a narrativa[24].

No primeiro exemplo, examinaremos o áudio do trailer de *Apocalipse Now* (1979), no qual podemos perceber o uso criterioso dos planos sonoros inter-relacionados, que têm

▶ **Filme 6**
APOCALIPSE Now. Direção: Francis Ford Coppola. EUA: United Artists, 1979. 202 min.

---

[24] De preferência, assista ao material citado para acompanhar a discussão.

papel essencial na narrativa: vozes dos atores em destaque e audibilidade, música ora em *background*, ora saltando para o primeiro plano, com a função de intensificação dramática. Destacamos aqui o uso da música da ópera *A Valquíria*, uma das quatro óperas integrantes da tetralogia *O Anel do Nibelungo*, de Richard Wagner. A música "A Cavalgada das Valquírias", inserida na cena do ataque de helicópteros, confere à narrativa da guerra do Vietnã o sentido épico-mitológico a que a música originalmente é referida. Os efeitos especiais, ora mais distantes, ora em primeiro plano, têm dupla dimensão narrativa: estabelecem uma disposição espacial longe-perto e assumem o primeiro plano como elemento de intensificação da violência das cenas de batalha – sons de batalha mais fortes significam intensificação da batalha e do perigo.

Em *Django livre*, de 2012, a edição de som de Wylie Stateman recebeu indicação ao Oscar. O som e a música nesse filme têm um papel capital para a narrativa, como indutores de referências conhecidas do público. No uso de música *pop* contemporânea e de canções e temas instrumentais dos anos 1960 para a ambientação de um filme que se refere a eventos ocorridos no século XIX, constatamos que a música não repete as indicações da narrativa de tempo e local: a ironia é um elemento central na narrativa. *Django livre* revela suas referências sonoras em um estilo de edição de som característica dos filmes do gênero *western*, não apenas pelo uso de músicas pré-existentes, mas também pelo fato de que todas as ações da imagem são pontuadas pela montagem de sons exageradamente desenhados e pronunciados, da mesma forma que era montada nos *western* nos anos 1960. O exagero enuncia ironia e distanciamento diante da violência, também exagerada ao absurdo. Nesse sentido, a linguagem audiovisual do filme ganha força expressiva por meio das referências ao **desenho sonoro** dos filmes de décadas passadas, que consolidaram um estilo de edição de som.

No terceiro e último exemplo, *O Hobbit: a batalha dos cinco exércitos*, de 2014, a edição de som de Brent Burge e Jason Canovas também recebeu indicação ao Oscar em seu ano de lançamento. O gênero de aventura infantojuvenil faz uso de um tipo de música

▶ **Filme 7**
DJANGO livre. Direção: Quentin Tarantino. EUA: Alliance, 2012. 165 min.

▶ **Filme 8**
O HOBBIT: a batalha dos cinco exércitos. Direção: Peter Jackson. EUA/Nova Zelândia: Warner Bros., 2014. 144 min.

orquestral associada a filmes épicos. A utilização de sons extremamente graves enuncia um sentido de grandiosidade, produzindo a imagética sonora de um objeto pesado, grandioso. Os sons desenhados e empregados para os movimentos, impactos e armas são também superdimensionados e trazidos ao primeiro plano da narrativa.

Ao descrever os procedimentos estéticos adotados nos três exemplos dados, apontamos as intenções estéticas – e narrativas – do diretor e do editor de som, além das diferentes formas de uso dos componentes do desenho sonoro do audiovisual e sua relação com a **imagem sonora**, determinante para a narrativa.

4.5 A música nos filmes de animação

> Em toda a sua história, a música nos desenhos animados explicitou as ações de personagens e objetos inanimados.
>
> Em uma aproximação das linguagens, a animação evidencia a representação visual da música que estamos ouvindo.

O som para os filmes de animação, ou desenhos animados, como são mais conhecidos no Brasil, foi possibilitado pela mesma tecnologia desenvolvida para o som no cinema[25]. Todavia, nenhum outro gênero audiovisual sofreu tão profunda influência da música na constituição de sua linguagem. Em toda a sua história, a música nos desenhos animados explicitou as ações de personagens e objetos inanimados. Em uma aproximação das linguagens, a animação evidencia a representação visual da música que estamos ouvindo.

Segundo Goldmark (2005), Tom Gunning[26] denominava *cinema de atrações* os filmes cômicos do início do século XX, pois dirigiam a atenção do espectador

---

25   O processo tecnológico que resultou na sonorização do cinema será discutido no Capítulo 5.

26   O escritor norte-americano Tom Gunning estuda problemas de estilo e de interpretação do filme, na história do filme e na cultura do filme. Seu conjunto de obras publicadas (cerca de 100 publicações) concentrou-se no cinema primitivo (desde suas origens até a Primeira Guerra Mundial), bem como na cultura da modernidade que deu surgimento ao cinema. Seu conceito de *cinema de atrações* buscou relacionar o desenvolvimento do cinema com outras fontes, além de contar histórias, como novas experiências de espaço e tempo na modernidade e uma cultura visual moderna emergente (Cinema and Media Studies, 2018, tradução nossa).

menos para a ação narrativa em desenvolvimento que para os eventos visuais. "O domínio das *gags*[27] sobre o desenvolvimento da história é apenas uma das similaridades entre esses filmes e os desenhos da Warner Bros." (Goldmark, 2005, p. 30, tradução nossa).

Os filmes de animação sonora foram criados no âmbito da indústria cinematográfica, cujo epicentro foram os Estados Unidos. Verificamos que essa prática guarda similaridades com os estilos de **comédia física**, de pouca fala e muita ação, presente nos espetáculos do *vaudeville*[28], comuns nos teatros populares dos Estados Unidos desde o final do século XIX. A apropriação desse estilo de comédia ocorreu magnificamente em sua transposição para o cinema mudo, que Charles Chaplin ajudou a consolidar e, como referência, auxiliou a constituir as formas de narrativa do filme de animação na primeira metade do século XX.

> ### Indicações culturais
> Para saber mais sobre o gênero *vaudeville*, consulte (*site* em inglês):
>
> MROCZKA, P. Vaudeville: America's Vibrant Art Form with a Short Lifetime. **Broadway Scene**, 13 nov. 2013. Disponível em: <http://broadwayscene.com/vaudeville-americas-vibrant-art-form-with-a-short-lifetime>. Acesso em: 13 mar. 2018.

---

27 *Gag*: "efeito cômico que, numa representação, resulta do que o ator faz ou diz, jogando com o elemento surpresa" (Gag, 2018).

28 *Vaudeville*: gênero de entretenimento de variedades predominante nos Estados Unidos e no Canadá do início dos anos 1880 ao início dos anos 1930, em salões de música. O *vaudeville* foi influenciado pelo circo e por outras formas de entretenimento. Uma série de números de curta duração era levada ao palco, sem nenhum relacionamento direto entre eles: músicos (tanto clássicos quanto populares), dançarinos, comediantes, animais treinados, mágicos, acrobatas, peças em um único ato ou cenas de peças, atletas, cantores de rua, filmetes, entre outros (Mroczka, 2013).

4.5.1 Surgimento do filme sonoro e da música para animação

A música para animação tem suas origens na música de acompanhamento do cinema mudo. Os músicos de cinema, encarregados de prover música de acompanhamento para os filmes a serem exibidos, utilizavam coleções de partituras publicadas nos anos 1910 e 1920 cujas peças musicais traziam títulos que apresentavam reduções em categorias que descreviam, em uma ou duas palavras, "uma variedade de analogias musicais para acompanhar uma cena" (Goldmark, 2005, p. 14, tradução nossa).

O uso estereotipado de música solucionava muitos problemas práticos para os músicos de cinema. Uma das publicações mais utilizadas era o livro *Motion Pictures Moods for pianists and organists*, que oferecia, aos acompanhadores, centenas de melodias populares em um volume indexado com títulos sugestivos para uso nas cenas, como *casamento*, *pressa* ou *tiroteio* (Goldmark, 2005).

Ainda segundo Goldmark (2005), historiadores da animação apontam que a música motivou os primeiros *Looney Tunes* e *Merry Melodies*, produzidos pela Warner Bros. de 1930 a 1936, mais do que qualquer outro elemento da narrativa. A narrativa tinha naturalmente menos importância que as piadas e *gags* que eram inseridas (Goldmark, 2005).

A música e os desenhos animados deram as mãos no momento em que Walt Disney realizou *Steamboat Willie*, o filme que lançou Mickey Mouse para a notoriedade mundial em 1928. Naqueles primeiros anos do filme falado, não havia ainda uma técnica que permitisse o domínio do sincronismo entre a música e a ação dinâmica dos desenhos animados. A música não provia apenas o acompanhamento para aquele desenho, mas pontuava toda a ação visual. Goldmark e Taylor (2002, p. 7, tradução nossa) descrevem o processo de produção:

> Walt Disney viajou para NY para trabalhar em *Steamboat Willie*. Nos estúdios da Cinephone em 1928, o conhecido acompanhador de cinema Carl Stalling regia a música. Efeitos sonoros, música e diálogo tinham de ser gravados em apenas um canal (em uma

▶ **Filme 9**
STEAMBOLT Willie. Direção: Walt Disney; Ub Iwerks. EUA: Celebrity Productions, 1928. 7min 42s. Walt Disney Animation Studios' Steamboat Willie. Disponível em: <https://youtu.be/BBgghnQF6E4>. Acesso em: 13 mar. 2018.

única tomada) sem erros. Qualquer ponto de sincronismo perdido ou som indesejável significava refazer tudo desde o começo. Para manter o *andamento*, a orquestra tocava para pontos visuais pintados nos quadros do desenho. O processo de sincronização era tão longo e trabalhoso que Disney foi forçado a vender seu carro para pagar o tempo extra dos músicos.

O processo ajudou a vender o filme para o público e para a indústria do cinema. O público foi surpreendido pela forma como a música não apenas seguia o movimento das personagens em detalhado sincronismo (e mesmo dos objetos inanimados), mas também buscava, por meio de criteriosa escolha dos timbres dos instrumentos, **mimetizar** esses mesmos movimentos. Essa nova técnica anunciou uma forma de estruturação musical para a animação, que foi o modelo único para todos os desenhos por muitos anos e ficou conhecida, a partir de *Steamboat Willie*, pela denominação de *mickeymousing* (Goldmark; Taylor, 2002).

Barbosa (2009) comenta que, da mesma forma que a comédia física faz uso recorrente e repetitivo de piadas e *gags,* a técnica do *mickeymousing* desenvolveu seus próprios clichês pela reprodução de soluções musicais, empregando escalas ascendentes e descendentes para personagens ou objetos que sobem ou caem, usando instrumentos de percussão que mimetizam impactos de corpos e objetos e representando pequenos movimentos e gestos por meio de instrumentos com sons de curta duração, como a marimba ou notas de violino em *staccato*[29].

Chion, citado por Denis (2010), criou o neologismo *síncrese* para definir a experiência perceptiva do *mickeymousing* no desenho animado:

> Todo o objeto desenhado sincronizado com uma nota de música transformava-se nessa música, e esta, se transformava no objeto. A síncrese permitia fazer cantar e dançar o mundo desenhado mais facilmente do que o mundo filmado, porque o primeiro é maleável, abstrato, estilizado. Assim caía a resistência que o mundo opunha a submeter-se ao ritmo e à melodia. (Chion, citado por Denis, 2010, p. 86-87)

---

[29] *Staccato* é a técnica de execução que se aplica a todos os instrumentos de arco da orquestra, em que, em vez de usar o arco, o músico "belisca" a corda com os dedos, produzindo um som curto.

Se o estilo da música de tantos compositores para desenho animado, em que se destacou Carl Stalling (1891-1972), inicialmente com Disney e depois por 20 anos na Warner Bros., marcou o início da animação, com o uso de canções-tema e roteiros com muitos diálogos, que aproximavam a linguagem da animação à do cinema, em animações para TV nos anos 1960, o *mickeymousing*, que se caracteriza por muitas inflexões rítmicas, perdeu espaço.

Ainda assim, como exemplo de uso das técnicas do *mickeymousing* em produções atuais, destacamos o caso do filme de animação em computação gráfica *Presto*, de 2008, produzido pela Pixar, que guarda forte referência visual e de narrativa com as animações dos anos 1920 e 1930. Não por acaso, a ação ocorre no ambiente típico de um espetáculo do *vaudeville*, em que a apresentação da personagem do mágico reproduz o humor da comédia física, com poucas falas, muita ação e música orquestral elaborada com as súbitas e constantes mudanças necessárias ao sincronismo e mimetismo dos eventos visuais.

▶ **Filme 10**
PRESTO. Direção: Doug Sweetland. EUA: Disney-Pixar, 2008. 5min 17s.

4.5.2 *Fantasia*, de Walt Disney

O filme *Fantasia*, produzido por Walt Disney e lançado em 1940, foi uma experiência inovadora e de forte impacto para a animação cinematográfica. O processo de associação de imagens criadas a partir de várias obras do repertório da música de concerto pré-gravadas que ilustravam ou representavam as músicas não era um exemplo de *mickeymousing*. A criação livre para o roteiro da narrativa fantástica e das imagens animadas trouxe um novo procedimento de representação que aproxima *Fantasia* do formato de um longo painel de clipes musicais, a exemplo dos videoclipes modernos, em uma época em que esse conceito ainda não existia.

Não por acaso, para essa obra audiovisual, Disney nomeou o projeto originalmente de *filme-concerto*, o que já denota um caráter híbrido desde a concepção (Salles, 2008). Apesar do fracasso de público e da crítica nem sempre favorável, a animação, de caráter ousado e único e de realização técnica notável, foi posteriormente considerada uma obra de arte.

▶ **Filme 11**
FANTASIA. Direção: Samuel Armstrong et al. EUA: Walt Disney Pictures, 1940. 124 min.

Em *Fantasia*, o roteiro aparenta apreender e ilustrar o significado referencial das músicas, implícito nas intenções do compositor. Em verdade, as obras que compõem o repertório do filme não eram obras descritivas, mas de música pura, composta para relacionar-se estruturalmente, com exceção de algumas obras como *O aprendiz de feiticeiro* (1897), de Paul Dukas, e *Uma noite no Monte Calvo* (1867), de Mussorgsky. Embora seja possível associar o uso de imagens com estruturas musicais, não se trata de aplicação da técnica de *mickeymousing*: as obras musicais que precederam a realização do filme foram, claramente, indutoras das impressões e imagens que constituíram a roteirização da narrativa.

4.5.3 A música nos filmes de animação hoje: três casos célebres

Autores como Goldmark e Taylor (2002, p. xiii) avaliam que os desenhos animados seguem cada vez mais vistos por mais e mais pessoas, e que a popularidade da música para desenho animado nunca esteve tão alta, desde as trilhas sonoras de Carl Stalling para a Warner Bros. e para a Disney, até as paródias de canções presentes na série *Simpsons*. Essas músicas são ouvidas mesmo fora de seu contexto audiovisual.

As novas técnicas de desenvolvimento da animação em computação gráfica *stop-motion*[30] produziram uma nova geração de desenhos com música elaborada que vem aproximando a estética musical da animação às outras manifestações da cinematografia[31].

Em *For the Birds* (2000)[32], da Pixar, a produção musical utilizou, na função de *background*, a gravação original de "Take Five" (Desmond, 1959), uma peça de jazz de Paul Desmond

▶ **Filme 12**
FOR The Birds. Direção: Ralph Eggleston. EUA: Pixar, 2000.

---

30 Técnica de animação em que se utilizam cenas ou fotografias estáticas, que depois são repassadas em velocidade para mostrar o movimento.

31 De preferência, assista às obras citadas para acompanhar a discussão das próximas páginas.

32 Esse curta-metragem animado por computador recebeu o Oscar de Melhor Curta-Metragem de Animação em 2001.

> **Filme 13**
> CORALINE e o mundo secreto. Direção: Henry Selick. EUA: Focus Features, 2009. 100 min.

> **Filme 14**
> PROCURANDO Dory. Direção: Andrew Stanton. EUA: Walt Disney Pictures, 2016. 97 min.

interpretada pelo grupo de Dave Brubeck em 1959. A peça, muito conhecida e reconhecível pelo público nos Estados Unidos, ajuda a induzir a continuidade e o tempo do filme, ao mesmo tempo que confere, pelo ineditismo de seu uso, a ironia necessária à narrativa. Em primeiro plano, como informação auditiva principal e que ocorre durante todo o tempo do filme, ouvimos os sons criados para as "vozes" dos pássaros, em um processo que confere as necessárias "concretude" e "realidade" aos movimentos. (Experimente assistir ao filme sem o som e, depois, com o som.)

Em *Coraline* (2009)[33], assim como em *Procurando Dory* (2016)[34], a música incidental e as canções aproximam a animação da linguagem do musical cinematográfico. Embora ambos os filmes consistam em aventuras infantojuvenil, a segunda animação se apropria da estética *pop* das canções para sua narrativa.

Síntese

Neste capítulo, analisamos algumas das teorias que estabeleceram as associações entre música e pintura. Discutimos conceitos referentes à percepção do som, da música e da imagem no contexto relacional de seus componentes e, em seguida, com mais detalhe, as relações entre som, música e imagem em movimento no processo de montagem do audiovisual, tomando como base a reflexão de alguns dos cineastas pioneiros que estabeleceram os primeiros parâmetros para as práticas audiovisuais. Após explorarmos alguns aspectos da edição de som, examinamos a história e o uso da música para desenho animado.

Apresentamos, a seguir, alguns dados importantes sobre o que discutimos neste capítulo.

---

33 Filme norte-americano realizado em 2009 em *stop-motion* e baseado em romance de mesmo nome de Neil Gaiman.

34 Filme de aventura de comédia-drama animado em 3D por computador produzido pela Pixar Animation Studios e com música de Thomas Newman.

Sobre os aspectos perceptivos do som e da música	Para alguns autores, os exemplos históricos de comparação se estabeleceram na correlação entre princípios estético-estilísticos que interferiam na estruturação formal das obras. No período romântico e depois dele, observou-se uma convergência das duas linguagens, pela apropriação de conceitos ligados à percepção das artes visuais para fruição e produção musical.
	Para Kandinsky, os elementos da composição formal da pintura poderiam ser relacionados aos da composição musical.
Sobre a relação entre música e pintura	Visão e a audição são sentidos que mantêm, entre si, relações privilegiadas de complementaridade e de oposição; inseridos em um processo de naturalização por aprendizagem, ao associarmos som e imagem, reproduzimos a ideia de uma relação com o mundo exterior.
	A ativação perceptiva na linguagem audiovisual se constitui em um fenômeno, em si, indutor de uma relação interpretativa: o espectador está pronto para interpretar à medida que assiste.
	O audiovisual opera como um sistema de signos e como unidade integradora de suas partes constituintes: é a própria montagem que constitui a percepção do espectador da passagem de tempo "psicológica".
Sobre a montagem do audiovisual	Ao assistirmos a um filme, acionamos uma atenção **pré-consciente**, estabelecemos com o conjunto audiovisual uma forma de relação involuntária, em que ocorre o processo interpretativo.
	A **montagem rítmica** de Eisenstein relaciona os fragmentos sucessivos de um filme utilizando apropriações de conceitos originalmente musicais. Assim, buscava imprimir sentido às ideias por meio de procedimentos que operavam sobre aspectos rítmicos, como velocidade, fragmentação, condensação, regularidade, irregularidade.
	Segundo Gorbman, a música, no clássico cinema hollywoodiano, tem como função principal envolver emocionalmente o espectador, desarmando seu espírito crítico e colocando-o "dentro" do filme.

(continua)

(conclusão)

Sobre a edição de som	O termo *trilha sonora* inclui todo o complexo de informações auditivas presentes: vozes dos atores e/ou de um narrador, todos os ruídos de ambiente e de eventos físicos (*foley*) representados e, por fim, a música.
	O áudio de um filme passa por três etapas: a captação de som ou som direto (a gravação das vozes dos atores e do ambiente da cena, feito no ato de rodagem do filme), a edição desse material em estúdio e, por fim, a mixagem. Nas três etapas, a equipe da captação de som precisa registrar toda a informação sonora necessária. O editor de som insere os arquivos gravados na captação, os sons que completam as ações, os ruídos produzidos por ações a serem acrescentados (*foley*) e os efeitos especiais; por fim, posiciona a música em pontos atribuídos do filme, denominados *cues*.
Sobre a música nos desenhos animados	Em toda a sua história, a música nos desenhos animados explicitou as ações de personagens e de objetos inanimados e, em uma aproximação das linguagens, a animação expõe a representação visual da música que estamos ouvindo.
	A técnica de composição musical para animação denominada *mickeymousing* consiste em compor música fragmentada, com rápidas mudanças de caráter e de ritmo, buscando não apenas seguir em detalhado sincronismo o movimento das personagens e dos objetos inanimados, mas também mimetizar esses mesmos movimentos.
	Um objeto desenhado sincronizado com uma nota de música transforma-se nessa música, e esta transforma-se no objeto. A esse fenômeno Michel Chion denomina *síncrese*.

Atividades de autoavaliação

1. As correlações feitas no decorrer da história entre música e pintura permitem afirmar:
    a) Essas correlações surgiram no século XIX e foram possíveis pela hegemonia do impressionismo.
    b) Kandinsky utilizou princípios da música para a fundamentação teórica da pintura concreta.
    c) A correlação entre princípios pictórico-musicais, como tom e timbre, matiz e altura e saturação e intensidade, é um dos fundamentos da pintura preconizada por Kandinsky.
    d) Adorno observou que as similaridades do fenômeno perceptivo na música e na pintura ocorrem a partir da fixação do tempo.

2. No que se refere aos aspectos perceptivos do som e da imagem em movimento, é possível afirmar:
    a) Formamos imagens mentais a partir de sons, assim como "ouvimos" mentalmente a partir de imagens.
    b) Um sistema comunicativo audiovisual articula dois subsistemas, visual-icônico e informação auditiva.
    c) A relação entre imagem e som ocorre em espaços separados, resultando na constituição de um mesmo objeto.
    d) Em um sistema audiovisual, som e imagem se opõem em simultaneidades e sucessões de eventos.

3. Considerando as relações entre som, música e imagem em movimento, é possível afirmar:
    a) Se música e imagem em movimento se realizam no tempo, ritmo e andamento são princípios comuns e determinantes para a comunicação.
    b) O ritmo, em um filme, é percebido por meio da fragmentação temática dos planos sucessivos.
    c) No cinema de Eisenstein, o espectador é incapaz de perceber a montagem rítmica.
    d) Ao assistir a um filme, estabelece-se com o conjunto audiovisual uma forma de relação involuntária, o que impede uma resposta afetiva na condição de espectador.

4. Identifique as afirmativas a seguir como verdadeiras (V) ou falsas (F):
   - ( ) O contraponto dramático é um procedimento que preconiza o uso de dois componentes – imagético e sonoro – contrastantes em conteúdo, que resultam em um produto expressivo diferenciado.
   - ( ) O processo técnico da montagem rítmica observa a adequação das intensidades de todos os sons inseridos em diferentes planos sonoros.
   - ( ) A mixagem de som, processo importante para garantir a audibilidade de toda a informação visual, independe da narrativa; sua função é reforçar, auditivamente, os eventos visuais.
   - ( ) Gorbman considera que a música no clássico cinema hollywoodiano tem como função principal envolver emocionalmente o espectador, desarmando seu espírito crítico e colocando-o "dentro" do filme.

5. Identifique as afirmativas a seguir como verdadeiras (V) ou falsas (F):
   - ( ) *Mickeymousing* é a técnica de composição musical utilizada desde as primeiras animações, que segue e mimetiza em detalhado sincronismo o movimento das personagens e de objetos inanimados.
   - ( ) Nos desenhos animados atuais, há uma convergência de narrativa e estilo musical com os filmes musicais.
   - ( ) *Fantasia*, filme de Walt Disney, exemplifica claramente a utilização da técnica do *mickeymousing*.
   - ( ) Para os historiadores da animação, a música motivou, mais do que qualquer outro elemento, as narrativas dos primeiros desenhos animados.

Atividades de aprendizagem

1. A música no clássico cinema hollywoodiano tem como função principal envolver emocionalmente o espectador, ou seja, tem como objetivo essencial sua imersão no filme. Para você, quais razões foram determinantes para a adoção desse procedimento pela indústria do cinema de Hollywood?

2. É importante observar a experiência audiovisual como um fenômeno perceptivo em que a narrativa fílmica, expressa em som e imagem em movimento, enuncia significados por meio de signos que demandam interpretação. Descreva os aspectos que você considera determinantes nesse processo acionado no espectador.

Atividade aplicada: prática

1. Assista ao trecho referente à música "Uma noite no Monte Calvo" do filme *Fantasia*, de Walt Disney. Anote os eventos visuais que considerar mais impactantes. Assista ao mesmo trecho novamente, dessa vez fazendo a descrição do que ouviu precisamente nos pontos destacados na primeira exibição. Para suas reflexões, considere o item "O que acontece conosco quando assistimos a um filme?" integrante deste capítulo.

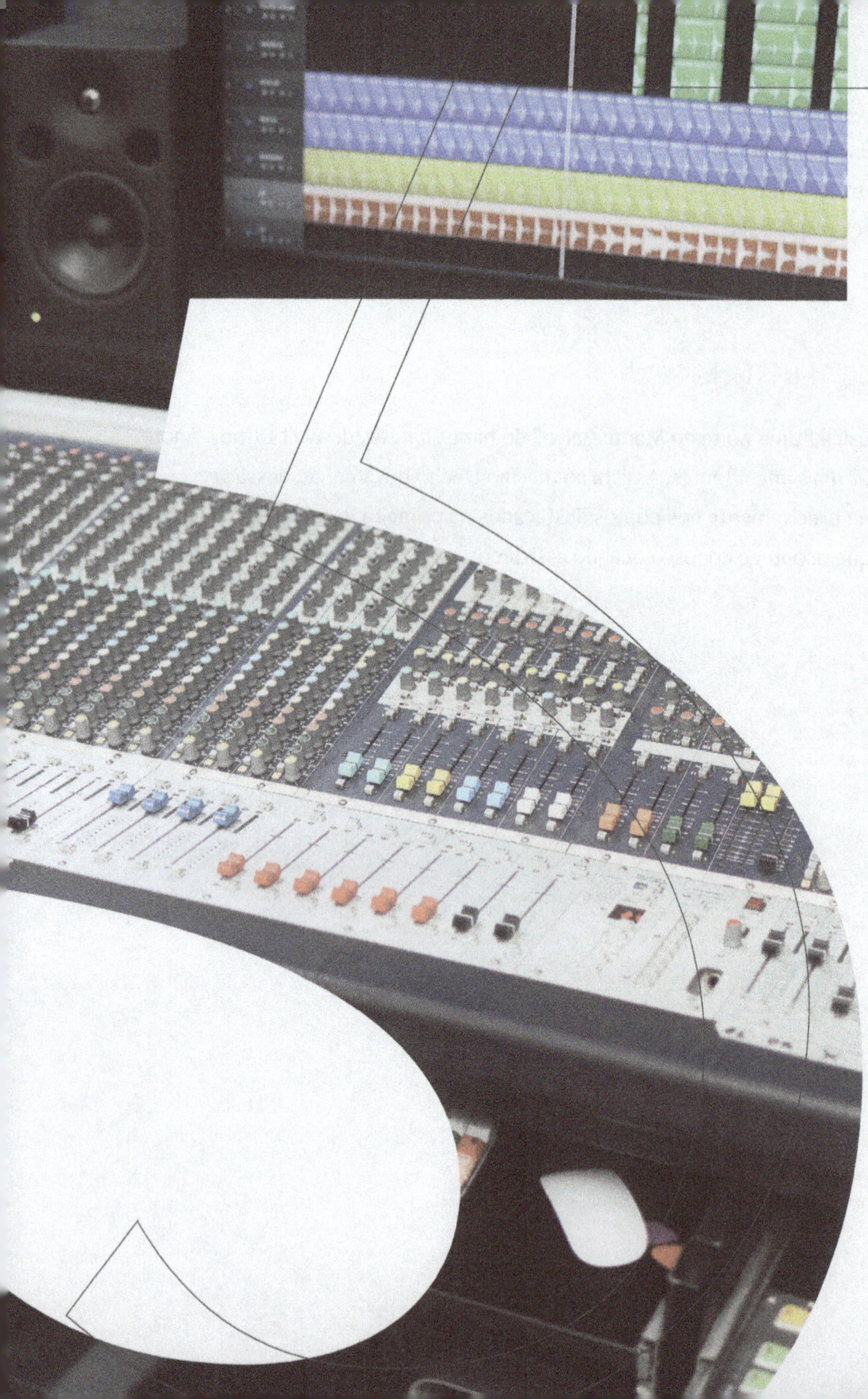

*Som e música
no audiovisual*

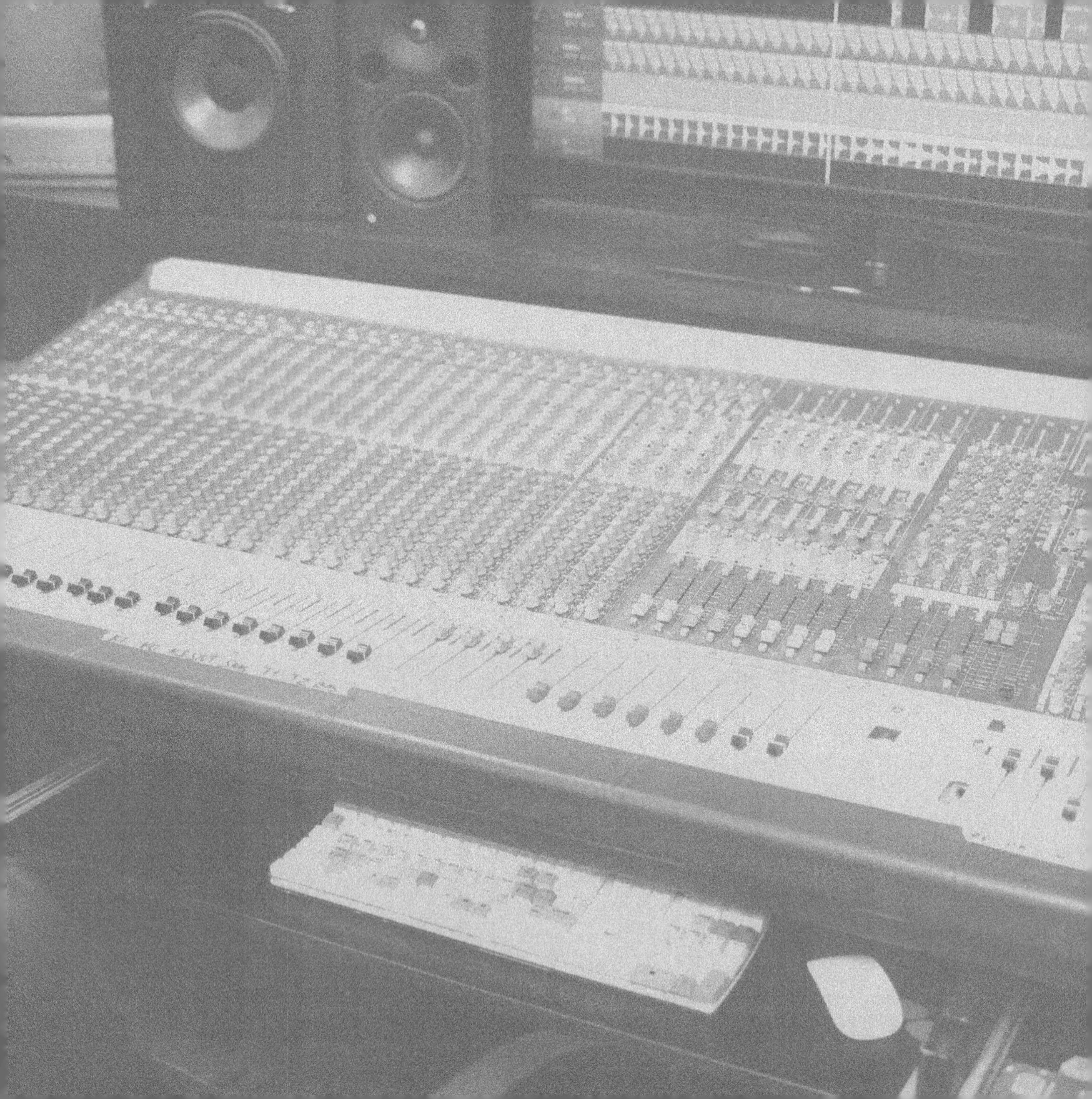

Neste capítulo, abordamos alguns aspectos dos usos e da escuta do som e da música nos ambientes audiovisuais, todos eles possibilitados pela mediação tecnológica. Para tanto, apresentamos um histórico sucinto da música no cinema em paralelo ao desenvolvimento tecnológico que mediou seus usos, desde os tempos do cinema mudo, passando pelo período de transição para o cinema falado e pela consolidação dos gêneros musicais usados funcionalmente no cinema hollywoodiano em suas diferentes fases estéticas até os dias de hoje. Na televisão, destacamos exclusivamente a bem-sucedida experiência brasileira, que desde os seus primórdios, nos anos 1950, fez amplo uso de música nos termos da tradição do rádio até desenvolver uma linguagem e um formato próprios deste que é o mais utilizado meio de comunicação de massa. Analisamos, em seguida, os usos da música como ferramenta de comunicação e indutora de novos modos de escuta e consumo na internet. Finalmente, encerramos o capítulo discutindo as particularidades do uso interativo do som e da música nas imagens dos jogos eletrônicos ou *games*.

5.1 Um breve histórico do som e da música no cinema mudo

Iniciaremos a análise de som, música e cinema a partir dos primórdios dessa arte, no tempo do cinema ou, em inglês, *silent movies*. Como de fato não havia som ou música gravados com a película do filme, a fruição de imagens em movimento sem som e sem música não demorou a exigir o uso de música de forma complementar, décadas antes de a tecnologia permitir a sincronização do som com as imagens. Talvez esse retardo tecnológico do som em relação ao filme tenha criado uma cultura que percebe o som no cinema como algo que lhe completa o sentido de realidade e a música como a "cereja no bolo", adicionada ao filme para reforçar algo de emocional na narrativa.

Quando os irmãos Louis e Auguste Lumière, na Paris de 1895, apresentaram seu novo invento, o cinematógrafo, a experiência humana diante da representação de imagens em movimento demonstrou, imediatamente, seu fascínio e sua capacidade de simular realismo e de construir o imaginário: dos dez filmes, com cerca de 50 segundos de duração cada, apresentados na primeira sessão de cinema da história, *A chegada do trem na estação* provocou nos espectadores a impressão de que seriam atropelados, causando o primeiro tumulto em uma sala de cinema. Não havia, claro, som ou música. A música, ali, como em vários filmes de época a que assistimos hoje, foi inserida muito mais tarde. Como seria, para nós, hoje, já tão acostumados ao cinema contemporâneo, assistir a um filme que não tem som, diálogos ou música? Experimente, buscando assistir ao filme dos Irmãos Lumière que citamos. Não se esqueça de colocar no mudo caso a versão a que tenha acesso seja acompanhada de música.

O cinema foi bem recebido, um sucesso imediato, e as salas de exibição multiplicaram-se rapidamente. Tinha início a era do cinema mudo. Porém, a ausência de som criava entre os realizadores e o público uma grande frustração. A contradição na representação

▶ **Filme 1**
A CHEGADA do trem na estação. Direção: Auguste Lumière e Louis Lumière. Paris, 1895. 50 s.

da realidade era evidente e indesejável. Costa (2004, p. 7) comenta o testemunho do escritor russo Máximo Gorki: "um célebre espectador das primeiras sessões dos irmãos Lumière [...] Máximo Gorki comenta o registro do cotidiano das cidades, com automóveis que passam pela câmera, e pedestres que atravessam as ruas, que lhe foi apresentado".

> É tudo estranhamente silencioso. Tudo se desenvolve sem que ouçamos o ranger das rodas, o barulho dos passos ou qualquer palavra. Nenhum som, nem uma só nota da sinfonia complexa que acompanha sempre o movimento da multidão. Sem barulho, a folhagem cinzenta é agitada pelo vento e as silhuetas das pessoas condenadas a um perpétuo silêncio. Seus movimentos são plenos de energia vital e tão rápidos que mal são percebidos, mas seus sorrisos nada têm de vibrante. Ver-se-ão seus músculos faciais se contraírem, mas não se ouve seu riso. (Gorki, citado por Costa, 2004, p. 7)

Essa contradição exigiu dos realizadores que, com urgência, se debruçassem em busca de uma solução tecnológica para o som no cinema. Embora o som gravado tenha sido obtido por Edison em 1877 com a invenção do fonógrafo (vide Capítulo 2), a tecnologia capaz de sincronizar som e imagem só surgiu três décadas depois.

5.1.1 Uma breve genealogia do cinema mudo

E como se chegou à invenção do cinema? Costa (2004) cita os estudos de Tom Gunning sobre as origens do cinema, que destacaram, entre as inúmeras pesquisas visuais que levaram à invenção da fotografia (daguerreotipo), a cronofotografia e a invenção do cinetoscópio de Edison, em 1891, mesmo ano em que Georges Demeny desenvolvia, na França, com o mesmo fim, o fonoscópio[1],

---

[1] O site *Who's who of Victorian cinema* (em inglês), um guia dos primórdios do cinema, traz uma listagem bem completa com dados e ilustrações das máquinas desenvolvidas no século XIX. Para saber mais, acesse: WHO'S who of Victorian Cinema. **Machines**. Disponível em: <http://www.victorian-cinema.net/machines>. Acesso em: 13 mar. 2018.

[que] recebeu esse nome, com o prefixo relativo ao som e não a imagem, porque tinha o intuito de reproduzir os movimentos labiais de uma pessoa falando [...]. Demeny serviu de modelo ao seu próprio invento, pronunciando as frases *"Je vous aime"* e *"Vive la France"*. O ato de pronunciar a frase era registrado por um número entre 18 e 30 fotografias, que projetadas de forma contínua garantiam a ilusão de movimento, reproduzindo as alterações da fisionomia de quem falava, e tornando o som "visível". O espectador lia perfeitamente os lábios do modelo fotografado, o que vinha, de certa forma, a suprir a falta real de som. (Costa, 2004, p. 6-7)

Figura 5.1 – Anúncio do cinetoscópio

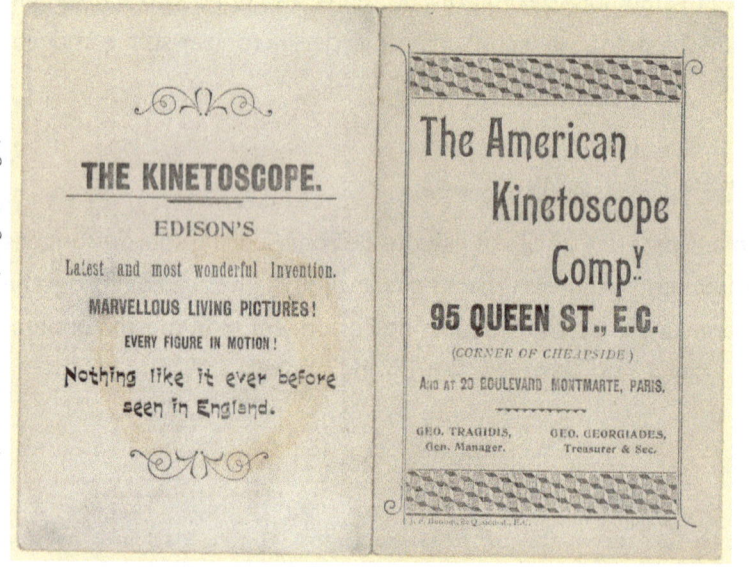

No filme para o fonoscópio de Georges Demeny, a exibição de uma imagem clara de lábios em movimento – mas sem som – permitia ao espectador fazer uma leitura labial, com o objetivo de induzir a representação do som na imaginação. O espectador ouvia sem ouvir.

Seguindo a discussão de Costa (2004), observamos como, nos primórdios do cinema, a presença do som com a imagem sempre esteve em questão: foram muitas as iniciativas, impelidas pelo progressivo desenvolvimento da qualidade da fotografia e, portanto, do filme exibido, intensificando o paradoxo de que, quanto mais realistas eram as imagens, mais evidente a deficiência de representação pela ausência de som e de cor.

O cinema não podia esperar, e a música veio em seu socorro.

> É somente entre os anos de 1911 e 1913 que se nota um processo de uniformização que elege a música como acompanhamento ideal das imagens. Entretanto, até o início da década de 20, segundo Altman, ainda se podia encontrar donos de salas de exibição que exibiam filmes em silêncio, prescindindo da música. (Costa, 2004, p. 11)

5.1.2 Música no cinema mudo

A solução proposta de incluir música durante a exibição de filmes deu início a um processo que se caracterizou pela improvisação: a seleção musical era feita pelos músicos em ação na sala de exibição. Basta imaginar o que isso implicava: um mesmo filme recebia músicas diferentes, dependendo da sala onde era exibido. Só mais tarde esse processo ganhou mais disciplina, dando lugar ao uso de trechos adaptados de obras existentes, que, apesar de fragmentadas, contribuíam para uma aproximação entre as duas linguagens, atendendo às necessidades expressivas das cenas e dando início a uma nova relação entre imagem e som.

A necessidade de atender à demanda por música adequada ao acompanhamento de filmes deu origem à publicação de coletâneas musicais especialmente selecionadas para as diversas cenas, que geraram a primeira padronização da música para o cinema, bem como as primeiras músicas compostas especialmente para os filmes.

O sucesso popular que significou o cinema desde o seu surgimento provocou um vertiginoso crescimento das companhias cinematográficas, de toda a indústria e da economia relacionada ao cinema, a exemplo da construção de grandes salas de exibição, que ficaram conhecidas como *movie palaces* ou *palácios do cinema*[2]. Se nas pequenas salas de exibição havia música provida por apenas um pianista ou pequenos grupos de instrumentistas, nos palácios do cinema havia o emprego de orquestras completas e, não raro, de órgãos de tubos especialmente construídos para produzir música e efeitos percussivos,

---

[2] Termo usado em referência às salas de exibição de filmes suntuosamente decoradas, construídas entre os anos 1910 e 1940, especialmente nos Estados Unidos e na Inglaterra. Para saber mais sobre os palácios do cinema, recomendamos o documentário *The Movie Palaces*, produzido pelo Instituto Smithsonian. (THE MOVIE Palaces. Direção: Lee R. Bobker. EUA, 1987.)

os denominados *theatre organs* ou órgãos de teatro³, comandados por um organista.

O uso extensivo do acompanhamento musical no cinema mudo deu origem, como comenta Costa (2004), à reaproximação das linguagens, com vários argumentos históricos, pragmáticos, psicológicos, antropológicos e estéticos. Essas categorias transformaram-se durante a experiência no cinema sonoro. Costa (2004) destaca o uso da música por D. W. Griffith (1875-1948) no filme *O nascimento de uma nação*. Griffith emprega, pioneiramente no cinema, temas musicais ligados a personagens ou situações específicas, o chamado *leitmotiv*⁴, tal como o compositor alemão Richard Wagner (1813-1883) utilizou, com sucesso, na ópera.

▶ **Filme 2**
O NASCIMENTO de uma nação. Direção: D. W. Griffith. EUA: Epoch Producing Co., 1915. 190 min.

---

3 Para conhecer mais sobre o uso dos órgãos no cinema mudo, assista ao documentário *Legendary Theatre Organists*. (LEGENDARY Theatre Organists. Direção: Ralph Sargent. EUA: Home Video, 1987.)

4 O termo se refere a um tema musical usado, sobretudo por Richard Wagner em suas óperas, para a identificação de uma personagem, um objeto ou uma ideia (Horta, 1985).

Figura 5.2 – Músicos tocando durante exibição de um filme em um cinema da década de 1920

Assim, durante o período do cinema mudo⁵, a dissociação entre as duas linguagens – do material fílmico e sonoro – ocorreu em razão da ausência de uma tecnologia capaz de sincronizar imagem e som, cabendo à música o papel de acompanhante das cenas, ou seja, de "fundo musical". Mesmo destinada a integrar-se funcionalmente ao cinema em posição hierarquicamente inferior à imagem, a música passou, desde então, a ser imprescindível. E a tão esperada tecnologia de sincronização de som e imagem só foi resolvida definitivamente em 1927.

---

5 No Brasil, o cinema mudo só chegou às principais capitais brasileiras no início da década de 1920, permanecendo até os anos 1930. Nessa década, surgiram as companhias cinematográficas brasileiras, incluindo a Cinédia, que contribuiu fortemente para a continuidade do cinema brasileiro.

5.1.3 Passagem para o cinema sonoro

Se as tecnologias de gravação e reprodução do som já eram muito posteriores às da imagem, ainda foram necessárias algumas décadas para que a qualidade do som do fonógrafo alcançasse um nível aceitável para uma audição que almejava "fidelidade" ao som original. Com o progressivo desenvolvimento do som gravado, agora em discos de 78 rpm[6], a indústria do cinema seguiu perseguindo a solução para o sincronismo do som. Foi apenas com a invenção do **vitafone** – aparelho que conectava um toca-discos ao projetor desenvolvido pela Western Electric com a participação em investimentos da Warner Bros. e cuja estreia aconteceu em 1926 – que ficou demonstrado tecnicamente o perfeito sincronismo entre imagem e som. Em 1927, estreou *O cantor de jazz* (*The jazz singer*), estrelado por Al Jolson, o primeiro filme falado de grande sucesso da história do cinema.

O relevante êxito que se seguiu para os filmes falados ou sonorizados que inauguraram uma nova era no cinema,

Figura 5.3 – Vitafone

Granger / Imageplus

▶ **Filme 3**
O CANTOR de jazz. Direção: Alan Crosland. EUA: Warner Bros. Pictures, 1927. 88 min.

---

6   O disco de 78 rotações ou 78 rpm (rotações por minuto) era uma chapa, em geral feita de ebonite, gravada em ambos os lados com um único sulco em espiral concêntrica no qual corria uma agulha de safira ou de diamante, da borda externa para o centro. Ao passo que os discos de 78 rpm eram relativamente fáceis de quebrar, o LP de 33 rpm e os discos de 45 rpm eram feitos de plástico de vinil, que é flexível e inquebrável em uso normal. Para saber mais, acesse: RECORD COLLECTORS GUILD. **About Vynil Records**. Disponível em: <http://www.recordcollectorsguild.org/modules.php?op=modload&name=sections&file=index&req=viewarticle&artid=44&page=1>. Acesso em: 13 mar. 2018.

Figura 5.4 – O disco do vitafone

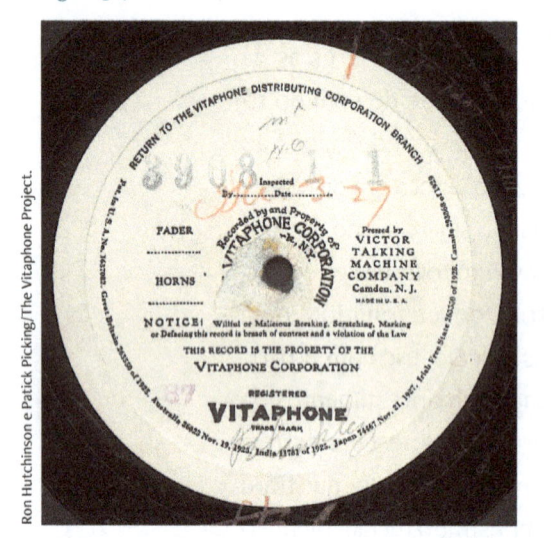

Figura 5.5 – Cartaz do primeiro filme falado de sucesso: *O cantor de jazz*, 1927

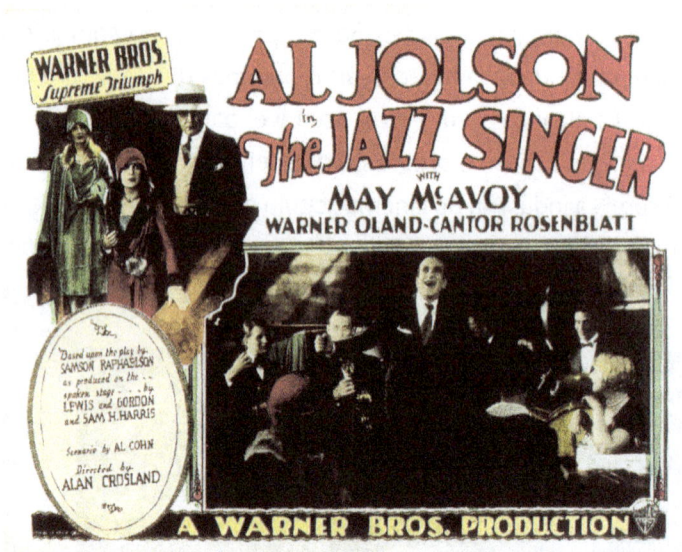

a exemplo do que ocorreu no início no cinema mudo, encontrou reação de realizadores que resistiram à inserção do som, um procedimento que abalou o equilíbrio estabelecido pelo desenvolvimento de uma linguagem cinematográfica durante o longo período do cinema mudo. Essa contradição se funda na consolidação das formas de recepção e, portanto, de expectativa e do decorrente desenvolvimento de um **modo de discurso**, de procedimentos técnicos de realização.

Uma das mais célebres estrelas do cinema mudo, Charles Chaplin, roteirista, diretor e astro de 90 filmes, como *O Garoto* (1921), *Em busca do ouro* (1925) e *O Circo* (1928), foi um dos realizadores que resistiu ao uso do som e criticou o cinema sonoro, notadamente em *Luzes da cidade*[7] (1931). Como comenta Edgar Morin (1989, p. 11),

> o cinema sonoro subverte o equilíbrio entre real e irreal estabelecido pelo cinema mudo. A verdade concreta dos ruídos, a precisão e as nuanças das palavras, se ainda estão em parte contrabalançadas pela magia das vozes, do canto e da música, como veremos, determinam também um clima realista. Daí, aliás, o desprezo dos cineastas pela nova invenção que, a seus olhos, tirava do filme o seu encanto.

A qualidade técnica da reprodução do som era baixa em relação à música ao vivo que havia caracterizado a exibição de filmes nas décadas anteriores, mas a boa receptividade do público garantiu a mudança para a era do filme falado. Chaplin adicionava música a seus filmes seguindo seus instintos artísticos, na União Soviética, Eisenstein, por sua vez, buscava sistematizar a pesquisa sobre a forma, relacionando as linguagens sonora e imagética.

5.2 Som e música no cinema

Como acabamos de demonstrar, a integração técnica do som sincronizado ao filme impactou profundamente a linguagem do cinema e implicou uma necessária revisão de conceitos fundadores da narrativa cinematográfica quanto ao sentido e à forma fílmica.

Embora ainda hoje sejam produzidos filmes em que música tem um papel secundário, de fundo, ainda que irrenunciável ao sentido do filme, o consenso entre realizadores e mesmo a legislação sobre o audiovisual no mundo hoje é a de que, para a produção de um audiovisual, sempre há três criadores, três detentores morais de direitos autorais: o roteirista, o diretor e o compositor da música. É a função da música proposta pelo

▶ **Filme 4**
O GAROTO. Direção: Charlie Chaplin. EUA: Warner Home Video, 1921. 68 min.

▶ **Filme 5**
EM BUSCA do ouro. Direção: Charlie Chaplin. EUA: Charlie Chaplin Film Corporation, 1925. 96 min.

▶ **Filme 6**
O CIRCO. Direção: Charlie Chaplin. EUA: United Artists, 1928. 72 min.

▶ **Filme 7**
LUZES da cidade. Direção: Charlie Chaplin. EUA: United Artists, 1931. 87 min.

diretor que pode ser colocada em segundo plano ou não, independentemente da questão da propriedade intelectual.

Considerando que o cinema, em sua constituição, tem como base a simultaneidade de duas linguagens, a visual e sonora, é sua dialogia que gera o eixo da sintaxe, ou seja, a produção de sentido, de nexo da narrativa. Se historicamente a música no cinema viveu fluxos e refluxos em relação à percepção de sua importância, ora orientando-se para um papel protagonista, ora deslocada para um plano secundário, no final da década de 1970 e início dos anos 1980, retomam-se os debates e estudos sobre a integração dos elementos visuais e sonoros na discussão da obra cinematográfica.

Como ficou imediatamente evidente para os primeiros espectadores do cinema, tanto a percepção quanto o sentido de um filme necessitam dos elementos sonoros para adquirir consistência e materialidade, e a discussão sobre essa relação parece não ter fim. Para Chion (2011, p. 31)[7], a relação entre imagem e som cria percepções diferenciadas: "O som faz ver a imagem de modo diferente ao que esta imagem mostra sem ele (audio-vision), a imagem, de sua parte, faz ouvir o som de modo distinto a que este ressoaria na obscuridade (vision-audition)".

Logo, em uma **diegese**, todo o espaço criado pelo som na narrativa é tão importante quanto o proposto pela imagem e, portanto, no confronto entre imagem e som se cria o espaço diegético de um filme. O espaço (diegético, portanto narrativo) construído pelo som – vozes, ruídos, som ambiente, músicas e até mesmo silêncios – constitui um discurso simultâneo que confere elementos de significação ao espaço proposto na imagem fílmica. Chion, a exemplo de Eisenstein, evidentemente questionou o uso limitado do som como elemento subordinado à imagem, destinado unicamente a fortalecer, pela duplicação, os significados manifestos pela imagem.

A apreensão do material fílmico pelo espectador opera-se sempre em dois níveis: o **diegético** e o **não diegético**. A música diegética, que pode ser representada pela presença de músicos em ação na cena ou pelo som de um rádio que está no enquadramento da cena, produz significado explícito na narrativa, que está demonstrada nas imagens. A música não diegética, que é ouvida pelo espectador,

---

7   Ver Capítulo 2, Seção "Música-vídeo".

mas não pelas personagens em cena, produz um significado implícito associado à narrativa. A música é, também, o único elemento sonoro de um filme que não apenas pode estar presente nas duas formas narrativas, mas também opera de forma conectiva entre essas fronteiras.

Em "A dimensão sonora na apreensão do espaço fílmico", Moraes (2015, p. 87) cita uma cena do filme brasileiro *O som ao Redor* (2012) de Kleber Mendonça Filho, na qual "acompanhamos um casal que visita um cinema abandonado; na imagem vemos apenas mato e ruínas, mas uma trilha sonora insinua um filme de terror e nos leva a acessar [imaginativamente] um espaço não visto". O uso do som como indutor de imagens no espaço diegético já está presente no início do filme, quando um conjunto de elementos sonoros e música soam com a tela ainda preta.

▶ **Filme 8**
O SOM ao redor. Direção: Kleber Mendonça Filho. Brasil: Vitrine Filmes, 2012. 131 min.

No filme *Aquarius* (2016), também de Kleber Mendonça Filho, é empregada a música em duas dimensões: a diegética, que está presente na realidade ficcional da personagem Clara, vivida pela atriz Sonia Braga (por exemplo: quando Clara coloca para tocar seus velhos discos de vinil, somos remetidos à dimensão imaginativa da personagem); e, menos presente, a música não diegética, que está presente unicamente para o espectador.

▶ **Filme 9**
AQUARIUS. Direção: Kleber Mendonça Filho. Brasil: Vitrine Filmes, 2016. 145 min.

Neumeyer (2015, p. 7, tradução nossa) adverte que, no cinema, "os significados implícitos vão além do significado explícito, vão ao nível abstrato do que é dito, no qual o significado sintomático assume uma instância crítica" por parte do espectador.

5.2.1 Música no cinema clássico

A chamada *indústria do cinema clássico*, identificada com a produção de Hollywood desde as primeiras décadas do século XX, é responsável pela distribuição comercial do maior número de títulos no mundo. Seu domínio absoluto em relação ao mercado mundial de filmes consolidou os modelos de uso da música no cinema como estéticas padronizadas, que, por sua vez, respondem à expectância do espectador: ouvimos música no cinema da forma que estamos acostumados.

> ### Indicações culturais
> Para saber mais sobre a indústria do cinema de Hollywood, recomendamos o livro *A fantástica fábrica de filmes*.
>
> GARCIA, A. C. **A fantástica fábrica de filmes**: como Hollywood se tornou a capital mundial do cinema. Rio de Janeiro: Senac Rio, 2011.

Em razão da distribuição massiva, sua influência tornou-se tão dominante que outros procedimentos técnicos são percebidos como **alternativos** a um modelo que é **vigente**, determinante. Apesar do refinamento tecnológico característico da indústria cultural em geral, nas convenções do uso da música no cinema clássico, o áudio e a música como elementos narrativos concorrem para uma representação naturalista para simular uma **ilusão** de realidade. Carvalho (2007, p. 2), ao discutir o modelo de uso da música em Hollywood, destaca como esta opera na condição de "suporte" emocional à cena, ou seja, de forma a não ser percebida:

> A linguagem sonora no cinema clássico, desde o modelo de Griffith até os seus subprodutos contemporâneos, é elaborada por meio do sincronismo da imagem visual e dos sons. O que consolidou para a dimensão sonora uma espécie de discurso da neutralidade, uma maneira de colocar a trilha sonora como uma faceta técnica complementar na confecção do controle da narrativa e de sua recepção. Assim, o fenômeno sonoro no cinema passou a ser predominantemente utilizado de forma a se tornar imperceptível ao espectador.

Assim, esse cinema que trata o material sonoro como acompanhamento visual é alçado à condição de modelo dominante, ao passo que as muitas outras formas acabam invisíveis para o mercado, desconhecidas, pouco usadas e mesmo inacessíveis.

Após Griffith, o cinema de Hollywood sofreu forte influência do compositor Max Steiner (1888-1971), que compôs a música de filmes clássicos como *Casablanca* (1942), *E o vento levou* (*Gone with the Wind*, 1939) e *King Kong* (1933), usando prodigamente os procedimentos da ópera wagneriana: uso de grande formação orquestral e, tal como Griffith, de elementos significativos[8]. Baptista e Freire (2006, p. 746) citam Gorbman ao falar desse uso:

> essa música "explica, sublinha, imita, enfatiza ações narrativas e climas sempre onde é possível; ela veste o coração do espectador em sua luva e contribui para a definição de um universo dramático, cuja moralidade transcendental deve ser a da emoção" (Gorbman, 1987, p. 7). Em linhas gerais, a autora propõe, a partir principalmente da obra de Steiner – não estabelecendo seu trabalho como um paradigma, mas por sua volumosa presença e influência no período do cinema clássico –, o que seriam os princípios básicos de composição, mixagem e edição da música do filme de narrativa clássica, mais como um campo discursivo do que como um sistema monolítico com regras invioláveis.

Baseando-se em sua análise da obra de Max Steiner e tomando-a como modelo, Gorbman (1987) enumera sete modos de uso de música no cinema clássico:

Quadro 5.1 – Sete modos de uso de música no cinema clássico

1. Invisibilidade	O aparato técnico da música não diegética não deve ser visível.
2. Inaudibilidade	A música deve ser subordinada aos veículos primários da narrativa, como diálogos ou imagem. Ela não deve ser ouvida conscientemente.

(continua)

---

8   A cena final de *King Kong* demonstra com clareza a forma como Steiner aplicou esses princípios: o uso de notas ascendentes na música como metáfora da subida do gorila no prédio do Empire State; e o sincronismo rítmico com a edição e o corte das imagens, na função de marcação narrativa conotativa.

▶ **Filme 10**
CASABLANCA. Direção: Michael Curtiz. EUA: Warner Bros., 1942. 102 min.

▶ **Filme 11**
E O VENTO levou. Direção: Victor Fleming. EUA: Warner Bros., 1939. 221 min.

▶ **Filme 12**
KING KONG. Direção: Merian C. Cooper; Ernest B. Schoedsack. EUA: Warner Home Video, 1933. 100 min.

(Quadro 5.1 – conclusão)

3. Significante de emoção	A música de filmes pode determinar climas específicos e enfatizar emoções particulares sugeridas na narrativa, mas é, em primeiro lugar, um significante específico da emoção.
4. Marcação narrativa	**Referencial**: a música proporciona marcações referenciais e narrativas, por exemplo, indicando pontos de vista, proporcionando delimitações formais e estabelecendo locações e personagens. **Conotativa**: a música "interpreta" e "ilustra" eventos narrativos.
5. Continuidade	A música proporciona continuidade rítmica e formal entre tomadas, em transições entre cenas, preenchendo "vazios".
6. Unidade	Por meio de repetição e variação do material musical e da instrumentação, a música pode ajudar na construção da unidade narrativa e formal.
7. Violação	Uma partitura de música para um filme pode violar quaisquer princípios aqui citados, considerando que a violação está a serviço de outros princípios.

Fonte: Elaborado com base em Gorbman, 1987 citada por Baptista; Freire 2006.

5.2.2 Música no cinema hollywoodiano pós-clássico e filmes *high concept*[9]

Para entender o uso da música no cinema hollywoodiano do pós-guerra até os dias de hoje, é preciso considerar a profunda transformação estrutural e econômica ocorrida na indústria do cinema norte-americano, da qual toda a lógica de criação, produção e distribuição foi derivada. Nos dias de

---

[9] Conceito originado do cinema norte-americano nos anos 1970, refere-se às qualidades comerciais de um roteiro para um filme. No livro *Looking past the screen: case studies in american film history and method,* Lewis e Smooding (2007, p. 68, tradução nossa) reproduzem as palavras de Steven Spielberg: "Eu gosto de ideias, especialmente ideias de filmes, que você pode segurar em sua mão. Se uma pessoa pode me dizer a ideia em vinte e cinco palavras ou menos, vai fazer um bom filme". O comentário de Spielberg encarna a essência do filme *high concept*, que pode ser condensado em uma frase simples que inspira campanhas de *marketing*, atrai audiências e separa o sucesso do fracasso na bilheteria.

hoje, o modelo de distribuição encontra-se inteiramente articulado com outras mídias. É indispensável, portanto, que se considerem todas as manifestações estéticas e comunicativas à luz da nova paisagem da indústria de entretenimento e a sua integração horizontal ou econômica.

Nos anos 1960, a revolução dos padrões de comportamento, de vestuário e a explosão da música *pop,* iconizada no sucesso mundial dos Beatles, entre outros artistas[10], influenciou diretamente o uso da *canção-tema* na trilha sonora dos filmes, além de incorporar, aos roteiros, questões sociais centradas na vida da juventude.

Integrando as listas de filmes de grande sucesso de bilheteria, *Perdidos na noite* (1969) reproduziu, com as canções integrantes da trilha sonora original, o mesmo sucesso comercial do filme, com destaque para a canção "Everybody's Talkin'", de Fred Niel. O mesmo havia ocorrido com o filme *A primeira noite de um homem* (1967), com várias canções da dupla Simon & Garfunkel, como "The Sound of Silence" e "Scarborough Fair", alcançando as paradas de sucesso nas rádios, e com a canção "Born to be Wild", da banda de *hard rock* Steppenwolf na trilha sonora de *Sem Destino* (1969). Como comenta Kramer (citado por Mascarello, 2006, p. 346), "o período 1967-1975 foi visto como um breve e excepcional período na história do cinema americano, em que foi comercialmente viável a realização de um cinema progressista, competindo com ciclos conservadores de filmes".

O uso da canção-tema no cinema implica uma fruição diferenciada da **música incidental** ou música de fundo e, portanto, dificuldades próprias para evitar o desvio de atenção do espectador em relação à narrativa. A canção pode funcionar como ruptura, e não como condutora da narrativa. Como explica Carrasco (1993, p. 158):

▶ **Filme 13**
PERDIDOS na noite. Direção: John Schlesinger. EUA: United Artists, 1969. 113 min.

▶ **Filme 14**
A PRIMEIRA noite de um homem. Direção: Mike Nichols. EUA: United Artists, 1967. 105 min.

▶ **Filme 15**
SEM destino. Direção: Dennis Hopper. EUA: Columbia Pictures, 94 min.

---

10   O *rock* e o *pop* eram representados pelas bandas inglesas Beatles e Rolling Stones e por Bob Dylan, entre muitos outros grandes nomes do cenário *pop*. No período, surgiram os grandes festivais de *rock*, como o realizado em Woodstock, em 1969.

> Quando a canção está inserida na ação do filme, como sonoridade de caráter naturalista, esse problema se torna bem menos preocupante. O fato da canção estar justificada na ação diminui o seu caráter de intervenção épica e permite que ela ocupe o quanto necessite da atenção do espectador para que atinja o seu objetivo dramático.

Segundo Mascarello (2006), esse ciclo se encerrou coincidentemente ao marco principal do período dos *blockbusters*[11] *high concept*, o lançamento de *Tubarão* (1975), seguido de *Guerra nas Estrelas* (1977), cuja música original foi composta por John Williams (1932). O tema musical principal de *Tubarão* é utilizado como *leitmotiv*, (conforme a tradição wagneriana utilizada por Steiner nos anos 1930) e produz para o espectador a representação da presença do tubarão sem que ele esteja em cena; ao ouvir o tema, o espectador é alertado da presença do animal.

▶ **Filme 16**
TUBARÃO. Direção: Steven Spielberg. EUA: Universal Pictures, 1975. 124 min.

▶ **Filme 17**
GUERRA nas estrelas. Direção: George Lucas. EUA: 20th Century Fox, 1977. 121 min.

> a produção *mainstream* [...], começando em 1975, decreta o esvaziamento do ciclo do "cinema de arte americano": o *blockbuster* à Lucas e Spielberg. Essa produção pós-1975 se define pelo abandono progressivo da pujança narrativa típica do filme hollywoodiano até meados de 1960, e também por assumir a posição de carro-chefe absoluto de uma indústria fortemente integrada, daí em diante, à cadeia maior da produção e do consumo midiáticos [...]. (Mascarello, 2006, p. 336)

Comentando os efeitos dessa conjuntura industrial sobre a estética dos filmes, Mascarello (2006) alerta que é caracterizada por um trabalho de **espetacularização** ou estilização que excede os requisitos da narrativa. Esse processo de mudança resultou,

---

11 "**Blockbuster** é uma palavra de origem inglesa que indica um **filme** (ou outra expressão artística) produzido de **forma exímia**, sendo **popular para muitas pessoas** e que pode obter **elevado sucesso financeiro**" (Blockbuster, 2018, grifo do original).

evidentemente, em câmbios estéticos nos filmes, assim como os novos formatos de exibição e consumo introduzidos atuam sobre a relação com o público.

A tipologia de usos da música no cinema proposta por Gorbman (1987) segue válida, considerando a retomada, a partir de 1975, do uso da música na tradição do cinema hollywoodiano clássico.

5.3 Som e música na TV

Vamos agora abordar, conceitualmente, o som e a música na televisão. Não se trata de uma música esteticamente diferente, mas análoga à que se acostuma ouvir em *performances* (concertos, *shows*) ou em cenas de filmes nas quais a música funciona como marcação ou intensificação dramática. A música vem sendo prodigamente utilizada na televisão, como uma atração em si ou como parte de todos os tipos de programas. Todavia, no processo de composição da música para televisão, o escopo e a forma conduzem com frequência a um uso muito diferente. Assim, o que podemos dizer sobre o uso específico do som e da música na televisão refere-se aos formatos (de tempo) que a programação impõe à sua finalidade e à regência dirigida ao telespectador[12]. Davis (1999, p. 165, tradução nossa), comenta que:

> Na TV, os prazos de produção são curtos, o orçamento é muito menor. Há os *breaks*[13] de comercial para considerar, e o visual e o ambiente de um programa são muito diferentes. [...] há as séries, os filmes para TV, programas de esporte, jornalismo, documentários, revistas e novelas diárias; os programas utilizam uma larga paleta de estilos diferentes.

Justamente em razão da natureza da comunicação audiovisual utilizada na programação, a música na televisão pode desenvolver "gêneros" específicos, que têm por objetivo intensificar, induzir ritmo à

---

12 As TVs utilizam "sinais" musicais para alertar o telespectador do início de um programa. Um dos mais conhecidos exemplos é o "plim-plim" da Rede Globo, conhecido há décadas.

13 Do inglês *break*, também usado no jargão televisivo no Brasil, refere-se à interrupção da programação, dividida em "blocos" entre os quais são inseridos os filmes comerciais.

narrativa comunicacional e emprestar a dramaticidade necessária a cada programa, estando presente desde o início de suas atividades no Brasil.

A televisão é a mídia que mais alcança a população brasileira: segundo o censo do IBGE de 2012, 95% dos lares brasileiros tinham o aparelho e, em 2014, eram 97,1% (Villela, 2016).

O primeiro programa transmitido pela TV Tupi Difusora de São Paulo, do grupo Diários Associados, em 1951, já incluía números musicais no "TV na Taba" (Amorim, 2007), com a participação de cantores como Hebe Camargo e Ivon Curi, entre outros.

O desenvolvimento do que seria a televisão no Brasil teve como ponto de partida a bem-sucedida experiência comunicacional do rádio. A Rádio Nacional foi, por cerca de 15 anos, a mais importante emissora de rádio da América Latina. Segundo Jambeiro (2001, p. 46-47), esse modelo de comunicação se caracterizava

> Por um estilo dinâmico e eclético de programação, dirigido para audiências as mais amplas possíveis, tudo com base em anúncios de produtos de largo consumo. Isto exigiu a montagem de orquestras e bandas regionais, e a contratação de atores, cantores, locutores, humoristas, programadores e produtores criativos. As principais emissoras brasileiras fizeram isso.

Assim, os primeiros programas da TV brasileira tiveram como referência emissoras de rádio como a Nacional, e o trabalho consistiu, naqueles primeiros anos, na transposição direta de modelos de sucesso no rádio, como os programas de auditório, apresentando principalmente música popular e agora a imagem de seus intérpretes. Comenta Amorim (2007, p. 8):

> Esse processo de transposição direta da programação para a televisão resultou em destaque para o gênero musical, muito utilizado nessa época, e que era produzido com a participação de cantores e músicos conhecidos do público, desde formatos mais simples até pretensiosas produções no estilo dos musicais cinematográficos norte-americanos, guardadas as devidas proporções financeiras.

Como um capítulo à parte na história da televisão brasileira, nos anos 1960, a música popular brasileira teve grande impulso criativo e grande renovação artística patrocinados pela televisão. Foi a época dos grandes festivais de música popular, iniciados na TV Record com a I Festa da Música Popular Brasileira em 1960, mas o chamado *grande ciclo histórico dos festivais*, nascido na TV Excelsior e consolidado nas TVs Record e Globo, ocorreu entre 1965 e 1972 (Mello, 2003). A partir de 1975, houve uma retomada dos investimentos em grandes espetáculos musicais, mas as tentativas de retomar os festivais fracassaram com o Festival da Música Brasileira de 2000, da Rede Globo.

As emissoras de TV brasileira são predominantemente empresas privadas, e as TVs públicas cumprem historicamente um papel secundário e de relativa baixa audiência. É a condição de empresa privada que estrutura os eixos da programação em entretenimento, informação e publicidade. É nesses três eixos que a música precisa estar funcionalmente presente, produzida para atender às suas particularidades.

5.3.1 Funções da música na programação das TVs

Quanto ao primeiro eixo de programação, o **entretenimento**, vamos citar a telenovela como o programa que ocupa um papel protagonista, o de maior audiência, e que está presente diariamente em vários horários. A telenovela brasileira tem origem no teleteatro dos primórdios da televisão, que eram transposições da programação do rádio para a televisão. Se no início tratava-se apenas de peças encenadas para serem transmitidas, estilo, temática, linguagem das tramas e técnicas próprias logo se desenvolveriam, reservando um lugar importante para a música na teledramaturgia.

Para a ambientação da trama, são utilizadas canções-tema (música de autores nacionais ou internacionais) relacionadas a personagens e a chamada *música incidental* [14] ou *background* (música de fundo). O drama naturalista que caracteriza a teledramaturgia brasileira necessita de produção de música adequada para o suporte "emocional" das cenas, que guarda relação com a tradição do filme hollywoodiano

---

[14] "A música incidental, também chamada de música de cena ou de fundo, consiste em uma obra musical escrita exclusivamente para acompanhar uma peça de teatro, um filme, videogames e até programas de rádio e televisão" (Caderno..., 2015).

clássico, já discutido anteriormente. Todavia, a prática levou à conformidade de quatro gêneros de sentimentos humanos que objetivam "pontuar" ou dar relevo à cena: romântico, tenso, alegre e triste.

Como a telenovela é uma obra aberta, o compositor, durante o período de pré-produção da obra, compõe os temas para as diversas situações previstas para as personagens principais e, durante a exibição, são criadas músicas complementares.

As minisséries, por sua vez, são versões de exposição limitada da dramaturgia, geralmente caracterizadas por acabamento mais esmerado de produção e de música, exibidas à noite, em horários mais avançados. Apesar do maior custo de produção, as minisséries geram prestígio para a emissora e altos índices de audiência.

Todos os programas exibidos na televisão usam uma música de abertura com características específicas, com a função de alertar o telespectador que não estiver à frente do aparelho a respeito do início do programa, desde os programas de variedades, que incluem comédias, *shows* e musicais em geral, aos de esportes, presentes na programação das emissoras desde o surgimento da televisão, incluindo as novelas e minisséries. Davis (1999, p. 169) comenta a necessidade de haver um "gancho" na música de abertura. Segundo ele, a música utilizada precisa ser mais curta, entre 45 e 90 segundos e precisa criar um "gancho" para o telespectador, termo popular que se refere ao momento mais memorável de uma música ou canção, caracterizado por soar forte, ritmicamente incisivo.

No segundo eixo de programação, a informação é provida por programas de telejornalismo e programas de interesse público. Os noticiários são constituídos de notícias do dia, de interesse geral ou de esportes, ou coberturas especiais; programas de interesse público tomam a forma de entrevistas, painéis de discussão e documentários. A música para telejornalismo ou traz particularidades que constituem um gênero musical especial: com temas de abertura e vinhetas[15] jornalísticas compostas de temas de curta duração com emprego de instrumentos de som forte ou encorpado, com um ritmo rápido

---

15 Música de curta duração, de 3 a 15 segundos, que se insere entre os pequenos formatos da televisão; é utilizada para passagens ou para alertar o telespectador do reinício de um programa.

e constante, baseado na ideia do som repetitivo de um telégrafo, o gênero busca enunciar o início de um noticiário e criar expectativa e urgência no telespectador.

A publicidade, por fim, consiste em um eixo substancial da programação. Na televisão comercial brasileira, a publicidade é inserida nos *breaks* entre os blocos do programa exibido e pode ser classificada em quatro categorias, de acordo com as áreas de cobertura: local, regional, nacional e rede. A música para comercial também obedece a formatos fixos: no Brasil, são empregados os formatos de 15, 30, 60 e, mais raramente, 90 segundos, podendo até chegar a dois minutos. É uma música que não apenas ambienta a emoção do filme, mas busca representar e associar o produto ao conceito publicitário do que está sendo vendido.

De forma geral, na criação de música para audiovisual, o diretor artístico é a personagem criativa determinante. Usualmente, o diretor do filme (novela, minissérie, documentário, publicidade) contrata o compositor e indica a direção criativa. Esse processo é denominado *briefing*[16] e é constituído por descrições subjetivas de como o diretor imagina a música a ser composta. Zager (2003, p. 14, tradução nossa) comenta sobre a música para comerciais:

> O redator, o diretor de arte e os produtores são as forças criativas. Música para comerciais é música por comitê. O compositor está, usualmente, trabalhando com uma equipe criativa em que o diretor do filme publicitário, o diretor de criação da agência e o cliente precisam aprovar a música final. O que, não raro, cria problemas entre diferentes concepções de tipos de música que a equipe criativa acredita que acompanharão melhor o restante do projeto.

A maioria dos diretores ou editores pode também inserir uma música temporária no filme durante a edição. Essa música, já existente, que pode ter sido extraída de CDs ou de trilhas de outros filmes, é conhecida como *temp score*[17]. A utilidade de um *temp score* para o diretor e o produtor é indicar ao

---

16   *Briefing* ("instruções", em tradução literal): ato de dar informações e instruções concisas e objetivas sobre tarefa a ser executada.
17   Música temporária, a ser substituída pela música originalmente produzida para o filme.

compositor o mais concretamente possível o sentido do tipo de música que vai funcionar com o filme. Ao compositor é, então, dado o filme com a pontuação feita por *temp*, para que ele possa se referir a ele durante a composição. Esse procedimento é cada vez mais adotado também no cinema.

De forma concisa, vimos como a música na televisão vem cumprindo um papel fundamental como integrante do conjunto audiovisual da comunicação televisiva, presente todo o tempo na programação, seja como protagonista, seja na condição de música funcional, para todos os propósitos comunicativos.

5.4 Som, música e imagem na internet

> *A internet é o espelho caótico do agora: são informações em constante desequilíbrio e transformação. Os arquivos digitais de música se disseminam nesse espaço virtual ao sabor dos desejos, das necessidades e das vontades.*
>
> Santini

Para a música, a internet é uma mídia que guarda características únicas em comparação às outras mídias, nas quais a música, sincronizada ou não à imagem, é transmitida como comunicação pública. Na internet, estão disponíveis para acesso e comercialização os mesmos formatos de uso da transmissão radiofônica, da televisão e do cinema. O que transforma as relações de escuta e fruição de som e imagem nessa mídia são os modos de uso atuais e a capilaridade de relações entre usuários e fornecedores de conteúdo, as relações diretas entre estes, em sua maioria atuando em ambos os papéis. As mudanças promovidas pela tecnologia impulsionaram mudanças de comportamento, de consumo e, portanto, de paradigma na economia de inúmeros setores da indústria, notadamente da comunicação e da cultura.

Disponível para uso público há cerca de 25 anos, a internet permitiu e acelerou a criação de novas formas de interações humanas e o comércio *on-line*. A comercialização de sua tecnologia na década de 1990 resultou na rápida divulgação e na incorporação da rede internacional em praticamente todos os aspectos da vida humana moderna, constituindo-se em uma das mais importantes ferramentas de comunicação global. Em poucos setores o impacto transformador da internet tem sido tão profundo quanto para a música, e consequentemente, para a indústria fonográfica.

Castro (2005, p. 3) comenta que o desenvolvimento tecnológico e o barateamento do acesso ao equipamento digital e à conexão "favorece a instauração de significativas novas práticas e experimentações no contexto que se convencionou chamar de cibercultura[18]" e acrescenta que

> A crescente pregnância do ciberespaço no quotidiano de parcelas significativas das populações, especialmente nos centros urbanos, evidencia a relevância dos estudos da cibercultura. Sabendo ser o ciberespaço o cenário instável, imprevisível e rico em experimentações, cabe ressaltar a decisiva importância da apropriação social de tecnologias nascentes na própria constituição de novas esferas das vidas pública e privada. (Castro, 2005, p. 13)

A consolidação dessas práticas inaugurou uma **sociedade da informação** que está atuante em quase todas as esferas da vida social e que permite entender que as pessoas, ao se apropriarem da tecnologia, estão desenvolvendo comportamentos e hábitos culturais que impactam a conformação dos gostos e, por consequência, dos mercados culturais.

As possibilidades comunicacionais disponibilizadas permitem o acesso a arquivos digitais de texto, áudio e vídeo em qualquer local no mundo. É possível articular e distribuir, por meio da rede, o conteúdo gerado pelos próprios usuários, estimulando a interatividade entre eles mesmos. Essa forma de comunicação **descentralizadora** passa a contestar a validade das formas tradicionais de comunicação lineares que compreendiam o fluxo de informação partindo de um emissor em direção a muitos receptores; a rede passa a se caracterizar por uma descentralização da comunicação, criando uma trama reticular em que muitos comunicam para muitos (Castro, 2005).

---

18 Cibercultura "É o conjunto de técnicas (materiais e intelectuais), de práticas, de atitudes, de modos de pensamento e de valores que se desenvolvem juntamente com o crescimento do ciberespaço". Segundo o mesmo autor, ciberespaço é "o novo meio de comunicação que surge da interconexão mundial dos computadores" (Lévy, 1999, p. 17).

5.4.1 Invenção do MP3 e *download*[19] gratuito

O MP3 (*MPEG-1/2 Audio Layer 3*) foi inventado em 1989 pelo pesquisador alemão Karlheinz Brandenburg do Instituto Fraunhofer (Kiesel, 2015). A compressão de áudio do MP3 consiste em retirar do arquivo de áudio tudo aquilo que o ouvido humano normalmente não conseguiria perceber, com o objetivo de reduzir o tamanho do arquivo final, permitindo seu fácil e rápido compartilhamento pela internet. Sua *itrate* (taxa de bits) é da ordem de kbps (*quilobits* por segundo), sendo 128 kbps a taxa-padrão, na qual a redução do tamanho do arquivo é de cerca de 90%, ou seja, o tamanho do arquivo passa a ser 1/10 do tamanho original.

As tecnologias do MP3 e de outros programas de compressão de áudio e vídeo foram incorporadas a pequenos programas de conversão distribuídos gratuitamente na rede e permitiram a cópia e o compartilhamento de arquivos de audiovisuais sem limites. Em um período em que ainda não havia marcos legais de utilização da internet na legislação da maioria dos países, durante mais de uma década, o que se verificou foi uma queda vertiginosa nas vendas de música gravada, capaz de provocar uma crise na indústria fonográfica sem precedentes.

Wünsch (2008), comenta que, até o final da década de 1990, permaneciam relativamente inalterados os volumes de vendas da indústria fonográfica; foi quando o estudante americano Shaw Fanning, então com 19 anos, desenvolveu o Napster:

> uma ferramenta de busca de formatos digitais sonoros que reunia usuários com o intuito de troca de arquivos. [...] o surgimento deste software iniciaria a maior crise já sofrida pelas gravadoras desde o início do século.
>
> A partir da popularização da música digital na internet, a indústria da música viu-se diante de uma nova tecnologia que não havia sido criada por esta, e que iniciou uma nova era da música, na qual a livre distribuição começou a ameaçar a hegemonia das gravadoras, provocando uma conjuntura perigosa para a sobrevivência das empresas responsáveis pela divulgação de músicas. Essa alteração

---

19 *Download*: ato de fazer cópia de um arquivo (no caso, uma música) de informação digital, gerando um novo arquivo.

> na forma de relacionamento entre autor e a sociedade foi justamente um dos maiores fenômenos populares na história da música: o formato digital proporcionou, de fato, uma série de mudanças no âmbito de distribuição e produção das músicas. (Wünsch, 2008)

A troca massiva de arquivos de música na rede criou no ciberespaço uma cultura de que não era preciso mais pagar para ouvir música[20] e de que os direitos autorais eram um estorvo à liberdade da rede. Durante algum tempo, *direito autoral* pareceu ser um conceito que, tudo indicava, estaria em extinção. Considerada pirataria, essa forma de acesso tem sido combatida com maior e menor sucesso pela indústria fonográfica por meio da judicialização[21], de campanhas de conscientização em outras mídias e da criação de serviços pagos a custo competitivo com os serviços "piratas", o serviço de *download*[22] pago e o de *streaming*[23], o que nos permite entender que a indústria musical – aliás, a indústria cultural em geral – passou a considerar o *business* da música não mais um produto a ser vendido, mas **informação** e **serviço**.

Hoje a regulação do uso da internet já é uma realidade em muitos países, inclusive no Brasil, com a vigência da Lei 12.965, de 23 de abril de 2014 (Brasil, 2014), que trata de temas como neutralidade da

---

20 "De acordo com dados da indústria, estima-se que a cada dia são trocados pela internet 150 milhões de arquivos de música e que já temos cerca de um bilhão de arquivos de música circulando na rede, com tendência a um aumento constante deste número nos próximos anos. Há pelo menos dois fatores que jogam a seu favor: por um lado, a facilidade de seleção e acesso a temas específicos que nos interessam e, por outro lado, a gratuidade quase total que até agora tem caracterizado a aquisição de música por meios diferentes, mais ou menos impunemente, oferecidos aos usuários da internet" (Vicente, 2004, tradução nossa).

21 "O Napster (entre muitos outros serviços semelhantes) enfrentou sérios problemas judiciais e acabou encerrando suas atividades em 2001, porém, deixando como legado vários outros softwares de compartilhamento de música, o que, juntamente com o fechamento de várias gravadoras e lojas de CDs, indicou o início de uma mudança no modelo de distribuição de músicas" (Paiva, 2018).

22 Como ferramenta de combate ao *download* gratuito (pirata), as companhias passaram a oferecer serviços de *download* pago a preços competitivos, como iTunes da Apple, entre muitos outros.

23 Tecnologia que envia informações multimídia, por meio da transferência de dados, utilizando redes de computadores, especialmente a internet. Um grande exemplo de *streaming*, é o *site* YouTube, que utiliza essa tecnologia para transmitir vídeos em tempo real (Streaming, 2017). No *streaming*, a cópia do arquivo não é fixada, e o arquivo enviado é apagado ao final da transmissão. É um tipo de difusão que se assemelha à radiofônica ou televisiva.

rede e privacidade e regulamenta a retenção de dados, buscando garantir, especialmente, a liberdade de expressão e a transmissão de conhecimento.

5.4.2 Usos da música e da imagem na internet

Outra importante característica dos usos e formas de fruição na internet não foi determinada pela ferramenta para seu uso, mas pelo uso feito da ferramenta: a brevidade da atenção que o usuário dispõe. Como comenta Zygmunt Bauman (2013, p. 18) acerca das sociedades pós-industriais e de consumo:

> a cultura, em comum com o resto do mundo por eles vivenciado, se manifesta como arsenal de artigos destinados ao consumo, todos competindo pela atenção, insustentavelmente passageira e distraída, dos potenciais clientes, todos tentando prender essa atenção por um período maior que a duração de uma piscadela.

Essa forma de fruição, que acaba por determinar toda a comunicação nas redes em formatos breves, na publicação de textos concisos, também ocorre quando nos referimos ao acesso a arquivos de audiovisual: essa prática participa diretamente na configuração de novos esquemas perceptivos e na constituição de subjetividades dos usuários. É preciso que imagem e música capturem a atenção do espectador em poucos segundos.

Ao que tudo indica, a chamada *convergência tecnológica* deve conduzir à concentração de conteúdos audiovisuais para as redes, condicionando a criação e a produção desses conteúdos em formatos adequados aos modos de uso. Assim, não é difícil identificar como os modos da comunicação na internet estão produzindo transformações estruturais no discurso artístico.

A indústria da música *pop* considera seriamente como serão os lançamentos e as vendas com base no acesso alcançado com a internet. Observamos, seguindo a reflexão de Bauman (2013), que, no repertório de *hits* da música *pop* internacional, as introduções e os temas têm sua duração reduzida, antecipando o surgimento do refrão – a parte mais memorável da canção –, que, em média, não costuma tardar muito mais que 40 segundos. Esse formato pode se alterar quando as imagens dos videoclipes incorporaram narrativas fílmicas às canções, retardando seu início. No caso de artistas da indústria cultural, o interesse é garantido, e os acessos alcançam a casa das centenas de milhões de visualizações.

Com a disponibilidade quase infinita de acesso a conteúdo musical em todos os segmentos, as ferramentas que têm se estabelecido como mediadoras de consumo e orientadoras na rede são os chamados *Sistemas de Recomendação* (SRs)[24]. Esses sistemas são grandes plataformas interativas nas quais são exibidos e recomendados produtos culturais aos usuários de acordo com seus interesses e preferências – música, filmes, vídeos, livros, textos etc. (Santini, 2016) –, assumindo novas funções tanto na orientação da demanda por produtos culturais como na organização da oferta comercial e não comercial de bens simbólicos.

A internet, portanto, constitui-se como uma mídia que alterou globalmente os paradigmas da circulação de bens culturais, estabelecendo conexões entre produtores e consumidores de conteúdo, e seus modos de uso têm conformado o consumo desses bens como um fluxo de informação e serviços, consolidando novos formatos de conteúdo para o audiovisual.

5.5 Som, música e imagem na interatividade dos *games*

O *videogame* nasceu como uma mídia de entretenimento criada a partir da mediação tecnológica, cuja fruição guarda uma caraterística que a diferencia das outras mídias: a interatividade. Se até hoje são percebidos, no senso comum, como brinquedos para crianças e jovens, o gigante mercado da indústria dos *games* cresce a taxas tão superiores às de outros setores da economia do entretenimento que pode ter superado, em 2017, os 100 bilhões de dólares (Suzuki, 2015), o que vem impelindo seu desenvolvimento com contornos mais sérios, multiplicando títulos e aplicações. Os *games* hoje representam, de um lado, uma indústria em permanente expansão e, de outro, um impacto transformador na cultura,

---

[24] Alguns dos SRs mais acessados são YouTube, Last.Fm, iTunes, Amazon, Pandora, Netflix, Google Books, Yahoo Music, MyStrands etc.

capaz de delinear novas formas de fruição do audiovisual, mobilizando comunidades de jogadores no ciberespaço[25] no mundo inteiro.

Dando sequência à invenção do primeiro jogo eletrônico – *Spacewar!*[26] – em 1961, na década de 1970, os videogames começaram gradativamente a se popularizar e tiveram, na década de 1980, um período de notável aperfeiçoamento tecnológico e de narrativas na criação dos jogos, até se tornarem uma ferramenta de pensamento complexo rotineira entre os usuários, parte indispensável da cultura *pop*.

A qualidade da experiência do jogador está diretamente relacionada aos estímulos à **imersão** e à **interatividade**, características mais necessárias ao sucesso de um jogo. Cruz (2007) comenta que o desenvolvimento de roteiros em ambientes virtuais (as histórias para os jogos) é tema levantado por Janet H. Murray no livro *Hamlet on the Holodeck: The Future of Narrative in Cyberspace*, de 1997: "Para Murray, estamos vivendo o início de uma nova cultura, a cibercultura, proporcionada por computadores e videogames de avançada tecnologia capazes de proporcionar ambientes virtuais imersivos e sofisticados processos de interação" (Cruz, 2007, p. 3).

Tanto quanto a qualidade dos roteiros e das imagens, o som e a música são ferramentas capitais para potencializar essa imersão dos jogadores. Som e música sempre estiveram presentes nos *games*, mas o desenvolvimento técnico e a disponibilidade de equipamentos capazes de armazenar mais dados, aumentar a velocidade de processamento e armazenar maiores arquivos de áudio produziram transformações significativas em termos de quantidade e qualidade.

Assim, um *game* usa uma trilha sonora composta de músicas, efeitos, ambientação sonora, vozes e mesmo narração como recursos auxiliares à narrativa. Todavia, se a música e o som aproximam a forma de fruição dos *games* ao cinema (diegética e não diegética), ambientando a narrativa e potencializando a imersão do jogador, a implicação corporal promovida pela interatividade com o ambiente do jogo e a experiência em si (extradiegética) estabelecem a diferenciação significativa entre a fruição

---

25 Para Lévy (1999, p. 92), ciberespaço é "o espaço de comunicação aberto pela interconexão mundial dos computadores e das memórias dos computadores".

26 *Spacewar!* foi concebido em 1961 por Martin Graetz, Stephen Russell e Wayne Wiitanen. O *game* encontra-se em domínio público. Disponível em: <http://www.masswerk.at/spacewar/>. Acesso em: 13 mar. 2018.

dos *games* e as muitas outras formas de mídia, na qual o corpo físico é transcendido, para ser imerso no espaço narrativo (Collins, 2008).

5.5.1 *Game music*: importância e funções

Schäfer (2011, p. 112) chama a atenção para as funções da trilha sonora nos *games*: entre elas ambientar a cena, conferir emoção, promover a identificação do jogador com o *avatar*, dar sinais ao jogador e tornar a experiência do jogo mais interativa, imersiva e divertida. Murray, citado por Schäfer (2011, p. 112), define imersão como "a experiência de ser transportado para um lugar primorosamente simulado [...] independentemente do conteúdo da fantasia. Referimo-nos a essa experiência como imersão".

As narrativas presentes hoje nos *games* assemelham-se à tradição das narrativas cinematográficas – tornadas possíveis pelas ferramentas tecnológicas disponíveis – e são cada vez mais complexas e literárias, com esquemas de ação que buscam ser envolventes a ponto de induzir a imersão do jogador.

Meneguette (2018), no artigo "Dead Space: estudo de caso e reflexões sobre áudio dinâmico", aponta essa tendência de desenvolvimento na trilha sonora dos *games*, que se traduz em formas de produção dispendiosas, em escala cinematográfica.

> Uma história do áudio dos *videogames* mostraria que durante a década de 1990, além do uso emblemático dos sintetizadores e sequenciadores digitais – que conferiam sonoridade particular a muitos jogos –, iniciava-se uma era de produção de áudio com maior investimento, baseada na gravação da performance de instrumentistas profissionais. Nos anos 2000, é notável o fato de que vários dos títulos *mainstream* para a última geração de *videogames* buscaram alcançar qualidade cinematográfica nos espaços visual e sonoro, aplicando às imagens de alta resolução música gravada por grupos e orquestras. (Meneguette, 2018)

Assim, os jogadores têm disponíveis, em jogos interativos, roteiros de aventura com imagem de alta resolução, produzida com o rigor técnico que se espera do cinema. Notadamente, a mesma estética técnica se aplica à musical: as mesmas categorias musicais empregadas no cinema hollywoodiano clássico são adotadas no desenvolvimento dos *games* hoje.

5.5.2 Particularidades de escuta no *game*: o áudio dinâmico

Naturalmente, esses dois modelos midiáticos – cinema e *game* –, tão aproximados em suas linguagens, guardam particularidades que determinam, do ponto de vista da criação sonora, suas diferenças fundamentais. Como comenta Meneguette (2018): "um é linear/não participativo [a montagem da narrativa no cinema é pré-fixada pelo diretor/montador]; outro é participativo/não linear [a interatividade permite ao jogador tomar escolher alternativas para a sequência da narrativa]". Por isso, a interatividade implica mudança de montagem da narrativa, uma "imprevisibilidade" – entre aspas, já que essas probabilidades estão previstas – quanto aos caminhos escolhidos pelo jogador.

O projeto musical de um *game*, portanto, prevê a composição de música com características tanto independentes quanto interdependentes, que permitem que os trechos em execução sofram, a qualquer momento, rupturas para outro ambiente que apresenta uma nova trilha sonora. Assim, é necessário criar estruturas musicais para uso não linear, que se inserem em um conceito fundamental da sonorização de mídia interativa: o *áudio dinâmico* (Meneguette, 2018), que responde às mudanças de ambiente do jogo a partir da escolha do usuário.

Como já discutimos, a fruição de som e música no cinema se divide a partir do par diegético/não diegético. Maneguette (2018) alerta que "o áudio dinâmico complica essa divisão tradicional, uma vez que introduz a participação como elemento essencial de sua montagem", o que ocorre reiteradamente, por meio da interatividade do jogador. Assim, essa relação com o jogo inclui uma **intencionalidade operante** da consciência que é mais que evidente: o jogador, imerso na experiência interativa, busca imaginativamente habitar e participar da narrativa de que dispõe.

5.5.3 Desenvolvimento de novas estéticas e estilos musicais nos *games*

Schäfer (2011) descreve que, em razão das práticas de desenvolvimento dos jogos, que implicam crescentes experimentações, verificamos o desenvolvimento de novos gêneros musicais originados nas trilhas de *games* consagrados. Bandas que se especializaram em gêneros como *nintendocore* ou *nescore*, *tracker music* ou *MOD-scene*, *chiptune* ou *bitpop*, por exemplo, desenvolveram esses estilos a partir da sonoridade original dos *games* antigos, históricos, o que nos leva a considerar uma estética própria dos *games*.

Os *games* são, hoje, uma das mídias de maior alcance comercial no mundo, produzindo um gigantesco impacto econômico e cultural. A música nos jogos eletrônicos é ouvida repetidamente por longos períodos de tempo, o que potencializa sua atuação na memória e no inconsciente do jogador. O processo de mudança nos modelos de negócio das empresas de comunicação nas últimas décadas, com a maior disponibilidade de acesso à rede mundial da internet, determinou a opção do desenvolvimento tecnológico no sentido do que se conhece como *convergência tecnológica*, que se insere em um processo de horizontalidade da comunicação e comercialização entre as diversas mídias, em que os *games* absorvem as linguagens de outras mídias, e estas também incorporam recursos semióticos e estéticos próprios dos *games* (Schäfer, 2011).

5.5.4 Autonomização e convergência tecnológica

Os processos de autonomização, procedimentos que transbordam para outras mídias, constituem-se no compartilhamento cooperativo do mesmo conteúdo circulando por diversos mercados (cinema, TV, internet, celulares, *games*, produtos conexos), objetivando o comportamento migratório do público dos meios de comunicação – é o que vem acontecendo com a *game music*, que se tornou um "produto cultural autônomo, saindo da esfera dos videogames e atingindo outras mídias" (Shäfer, 2011, p. 113).

Schäfer (2011, p. 114) comenta que "a *game music*, que surgiu como uma necessidade nos jogos, ganhou novas aplicações, seja para servir como toque no celular ou como parte do repertório de uma orquestra", acrescentando que,

Em 1978, surgiu aquele que é considerado o primeiro álbum a ter música de videogame, o disco da *Yellow Magic Orchestra* (YMO), que continha a faixa *Computer Game*, com efeitos sonoros de *Space Invaders*. Em 1984, a gravadora Yen lançou o primeiro álbum completo de *game music*. A explosão desse tipo de música se deu no ano de 1986, com o lançamento de dezenas de álbuns contendo músicas originais, arranjadas e vocais de jogos. Em 1998, foram lançados mais de 700 álbuns de *VGMusic* no Japão. [...] Em 20 de agosto de 2003, pela primeira vez fora do Japão, acontece o Symphonic Game Music Concert, com músicas de videogame sendo executadas pela Czech National Symphony Orchestra, na Alemanha. O evento reuniu mais de 2 mil pessoas e foi apresentado como a cerimônia oficial de abertura da maior feira de videogames da Europa, a GC Games Convention. Ele foi repetido depois em 2004, 2005, 2006 e 2007. (Schäfer, 2011, p. 114-115)

Desde então, os concertos realizados nas mais prestigiosas salas, originalmente destinadas à música clássica, têm se multiplicado, inserindo a *game music* como um gênero musical que reproduz estilos consagrados do cinema, referenciados, todavia, às narrativas conhecidas do (imenso) público de *games* em todo o mundo.

Indicações culturais

A London Simphony Orchestra executa a trilha musical do game *Final Fantasy* no Barbican Centre, em Londres. Confira.

GAME CONCERTS. We Love Video Game Music. Disponível em: <https://youtu.be/rD0p7EfMa9U>. Acesso em: 13 mar. 2018.

Síntese

Neste capítulo, abordamos alguns aspectos acerca das formas de escuta do som e da música nos contextos audiovisuais. Contextualizamos os problemas que impeliram o cinema mudo à escolha da música como melhor acompanhante para as imagens em movimento e observamos seu desenvolvimento tecnológico até chegar às formas de uso nos dias de hoje. Analisamos as condições que determinaram as formas de uso da música na televisão e sua relação histórica com a tradição da comunicação de massa do rádio no Brasil; além do uso da música na internet e as formas contemporâneas de escuta e fruição. Finalmente, encerramos tratando da interatividade dos *games* como fator determinante das formas de produção e do uso interativo do som e da música.

Apresentamos, a seguir, alguns dados importantes sobre o que discutimos neste capítulo.

	Na década de 1910, verificou-se um processo de uniformização que elegeu a música como acompanhamento ideal das imagens, embora algumas salas ainda exibissem filmes em silêncio.
Sobre o som e a música no cinema mudo	Nas pequenas salas de cinema, havia música provida por um pianista ou pequenos grupos de instrumentistas, mas nos palácios do cinema, havia o emprego de orquestras completas e, não raro, de órgãos de tubos especialmente construídos para produzir música e efeitos percussivos – os denominados *órgãos de teatro*.
	Foi apenas com a invenção do vitafone, aparelho que conectava um toca-discos ao projetor e cujo lançamento ocorreu em 1926, que ficou demonstrado tecnicamente o perfeito sincronismo entre imagem e som.
	A música é o único elemento sonoro de um filme que não apenas pode estar presente na diegese e fora dela, mas também opera de forma conectiva entre essas fronteiras.
Sobre o som e a música no cinema	A experiência do cinema clássico hollywoodiano consolidou como características e funções da música a invisibilidade, a inaudibilidade, a função de significante de emoção, a marcação narrativa referencial e conotativa, a continuidade e a unidade.
	Entre 1967 e 1975, assistimos a um breve e excepcional período na história do cinema americano, em que o uso da canção-tema implicou uma fruição diferenciada da música incidental ou música de fundo: a canção funcionava como ruptura, e não como condutora, da narrativa.

(continua)

(conclusão)

Sobre o som e a música na TV	No início da TV brasileira, o trabalho consistiu na transposição direta de modelos de sucesso do rádio, apresentando principalmente música popular e, agora, a imagem de seus intérpretes.
	As emissoras da TV brasileira, empresas privadas, estruturam os eixos de sua programação em entretenimento, informação e publicidade. É nesses três eixos que a música precisa estar funcionalmente presente, produzida para atender às suas particularidades.
	São quatro os principais gêneros de música funcional utilizados na dramaturgia brasileira: romântico, tenso, alegre e triste.
Sobre o som, a música e a imagem na internet	O que transformou as relações de escuta e fruição de som e imagem na internet foram os modos de uso atuais e a capilaridade de relações entre usuários e fornecedores de conteúdo, em que muitos se dirigem a muitos.
	A brevidade da atenção que o usuário dispõe para a interação com os conteúdos disponíveis na internet caracteriza o uso e a relação do usuário, determinando, dessa forma, uma estrutura narrativa concisa e restrita.
	A internet alterou globalmente os paradigmas da circulação de bens culturais, e seus modos de uso têm transformado o consumo desses bens em fluxos de informação e serviços, consolidando novos formatos de conteúdo para o audiovisual.
Sobre o som, a música e a imagem na interatividade dos *games*	A qualidade da experiência do jogador está diretamente relacionada aos estímulos à imersão e à interatividade. Tanto quanto a qualidade dos roteiros e das imagens, o som e a música são ferramentas capitais para potencializar essa imersão dos jogadores.
	A trilha sonora dos *games* tem várias funções, entre elas ambientar a cena, inferir emoção, promover a identificação do jogador com o avatar, dar sinais ao jogador e tornar a experiência do jogo mais interativa, imersiva e divertida (Schäfer, 2011).

Atividades de autoavaliação

1. A respeito do cinema mudo, é possível afirmar:
   a) O uso de música para acompanhamento do cinema mudo visava abafar o ruído produzido pelo público na sala de exibição.
   b) O fonoscópio foi o primeiro invento que permitiu o perfeito sincronismo da imagem com o som.
   c) O mutismo dos *silent movies* evidenciava as deficiências do cinema na representação da realidade.
   d) As músicas usadas para acompanhamento dos filmes mudos eram compostas especialmente para serem executadas pelos músicos nas salas de exibição.

2. A respeito da música no cinema, é possível afirmar:
   a) A relação entre o som e a imagem superpostos cria o espaço narrativo audiovisual ou diegético.
   b) Chion e Eisenstein estavam de acordo que, no cinema, o som é um elemento subordinado à imagem.
   c) No cinema clássico hollywoodiano, o uso da música tem o objetivo de atrair a atenção do espectador, possibilitando a múltipla produção de sentidos para a narrativa.
   d) No filme *Aquarius*, o diretor Kleber Mendonça Filho usa a música com o objetivo de fortalecer, por duplicação, o significado presente nas imagens.

3. A respeito dos usos da música na TV, é possível afirmar:
   a) Todos os programas da TV brasileira utilizam música de abertura, cuja função é induzir a atmosfera emocional da narrativa.
   b) No início da TV brasileira, toda a programação, bem como a música para esta, era copiada da TV norte-americana.
   c) Na TV brasileira, o desenvolvimento da programação induziu a produção de gêneros e formatos musicais específicos para entretenimento, informação e publicidade.
   d) Os três principais gêneros de música funcional para a telenovela são o romântico, o alegre e o triste.

4. Identifique as afirmativas a seguir como verdadeiras (V) ou falsas (F):

    ( ) A trilha sonora nos *games* tem várias funções, entre elas ambientar a cena, induzir a emoção da narrativa, promover a identificação do jogador com o avatar, dar sinais ao jogador e tornar a experiência do jogo mais interativa, imersiva e divertida.

    ( ) A trilha sonora dos *games*, a exemplo do cinema, é composta de efeitos, ambientação, vozes das personagens e até mesmo de narração.

    ( ) O sucesso de um *game* está relacionado aos estímulos à imersão e à interatividade disponíveis ao usuário.

    ( ) A música utilizada nos *games* não está subordinada às ações interativas do jogador.

5. Identifique as afirmativas a seguir como verdadeiras (V) ou falsas (F):

    ( ) O ciberespaço tornou possível uma comunicação centralizada, na qual poucos comunicam para muitos.

    ( ) Os formatos de compressão digital de arquivos de áudio e vídeo facilitaram as trocas de arquivos, sem, contudo, transformar a produção e a distribuição de música no mundo.

    ( ) Os formatos de comunicação pela internet têm sido determinados pela competitividade por atenção cada vez mais breve dos usuários.

    ( ) Os sistemas de recomendação são plataformas interativas que facilitam a busca por produtos culturais na rede.

Atividades de aprendizagem

1. Segundo Gorbman (1987), o cinema clássico hollywoodiano utiliza a música de sete modos diferentes. Procure identificar exemplos de uso desses modos em filmes a que você já assistiu.

2. Por que o cinema progressista norte-americano, no período de 1967 a 1975, foi comercialmente viável?

Atividade aplicada: prática

1. Escreva um texto sobre o que significam, para a construção da narrativa audiovisual, os dois conceitos de Michel Chion abordados neste capítulo: *audio-vision* e *vision-audition*.

6

*Som, música e imagem
nos espaços públicos*

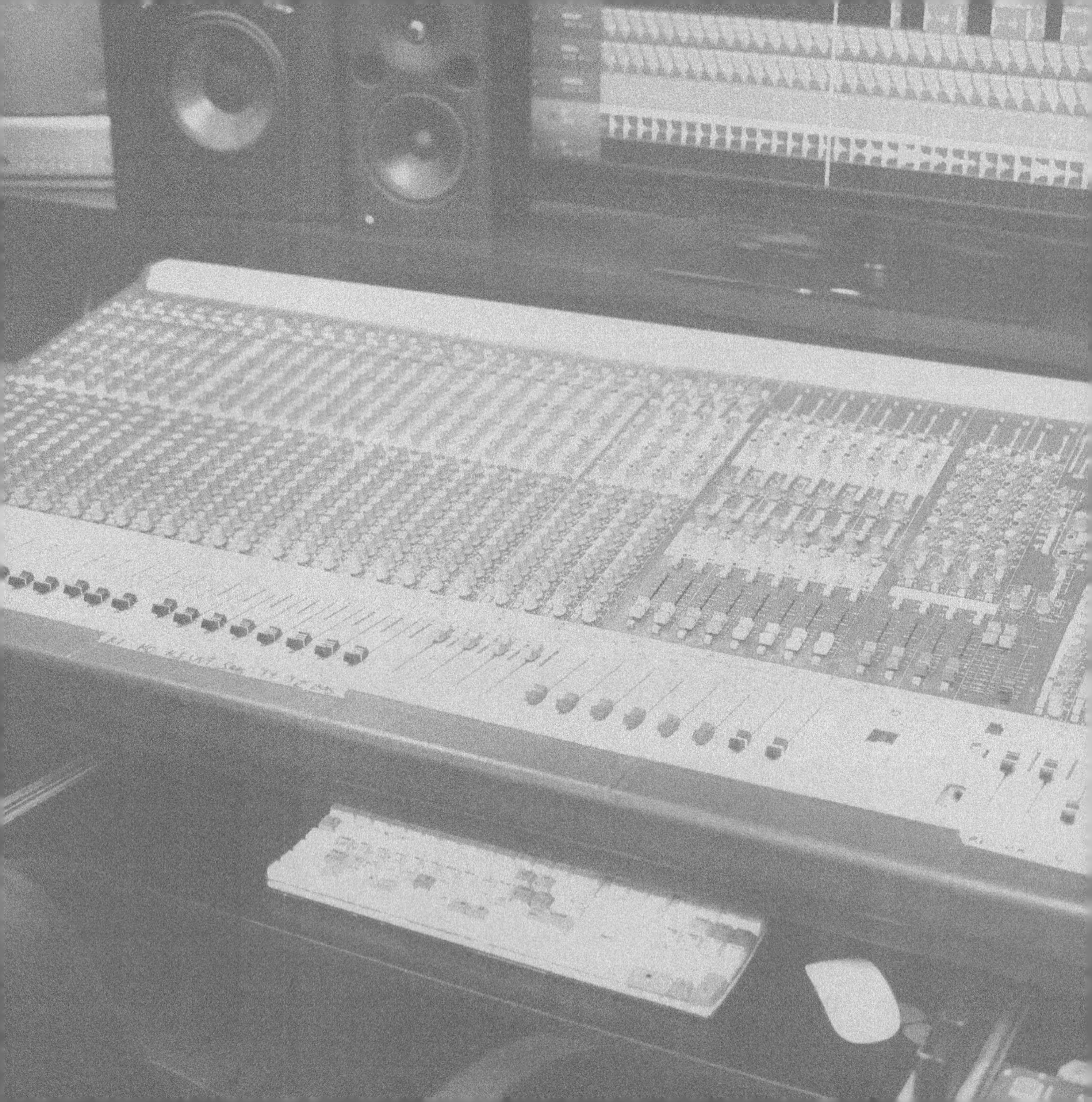

Neste capítulo, discutimos o som e a música articulados às artes visuais e performáticas nos espaços públicos. Em primeiro lugar, vamos nos deter ao processo histórico-social das práticas musicais, desde as igrejas medievais até hoje, analisando as formas de apropriação e seus modos de uso nos espaços públicos. Os aspectos sociais, políticos e práticos são necessários para compreender não só que música foi feita, mas também as razões por que foi feita (Raynor, 1981). Examinamos o som e a música na tradição de seu uso no teatro desde a *commedia dell'arte*, passando pelo teatro elisabetano, até as principais vertentes do teatro do século XX. Em seguida, abordamos o uso do som e da música nas projeções de imagens em videoarte e *videomapping*, nas instalações interativas em arte e em educação. Encerramos o conteúdo deste livro discorrendo sobre os modos e as tecnologias para espacialização do som em 3D, um importante recurso sonoro nas instalações de arte em geral nos dias de hoje.

6.1 Um breve histórico social da música nos espaços públicos: de igrejas e palácios a *night-clubs*

Dando início ao capítulo em que vamos discutir os usos do som e da música nos espaços públicos, vale traçar um breve histórico social: na Idade Média, a música era produzida e ouvida em planos restritos às comunidades feudais em que estavam inseridas, com relativamente pouco intercâmbio entre os diferentes povos. O conceito de *espaço público*, na Idade Média, era o de espaço que concerne a todos – por consequência, o Estado –, em oposição ao privado, que deve estar oculto, reservado. Nos burgos feudais[1], eram raros os espaços destinados à convivência pública.

Menos uma questão de lugar que de poder, a tensão entre público e privado se constituía no confronto de duas naturezas de poder (Duby, 1990). Nas igrejas, a música produzida pelos monges para uso exclusivo na liturgia seguia a tradição do canto religioso representado pelo canto gregoriano[2]. Composto e cantado por monges, dirigia-se funcionalmente aos objetivos das celebrações religiosas nos espaços das igrejas de arquitetura românica e, mais tarde, gótica, determinante para as condições acústicas do ambiente e, por consequência, à adequação da música que deveria ser executada e ouvida pela audiência.

Fora da igreja, a vivência no período medieval se concentrou no espaço formado em torno da comunidade, onde a música era produzida e ouvida em espaços de sociabilidade. A cidade medieval era provida de músicos contratados pela municipalidade, os quais operavam na segurança das fortificações utilizando instrumentos de sopro para emissão de sinais, que podiam ser ouvidos em toda a cidade. As atividades musicais poderiam ocorrer nos espaços privados ligados ao centro de poder feudal, na residência do suserano e em espaços públicos restritos à comunidade, como as feiras. As práticas e o conhecimento se processavam em um mesmo círculo, sem se projetar por espaços geográficos mais amplos (Iazzetta, 2001). Foi nesse período que se estabeleceu o entendimento da necessidade social de música (Raynor, 1981).

---

1 Os burgos feudais eram cidades muradas ou fortalezas (Burg, 2018).

2 Tipo de composição musical exclusivamente vocal, constituída unicamente de melodia, sem nenhuma forma de acompanhamento ou de outras melodias simultâneas, surgido nos primórdios da Igreja Católica Romana. Os cantos foram, no século VI, codificados e reorganizados sob a direção do Papa Gregório I, que tornou o canto gregoriano obrigatório nas celebrações desde então.

Figura 6.1 – Interior da Catedral Notre Dame d'Amiens, França, construída no século XIII

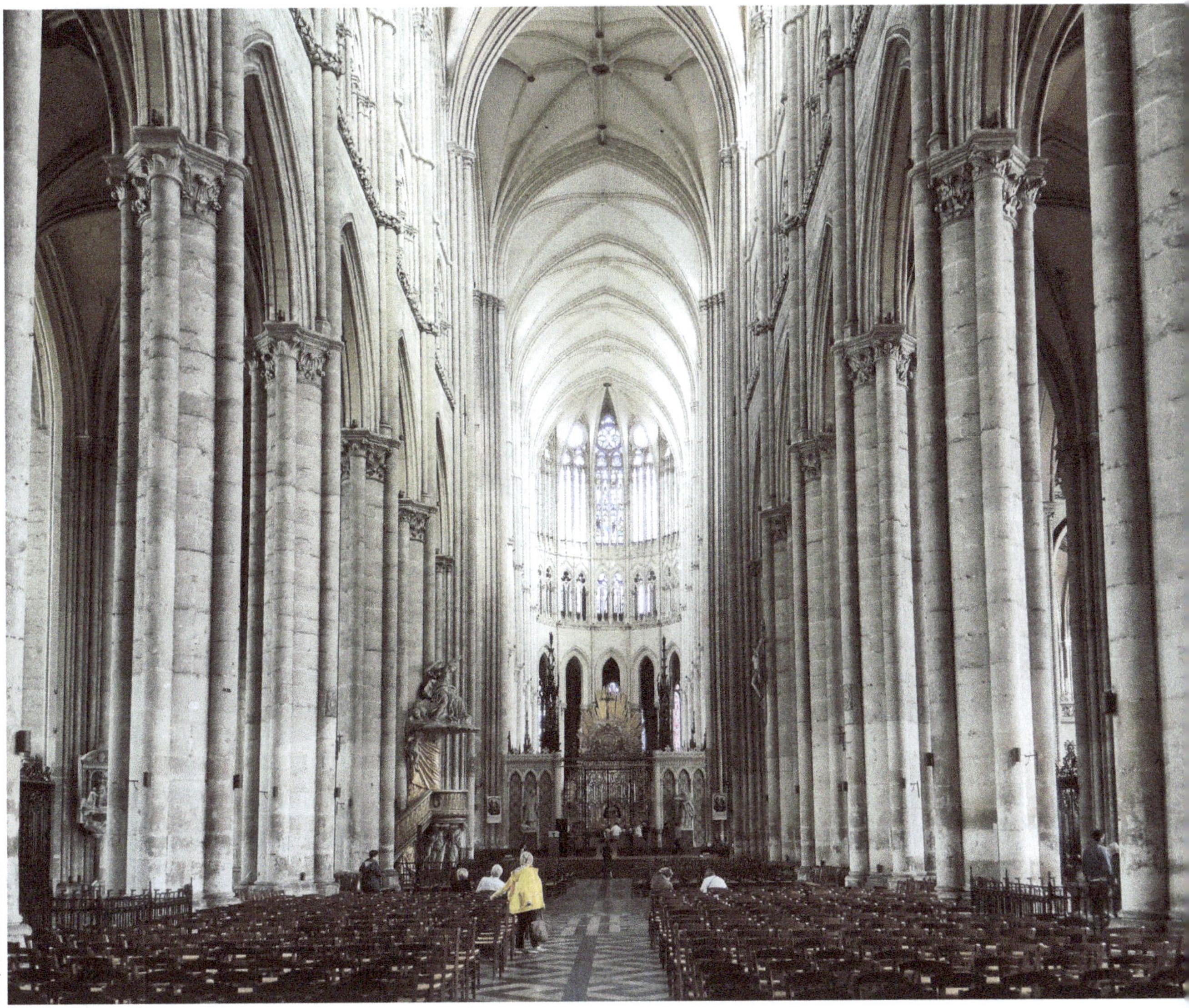

No final da Idade Média e início do Renascimento, ocorreu a transposição da atividade econômica de estrutura feudal para a dinâmica das cidades mercantis, para onde passam a convergir os novos núcleos de poder econômico. Foi quando houve uma expansão do espaço e do mundo conhecido com a descoberta de novos territórios e com a busca de parcerias comerciais. O tempo passou a ser regido por uma economia mercantil, e a trama social tornou-se mais complexa. A nova organização urbana implicou nova codificação e regulação da vida social e uma reestruturação do espaço-temporal (Iazzetta, 2001).

Como comenta Raynor (1981, p. 211): "Veneza era fabulosamente rica, tendo dominado o comércio europeu com o extremo oriente desde *Marco Polo*, por sua vez veneziano, que abriu a rota comercial com a China em inícios do século XIII". A atividade mercantil transformou cidades mercantis em ricos estados, onde se multiplicaram e se ampliaram as áreas dos espaços públicos nas quais a música se fazia socialmente necessária.

O Renascimento fez surgir uma nova figura do rei, distante, severo e protetor das artes (Chartier, 1991). O excedente financeiro que as operações mercantis produziram permitiu aos governantes, à nobreza e à nascente burguesia comercial europeia pagar por serviços profissionais de música, o que impulsionou o desenvolvimento e a produção musical para o ambiente dos salões dos palácios renascentistas, onde e quando surgiu a ópera.

Na época barroca, a música esteve em consonância com o espírito do período: o compositor do novo estilo, ao exibir magnificência em grandes massas orquestrais, escrevia a música do absolutismo dos séculos XVII e XVII (Raynor, 1981). Para a música francesa, o período decisivo foi o reinado de Luís XIV, rei que arquitetou a cultura e o modo de vida francês à sua vontade (Raynor, 1981). A ópera francesa era a expressão do que desejava o rei, e o mesmo veio a acontecer com toda a música.

A possibilidade de profissionalização para o músico, em todo esse período, consistiu em sua contratação como músico da orquestra, compositor da corte ou, ainda, como funcionário municipal, como músico ou diretor de música para as igrejas da cidade. Raynor (1981) comenta que ao compositor cabia criar um tipo de música que agradasse a um público específico, mas que, principalmente, agradasse a seu empregador.

> Em Salzburg, tanto Mozart quanto seu pai, Leopold aparentemente deviam produzir música para entretenimento. Um dos deveres do compositor era estar cônscio dos desejos do seu auditório cujo principal membro era o seu empregador. [...] A julgar pelas suas cartas, a base da estética de Mozart era a eficácia, noção complexa em que estavam subsumidas as qualidades musicais, a perícia com que eram tratadas para explorar tanto as qualidades intrínsecas quanto as habilidades do executante, e o impacto de tudo isso sobre o público. (Raynor, 1981, p. 17)

Esse tipo de vínculo empregatício, que, guardados excepcionais privilégios, considerava os músicos contratados como serviçais de uma casa ou palácio, só se transformaria ao final do século XVIII e início do século XIX, com o primeiro músico autônomo da história: Ludwig van Beethoven (1770-1827). O que permitiu a Beethoven tornar-se um músico independente de um empregador foi o crescente mercado de partituras de música original para os mais diversos repertórios, para profissionais ou amadores. Beethoven vendia os direitos de impressão de suas obras, compostas para o interesse desse público, ávido por ouvir música no espaço privado do lar, a diversos editores.

Foi apenas no século XIX que se construiu o conceito da *torre de marfim* (Raynor, 1981) para o músico, um indivíduo que poderia estar acima ou abaixo da sociedade, mas nunca integrado a ela; o romantismo, movimento que integrou a literatura à música e que Beethoven ajudou a inaugurar, fez enaltecer a idealização de um artista cujo espírito e criação estariam desvinculados de sua vida social.

Da mesma forma que foi possível o surgimento do músico autônomo a partir do início do século XIX, a venda de instrumentos musicais dimensionados para residências (em sua maior parte pianos) destinados a um público amador produziu, em consequência, o notável florescimento do comércio de partituras. A invenção da fonografia[3] também transformou o consumo, e a fruição da música modificou o mercado e, em consequência, a vida profissional do músico, inserido no processo de comercialização massiva da reprodução técnica das obras musicais (Benjamin, 2012). Hoje, por meio da mediação tecnológica,

---

3   Para a invenção do fonógrafo em 1877 e da música gravada, consulte o Capítulo 5.

a música é onipresente em nossas vidas, reproduzida em todos os espaços públicos e privados, em todas as instâncias da vida social.

Presente nos aparelhos públicos das cidades, como teatros, salas de concerto, igrejas, *night clubs*, ou em grandes espaços como estádios para realização de eventos vultuosos ou *megashows* para enormes audiências, para cada espaço e modo de uso específico, é fornecida música adequada com a função de mediação de formas de sociabilidade, também específicas.

Desde a Idade Média, trupes de artistas de teatro e música apresentam-se em espaços públicos nas ruas e feiras das cidades. Ainda hoje, em todos os lugares do mundo, essa forma de expressão artística gera inúmeras questões sobre uso, contrauso e apropriação dos espaços públicos. A arte de rua subverte, essencialmente, os fins originários dos espaços públicos, ofertando *performances* a um público que normalmente não frequenta os espaços de arte tradicionais. Nesse contexto, os espetáculos promovidos pelos artistas de rua consistem em contrauso dos espaços públicos das cidades, com a propriedade de ressignificar esses espaços, "transformando temporariamente as dimensões simbólicas e matérias da cidade para quem se detém para observar e participar" (Reia, 2016, p. 5).

Assim, entendemos que a ocorrência de música nos espaços públicos, no decorrer da história, tem cumprido o papel de mediação das sociabilidades, e que seu desenvolvimento técnico e artístico esteve condicionado às transformações econômicas e sociais. A consideração desses fatos determinantes na história serve como base de reflexão sobre os usos da música nos diversos espaços de ocorrência hoje.

6.2 Som e música no teatro

Quando vamos ao teatro, seja em um edifício ou espaço fechado destinado à cena, seja em espaços abertos, consideramos, por um período de tempo, compartilhar esse espaço físico publicamente (com a audiência), para a fruição de uma experiência visual e sonora da *performance* de um ator ou de um elenco de atores. A ação em curso produz uma multiplicidade de sons que, ao fim, constitui a musicalidade do teatro, a qual extrapola a presença ou não de **música incidental**[4] e de **sonoplastia**[5].

O som e a musicalidade no teatro são constituídos do repertório de emissões sonoras pelos atores em cena e de todos os aparatos cênicos, como o cenário – e, em espetáculos ao ar livre, pela paisagem sonora do espaço ou ambiente urbano, que integra a musicalidade do espetáculo, ainda que possa atuar como elemento interferente na cena.

Assim, todo o universo sonoro presente na cena teatral cumpre um papel expressivo: a voz e o corpo dos atores como emissores de som e de musicalidade, tais como o ritmo das falas e dos sons produzidos pelo movimento e pelos gestos, o ambiente, o cenário, os objetos de cena e mesmo o silêncio intencional compõem a musicalidade do fazer teatral.

Fernandino (2008, p. 18) comenta que: "os princípios do universo musical sempre estiveram presentes no Teatro desde os primórdios rituais da Pré-História, passando pelo coro grego, os atores-músicos da Idade Média e demais manifestações séculos afora". As práticas teatrais e o uso do som e da música delas decorrentes advêm de diferentes tradições, origens, funções sociais e coexistem, funcionalmente, no teatro da contemporaneidade.

6.2.1 O teatro no tempo

Embora não tenham sido encontrados registros de música do período, cabia aos poetas gregos criar não somente as palavras, mas também a música para as obras teatrais. Os dramas gregos e as comédias litúrgicas da Idade Média fizeram amplo uso de música para acompanhar a ação.

---

4 Música incidental é aquela que acompanha uma obra teatral, um programa de televisão, um programa de rádio, um videogame e outras formas que não são o princípio musical. A música incidental é frequentemente chamada de *música de fundo* e cria um ambiente para a cena (Caderno..., 2015).

5 Sonoplastia é qualquer som ou ruído relacionado ao enredo teatral, produzido mecânica ou eletronicamente nos bastidores, inclusive música incidental (Vasconcellos, 1987).

Serry (1959, p. 44, tradução nossa) comenta a funcionalidade da música na cena, a que tradicionalmente designamos *música incidental*:

> Assim, a música tornou-se um elemento e complemento valiosíssimo e o teatro a tem usado para reforçar passagens, falas e dar mais ambiente à obra. Podemos definir então, que a música incidental é todo o tipo de música composta para produções dramáticas, que apoia o clima de uma cena e lança um sentimento de profunda emoção, expressando a natureza interior de seus personagens.

Se a definição funcional de música para cena de Serry tem validade histórica, podemos acrescentar que essa definição não se aplica a seu uso na cena para todos os tipos de teatro, notadamente para o teatro do século XX, como veremos adiante.

Commedia dell'arte é uma forma teatral italiana que floresceu em toda a Europa dos séculos XVI ao XVIII (Encyclopedia Britannica, 2018). Difundida fora da Itália, teve seu maior sucesso na França. Essa importante tradição do teatro popular era apresentada nas ruas, ou seja, onde a musicalidade dos espetáculos incluía, além de canções, a paisagem sonora das feiras, a interação do público e os planos sonoros dos atores e do espetáculo, permanecendo como referência para o teatro popular contemporâneo. Como comenta Vendramini (2001, p. 79-80), a colonização portuguesa trouxe para o Brasil traços dessa tradição para a cultura popular:

> O mesmo se dá no teatro brasileiro, onde também chegou esse espírito picaresco, que atravessa obras fundamentais da nossa literatura, resultando numa obra dramatúrgica de grande importância dentro da história do teatro brasileiro, ou seja, o *Auto da compadecida*, de Ariano Suassuna. Nessa peça, a figura central, João Grilo, é o próprio Arlequim moderno, e faz, junto com Chicó, a outra personagem com quem divide a autoria de inúmeras tramoias e quiproquós, o mesmo par de *zanni* que, na *commedia dell'arte*, opunha-se a Pantaleão, comerciante veneziano enriquecido, aqui transformado num abastado padeiro nordestino, cuja mulher alimenta o cão de estimação com bife passado na manteiga, para desespero dos dois esfomeados bufões.

Por sua vez, o teatro elisabetano[6] desenvolvido para ser apresentado em um edifício teatral, conduz a uma relação diversa entre público e espetáculo, na qual o som e a música assumem outros papéis expressivos. O teatro (físico) elisabetano se constitui de um edifício apontado para um grande pátio, com o palco no fundo. As galerias eram destinadas aos mais afortunados, ao passo que as pessoas comuns ficavam no pátio, em pé ou sentadas. Construído do lado oposto do Rio Tâmisa por exigência das autoridades puritanas, o Globe, teatro de que o dramaturgo inglês William Shakespeare[7] (1564-1616) foi um dos sócios, é um dos exemplos mais prestigiosos desses edifícios.

Figura 6.2 – Vista do The Globe Theatre em moderna reconstrução inaugurada em 1997

Gimas/Shutterstock.com

---

[6] Essa forma teatral é chamada de *isabelina* ou *elisabetana* (1558-1603) e é associada, tradicionalmente, à era dos primeiros teatros em Londres e à figura do dramaturgo William Shakespeare (1564-1616) (History..., 2018).

[7] Considerado um dos maiores dramaturgos da história do teatro, atribui-se a William Shakespeare a autoria de 37 ou 38 peças, entre as quais destacam-se *Rei Lear*, *A Tempestade*, *A comédia dos erros*, *Macbeth* e *Romeu e Julieta*.

O teatro elisabetano adotou as linguagens essenciais falada, visual e musical, e o próprio Shakespeare utilizou canções e música incidental para sublinhar a atmosfera de determinadas cenas em suas peças, mesmo nas tragédias, contra o que preconizava a tradição vigente.

> Era costume no drama de Tudor e de Stuart incluir pelo menos uma canção em cada peça teatral. Somente as tragédias mais profundas, de acordo com os modelos senecanos, ocasionalmente evitavam toda a música, exceto os sons de trombetas e tambores. Em suas primeiras tragédias, William Shakespeare desafiou essa ortodoxia e usou canções surpreendentes e comoventes, particularmente em *Otelo*, *Rei Lear* e *Hamlet*.
>
> Os dramas produzidos na corte eram invariavelmente muito mais luxuosos do que aqueles apresentados pelas companhias profissionais. Os elencos eram maiores, assim como os conjuntos instrumentais usados para acompanhar canções e fornecer música incidental. (Springfels, 2018, tradução nossa)

Entre outras formas de teatro musical, a ópera[8], desde o seu surgimento, durante a renascença italiana no século XVI, estabeleceu a primazia da música nos teatros. Em diversos países da Europa, a ópera sofreu adaptações, consolidando-se como uma forma de entretenimento essencialmente das cortes e da nobreza. Já no século XIX, Richard Wagner[9] (1813-1883) concebeu inovações para a ópera que influenciaram o teatro musical do início do século XX, como explica a encenadora francesa Béatrice Picon-Vallin (2006, p. 7-8):

---

8   O termo *ópera* ("obra", em tradução literal) surgiu ao final do século XVI entre músicos, poetas e filósofos da Camerata Florentina, na Itália, para definir peças que associavam música, literatura e encenação, intituladas *dramma per musica* (drama musical) ou *favola in musica* (fábula musical), espécie de diálogo falado ou declamado e acompanhado por instrumentos ou orquestra. Para saber mais, consulte Horta (1985).

9   A ideia wagneriana de *leitmotiv* e o conceito de drama musical com letra e música fundidos intimamente em uma obra de grande intensidade emocional, fazem de Wagner o principal expoente da música romântica alemã e um dos mais importantes inovadores da arte da ópera (Horta, 1985).

> As "revoluções cênicas" do início do século não estão ligadas somente às revoluções cenográficas, elas estão em relação direta com uma reflexão sobre a música no teatro. As propostas de *Gesamtkunstwerk* ("obra de arte comum", geralmente traduzida como "obra de arte total") realizadas por Richard Wagner tiveram uma influência essencial nos destinos do teatro europeu [...]. A reflexão sobre a ópera e a reforma de sua encenação alimenta paralelamente o pensamento sobre a utilização e o lugar da música no teatro.

6.2.2 A musicalidade do teatro no século XX

O teatro no século XX ultrapassou a função de entretenimento. No centro desse movimento, encontram-se os encenadores, que a cada nova necessidade expressiva desenvolveram alguma técnica ou estética cênica na qual a contribuição da música está sempre presente em seu processo de renovação. Agora, vamos discutir o uso do som e da música nos teatros de Constantin Stanislavsky[10] (1863-1938), Vsevolod Meyerhold[11] (1874-1940) e Bertolt Brecht[12] (1898-1956).

Como produto característico da dialogia teatro-música, precisão e ritmo passaram a ser objeto de estudo dos principais encenadores. Adolphe Appia, citado por Fernandino (2008), destaca a música

---

[10] Constantin Sergeievich Alexeiev (nome de batismo): ator, diretor, pedagogo e escritor russo, fundador do Teatro de Arte de Moscou, mais conhecido pela teoria ou sistema para a representação do ator, denominado *método Stanislavsky*. Para saber mais sobre esse escritor, consulte (*site* em inglês): MOORE, S. Konstantin Stanislavski. Encyclopedia Britannica. Disponível em: <https://global.britannica.com/biography/Konstantin-Stanislavsky>. Acesso em: 14 mar. 2018.

[11] Vsevolod Emilevich Meyerhold foi um grande ator e encenador de teatro, criador do sistema da biodinâmica e um dos mais importantes teóricos de teatro da primeira metade do século XX. Para saber mais sobre ele, consulte (*site* em inglês): ENCYCLOPEDIA BRITANNICA. Vsevolod Yemilyevich Meyerhold. Disponível em: <https://global.britannica.com/biography/Vsevolod-Yemilyevich-Meyerhold>. Acesso em: 14 mar. 2018.

[12] Eugen Bertholt Friedrich Brecht foi um destacado dramaturgo, poeta e encenador alemão. Seus trabalhos artísticos e teóricos sobre o teatro épico influenciaram profundamente o teatro contemporâneo. Para saber mais sobre Bertholt Brecht, consulte (*site* em inglês): ENCYCLOPEDIA BRITANNICA. Bertolt Brecht. Disponível em: <https://global.britannica.com/biography/Bertolt-Brecht>. Acesso em: 14 mar. 2018.

como uma arte de precisão, e o texto musical como o único disponível na organização do tempo cênico. Segundo Fernandino (2008, p. 29), para Stanislavski (2006), "o conceito-chave [...] é o *Tempo-ritmo*, que constitui um vetor da construção cênica, onde se integram ação e linguagem". Como por outros importantes encenadores no século XX, a utilização de conceitos musicais para a cena por Stanislavsky é descrita por Fernandino (2008, p. 29-30):

> Em sua obra intitulada *A Construção da Personagem*, Stanislavski discorre sobre os princípios que compõem o *Tempo-ritmo*, considerando que esse conceito manifesta-se externamente por meio das ações físicas e internamente pelas vivências interiores. Cabe notar que no processo de construção desse conceito, descrito no livro acima citado, Stanislavski utiliza diversos elementos musicais, tanto nas explicações dadas aos atores quanto na aplicação de exercícios, nos quais foram vivenciados aspectos como pulso, acentuação e compasso, passando por sonorizações, até a construção de cenas utilizando diversos padrões rítmicos.

Fernandino (2008) comenta ainda que Stanislavski apresentou uma mesma cena realizada em andamentos[13] diferentes e demonstrou que é possível gerar vários estímulos e imagens mentais, produzindo, consequentemente, diferentes resultados cênicos.

Meyerhold conviveu com Stanislavski no Teatro de Arte de Moscou. Mais tarde, desenvolveu sua própria concepção de teatro, buscando no que denominou *teatro da convenção*, em oposição à cena ilusionista, o que considerava a identidade estética do teatro: a *teatralidade* (Picon-Vallin, 2006, p. 12). Músico violinista, empregou conceitos da pintura, da escultura e particularmente da música aos principais elementos de organização e estruturação cênica em sua proposta.

O desenvolvimento de seu trabalho – sempre apoiado pela participação de grandes músicos – alcançou notoriedade com a montagem histórica de *O Inspetor Geral*, de Nikolai Gogol (1809-1852). Picon-Vallin, citada por Fernandino (2008), afirma que, na encenação de *O Inspetor Geral* em 1926,

---

[13] *Andamento* é o termo musical que se refere à velocidade de execução de uma música ou dança; no caso dos experimentos de Stanislawsky, refere-se à velocidade de execução de textos ou de ações dos atores.

a música adquiriu um papel preponderante entre todas as linguagens artísticas presentes em razão de assegurar "a continuidade da estrutura narrativa, desestruturada pelo uso particular que Meyerhold faz do procedimento de montagem".

Embora o teatro de personagem de Stanislavsky se distancie essencialmente da proposta de uma teatralidade oposta à cena ilusionista de Meyerhold, ambos utilizaram prodigamente os conceitos do desenvolvimento da arte no tempo por meio da música como referencial para a ação cênica do ator, mas sobretudo para a organização temporal do espetáculo como um todo, como se depreende do depoimento de Meyerhold a Gladkov, citado por Picon-Vallin (1989):

> Todos ficam contentes quando se utiliza uma música "para a atmosfera", mas raros são os que compreendem que a música é o melhor organizador do tempo em um espetáculo. O jogo do ator é, para falar de maneira figurada, seu duelo com o tempo. E aqui, a música é sua melhor aliada. Ela pode não ser ouvida, mas deve se fazer sentir. Sonho com um espetáculo ensaiado sobre uma música e representado sem música. Sem ela, – e com ela: pois o espetáculo, seus ritmos serão organizados de acordo com suas leis e cada intérprete a carregará em si.

Assim, Fernandino (2008) alerta que, no teatro contemporâneo, o delineamento da musicalidade é constituído por um plano sonoro/rítmico que comporta toda a produção sonora gerada pelo ator, assim como os aspectos de estruturação cênica e sonorização do espetáculo, constituindo uma **polifonia** de vozes e ações. Como alerta Picon-Vallin, citando Meyerhold (1989):

> "A música", escreve Meyerhold no programa de seu curso para o ano 1914-1915, "e os movimentos do ator podem mesmo não coincidir, mas, simultaneamente chamados à vida, em seu curso (a música e o movimento, cada um em seu plano pessoal), manifestam um gênero de polifonia. Nascimento de um novo tipo de pantomima onde a música e os movimentos do ator reinam em seus respectivos planos. Os atores, sem dar ao espectador a construção da música e dos movimentos em um cálculo

> métrico do tempo, procuram tecer uma rede rítmica". É, formulado claramente, um primeiro esboço da teoria meyerholdiana do contraponto, fundamentando as leis cênicas do movimento do ator no tempo e no espaço.

O uso de conceitos musicais como polifonia e contraponto ilustra a necessidade de empréstimo da música para a conceituação das novas linguagens cênicas. *Polifonia* se refere ao uso simultâneo de melodias, característica da música do período do *Ars Nova* (Arte Nova, século XIV), florescimento das melodias simultâneas na música, ocorrido na produção da Igreja, que teve seu desenvolvimento máximo no período barroco. O efeito é justamente a pluralidade de focos de informação auditiva. *Contraponto*, por sua vez, é a técnica de composição que permite o entrelace de melodias simultâneas.

A voz do ator, na lógica do teatro de Antonin Artaud[14] (1896-1948), é utilizada como puro instrumento de produção sonora, por meio de entonações e pronúncias específicas, ressonâncias, repetição rítmica de sílabas, lamentações, gritos e onomatopeias, ressaltando a materialidade tanto quanto a mensagem do texto.

Indicações culturais
Para saber mais sobre Antonin Artaud, acesse:

TOLENTINO, C. Antonin Artaud. **Caleidoscópio**, Biografia. Disponível em: <http://www.caleidoscopio.art.br/cultural/teatro/teatro-contemporaneo/antonin-artaud.html>. Acesso em: 14 mar. 2018.

Para o dramaturgo alemão Bertold Brecht, o ritmo na fala do ator tem a função de produzir rupturas na continuidade da ação; "a musicalidade da palavra tem a função de ênfase no sentido do texto e

---

[14] Antoine Marie Joseph Artaud foi um poeta, ator, escritor, dramaturgo e diretor de teatro francês. Sua obra *O teatro e seu duplo* é um dos livros mais influentes do teatro deste século (Tolentino, 2018).

efeito de distanciamento[15], a partir do emprego de conceitos musicais na elaboração da dicção e entonações diferenciadas" (Fernandino, 2008). As canções são sempre usadas com a função de comentário à cena e operam como instrumentos de ruptura do discurso, evitando o efeito de ilusão naturalista do teatro. Assim, adotada como um recurso narrativo, a função da música deve ser a de **revelar** algo, mais que exprimir. O ator que canta não interpreta a canção, mas fala por meio dela.

O sucesso mundial da *Ópera dos três vinténs*[16], com música de Kurt Weill, estreada em 1928, é exemplo desse uso da canção e do ator que fala por ela no teatro de Brecht. Nos anos que se seguiram, Brecht desenvolveu a linguagem teatral que mais tarde recebeu a denominação *teatro épico*.

Concluindo esta seção sobre o som e a música no teatro, apontamos que o ritmo, no trabalho do ator, aplica-se tanto aos aspectos vocais – duração, acentuação, pausa, intensidade e andamento –, quanto aos aspectos corporais e espaciais em cena, e que a música incidental ou as canções de um espetáculo têm, no teatro contemporâneo, uma função narrativa, e não apenas a função de dar suporte emocional à cena.

6.3 Som e música nas instalações audiovisuais: videoarte e *videomapping*

Voltaremos a discutir o uso do som e da música em manifestações artísticas mediadas tecnologicamente, agora nas instalações artísticas audiovisuais, como a videoarte e o *videomapping*[17].

---

[15] Brecht, citado por Bornheim (1992), explica que "a finalidade dessa técnica do efeito de distanciamento consistia em emprestar ao espectador uma atitude crítica, de investigação relativamente aos acontecimentos que deveriam ser apresentados. Para isso, os meios eram artísticos".

[16] *Die Dreigroschenoper* é uma revolucionária peça de teatro musical de Bertolt Brecht, com música do compositor Kurt Weill. A peça é uma adaptação da ópera musical *The Beggar's Opera*, de John Gay, que inspirou o filme *Ópera do Malandro*, dirigido por Ruy Guerra, e a peça homônima, com músicas de Chico Buarque.

[17] Para um melhor entendimento do material proposto, sugerimos vídeos de exemplos das manifestações com os *links* para a visualização das obras, todas em canais oficiais de galerias ou publicadas pelos próprios artistas.

A *videoarte* é uma manifestação artística híbrida que se insere nas artes visuais, podendo ser instalada em espaços internos (centros culturais, museus de arte etc.) e externos, notadamente em ações e eventos que se inserem entre as chamadas intervenções urbanas, contrausos dos espaços e de um equipamento urbano. A linguagem da videoarte guarda referências com as manifestações artísticas contemporâneas que buscam, usualmente, se opor à linguagem dos meios de comunicação de massa, utilizando as formas da *avant-garde* musical como a música eletroacústica e a música eletrônica, na qual a *pop art* se insere sem hierarquizações. Muito mais raro é o uso de formas convencionais de música. A videoarte é uma manifestação que admite alteração de imagens em tempo real, tal como os *DJ*s fazem com a música – a manipulação de imagens em videoarte é um processo chamado *VJing*, cujas características de interferência sobre o material são a quebra da continuidade, a colagem como estrutura e a subjetividade.

O som e a música utilizados nos eventos com *videomapping* ou projeção mapeada, por sua vez, utilizam a música e a sonorização do vídeo para produzir eventos sonoros relevantes e em sincronismo com os eventos visuais pré-organizados em programas de computador, dando relevo e concretude (verossimilhança) aos eventos visuais. Da mesma forma, a música original criada para as apresentações – também pré-gravada – via de regra funciona como trilha sonora em apoio às imagens. Podemos verificar que os eventos de projeção mapeada nos espaços urbanos das grandes cidades permitem grande visibilidade pública e, por isso, muitos vêm sendo realizados como ações publicitárias ou institucionais. Assim, não é difícil verificar também que as formas sonoras e musicais empregadas guardam proximidade com a estética da música para televisão e publicidade.

6.3.1 Origens da projeção de imagens

Rizzo (2010) aponta, na mais remota antiguidade histórica, os jogos de sombras como a origem da manipulação de imagens projetadas, passando pela tradição do antigo teatro chinês de sombras, que utilizava fantoches em interação com as luzes. Durante muitos séculos, do Renascimento até meados do século XIX, a arquitetura, a pintura e a escultura figuraram como as principais artes visuais da

Europa. Santaella (2005) comenta que as manifestações híbridas contemporâneas guardam relação com as origens da convergência entre as artes e a comunicação. O contexto em que a cultura estava socialmente inserida no século XIX dividia-se em dois campos nitidamente separados: "De um lado, a cultura erudita, isto é, a cultura superior das 'belas letras' e das 'belas artes', privilégio das classes economicamente dominantes; de outro, a cultura popular, produzida pelas classes subalternas responsáveis pela preservação ritualística da memória cultural de um povo" (Santaella, 2005, p. 10). A ocorrência de mudanças tecnológicas cada vez mais aceleradas, a crescente urbanização e o surgimento dos meios de comunicação de massa transformaram o contexto das artes "e os dois campos, comunicações e artes, também começaram a se entrecruzar" (Santaella, 2005, p. 10).

Se os meios de comunicação de massa e a publicidade fizeram inúmeras apropriações e usos das artes, em contrapartida, os artistas puderam desempenhar papéis sociais e formativos na ambiência cultural das mídias, como comenta Santaella (2005, p. 13):

> Os artistas foram se apropriando sem reservas desses meios para as suas criações. Isso se acentuou quando começaram a surgir, por volta dos anos 1970-80, novos meios de produção, distribuição e consumo comunicacionais instauradores do que tenho chamado de cultura das mídias que apresenta uma lógica distinta da comunicação de massas. Trata-se de dispositivos tecnológicos que, em oposição aos meios de massa – estes só abertos para o consumo – propiciam uma apropriação produtiva por parte do indivíduo [...] Graças a esses equipamentos, facilmente disponíveis ao artista, originaram-se formas de arte tecnológica que deram continuidade à tradição da fotografia como arte.

A disponibilidade de acesso a equipamento de vídeo a partir dos anos 1960 possibilitou aos artistas a exploração de novos meios para criação, produção e exibição paralela e independentemente ao meio televisivo, desenvolvendo novas estéticas em projetos experimentais, em oposição crítica à televisão comercial, um meio que tende a não tratar a arte como prioridade.

A exemplo de todas as manifestações mediadas tecnologicamente, os artistas de videoarte dominam a tecnologia dos equipamentos de produção de imagens, de cores e de luz, de forma análoga ao domínio técnico das mãos dos artistas das artes visuais do passado. Os produtores de vídeo realizaram inúmeros experimentos, culminando com uma radicalidade em sua estética: a videoarte (Santos, 2011).

6.3.2 Videoarte

O artista coreano Nam June Paik (1932-2006) foi um dos pioneiros nas intervenções técnicas e poéticas com vídeo. Estudante de música eletrônica, em 1963, inverteu os circuitos de aparelhos receptores de tevê para perturbar a constituição das imagens. Em sua estreia, a Exposition of Music-Eletronic Television, utilizou imãs para distorcer as imagens em monitores de TV. Essa obra ficou conhecida como *TV Magnet* e deu origem à videoarte. Seu trabalho *Global Groove* (1973) produziu, esteticamente, uma reversão no sistema de expectativas figurativas do mundo da imagem técnica. Paik utilizou-se frequentemente de monitores de vídeo como esculturas, como na obra chamada *The More The Better* ("Quanto mais, melhor", em tradução livre), uma torre de monitores preparada para os Jogos Olímpicos realizados em Seul.

O fato de Paik ter trabalhado com músicos como Karlheinz Stockhausen e John Cage, ambos importantes nomes da música eletrônica e eletroacústica, teve forte influência em seu uso de som e música, como o uso de sons e barulhos cotidianos. Sua obra se caracteriza pela pesquisa de novas possibilidades de uso dos meios tecnológicos e, principalmente, pela reflexão sobre a cultura de massa e a possibilidade do uso libertador desses veículos.

Indicações culturais

Para saber mais sobre Nam June Paik, assista ao documentário produzido pela galeria Tate, de Londres (documentário em inglês).

NAM June Paik: Electronic Super-Highway. **TateShots**. Disponível em: <https://youtu.be/5RE1ueYnSVc?list=PLE9EhDid4VoFx9k_KSKjo_02WfKyKvimW>. Acesso em: 14 mar. 2018.

Outro importante artista deu início às projeções de videoarte em espaços externos, ou no ambiente urbano: o artista polonês Krysztof Wodikzco (1943-) cumpriu um papel crucial na história da projeção de vídeo em interação com a arquitetura. Como alerta Rizzo (2010), a primeira manifestação artística na história da projeção de vídeo em interação com o espaço urbano de Wodikzco ocorreu em 1980, no Metrô de Toronto. A interação com a arquitetura só foi possível a partir de novos pontos de vista conceituais e do desenvolvimento de projetores mais potentes e capazes de projetar em áreas maiores. As projeções realizadas sobre espaços específicos da arquitetura urbana, como comenta Rizzo (2010), tendo a cidade usada como tela, implicam a impossibilidade de que essas instalações sejam realizadas em outros espaços sem uma readaptação técnica completa, sendo denominadas *site-specific projections* ("projeções para um local específico", em tradução livre).

A projeção de Wodikzco no Domo da Bomba Atômica em Hiroshima[18], em 1999, e a projeção em Tijuana, no México, em 2001, são exemplos de videoinstalação *site-specific*.

Não destinadas ao *site-specific*, destacamos aqui duas obras. Em *Oil*, Elliot Williams[19] faz uso da música de Hecq de forma não ilustrativa, mas sugestiva. A música se caracteriza pelo uso de texturas sonoras em notas ao piano em ritmo pouco regular, mimetizando a imagem de bolhas. No vídeo experimental de Ross Forshaw[20], a música eletrônica produz uma textura de timbres instáveis que denotam a ideia de movimento e que serve às imagens.

6.3.3 *Videomapping* ou projeção mapeada

Segundo Garcia (2014, p. 9), "a técnica de *videomapping* (VM), ou projeção mapeada, é uma forma de expressão artística e comunicativa que usa interfaces tecnológicas audiovisuais e computacionais".

---

18   PROJECTION in Hiroshima: Krysztof Wodiczko. Disponível em: <https://vimeo.com/ondemand/wodiczkoe>. Acesso em: 20 ago. 2017.

19   *Oil* (2010), de Elliott Williams. Música: "Bending Time" Hec. (OIL (Experimental Video Art Piece). Disponível em: <https://youtu.be/HNY4rUQ9YLM?list=PLE9EhDid4V0FBzGCAw3WJVU3URzsA_8Ve>. Acesso em: 20 ago. 2017.)

20   *Experimental vídeo art*, de Ross Forshaw. Música: "Coma", Kertek. (EXPERIMENTAL Video Art – Ross Forshaw. Disponível em: <https://youtu.be/oATEImUVZtk?list=PLE9EhDid4V0FBzGCAw3WJVU3URzsA_8Ve>. Acesso em: 14 mar. 2018.)

A projeção mapeada de animações pode ser apresentada tanto sobre superfícies internas (*indoor*), em ambiente controlado, como uma sala, quanto externas (*outdoor*), em cenários urbanos. Programas específicos ajustam as imagens às áreas ou superfícies desejadas. Quanto aos usos, Garcia (2014, p. 25) comenta que:

> A técnica de *videomapping* utiliza apenas as matrizes sonoras (sintaxe) e visual (forma), principalmente pelo fato de ser uma técnica proveniente de uma cultura visual não discursiva, no entanto essa cultura exalta a forma, que é empregada em situações onde o discurso não tem muito espaço, e a forma e sintaxe são admiradas em grandes apresentações visuais.

A projeção mapeada – uma tecnologia recente – em ambientes internos vem sendo hibridizada com diversas linguagens, incluindo a dança. Nesse caso, a projeção mapeada constrói os cenários virtuais com os quais os dançarinos interagem na performance, como na obra *Seventh Sense*, do grupo Anarchy Dance Theatre[21], e em *Levitation*, de Sila Sveta e Anna Abalikhina[22].

Em ambos os trabalhos, observamos que a música está previamente sistematizada e coordenada com a animação de imagens, cabendo aos dançarinos o papel da *performance*, em uma coreografia previamente estudada e ensaiada para a interação.

Na instalação em ambiente interno por projeção mapeada *Sphere*[23], do artista russo Platon Infante, a música consiste, em sua maior parte, na sonorização dos movimentos de objetos virtuais. Essa forma de uso tem, como objetivo, conferir, pela percepção auditiva, volume, concretude e movimento aos objetos.

---

21 *Seventh Sense*. Anarchy Dance Theatre + Ultra Combos. Tailândia, 2011. (SEVENTH SENSE (Excerpt). Disponível em: <https://www.youtube.com/watch?v=iQlDEPLHPyQ&feature=youtu.be>. Acesso em: 14 mar. 2018.)

22 *Levitation*, de Sila Sveta e Anna Abalikhina (2016). (SVETA, S. *Levitation*. Disponível em: <https://vimeo.com/158647901>. Acesso em: 14 mar. 2018.)

23 *Sphere*, de Platon Infante (2013). (SPHERE Videomapping Installation. Disponível em: < https://vimeo.com/160223818>. Acesso em: 14 mar. 2018.)

Figura 6.3 – *Seventh Sense* (à esquerda) e *Levitation* (à direita)

Cedido por Anarchy Dance Theatre

LEVITATION Special project for Bolshoi Ballet show, Russia K TV channel Digital Content Production: Sila Sveta Art Director: Arthur Kondrashenkov Choreographer: Anna Abalikhina Music: Mitya Vikhornov

Em *Omote*[24], o artista japonês Nobumichi Asai apresentou uma projeção mapeada sobre um rosto (*face tracking*) que permitia movimentos de cabeça em tempo real. O programa reajustava os parâmetros de mapeamento, acompanhando a ação da cabeça da modelo, com música de Hideaki Takahashi.

As projeções mapeadas em espaços externos (urbanos), realizadas à noite para melhor controle de luminância da projeção, são também uma instalação do tipo *site-specific*. As projeções são realizadas sobre prédios urbanos, e a programação é baseada no plano arquitetônico da "tela". Novamente, chamamos a atenção para os exemplos, em que o som e a música são usados como ferramenta de apoio aos movimentos, emprestando a "concretude" necessária aos eventos visuais projetados.

A título de exemplo, citamos a projeção *Liszt Hitecture*, do húngaro Czigány László[25], com música de Ferenc Balogh, sobre o prédio do Palácio da Cidade em Weimar, na Alemanha, em 2013, que recebeu o primeiro prêmio do festival Genius Loci Weimar Fassadenprojektions Festival.

---

24 *Omote*, de Nobumichi Asai. Face tracking. Japão, 2014. (OMOTE / Real Time Face Tracking & Projection Mapping. Disponível em: <https://vimeo.com/103425574>. Acesso em: 14 mar. 2018.)

25 *Liszt Hitecture*, de Czigány László. (BUILDING Projection Weimar 2013 Genius Loci First Prize. Disponível em: <https://vimeo.com/73288414>. Acesso em: 14 mar. 2018.)

Tanto a videoarte como o *videomapping* estão cada vez mais presentes no cenário das artes mediadas tecnologicamente, seja nas galerias de arte e nos museus, estes com retrospectivas de obras de Paik, por exemplo, seja nas instalações com projeção mapeada *indoor* e *outdoor*, nas quais o som e a música vêm cumprindo um papel funcional e auxiliar, destacando-se a primazia da imagem e da tecnologia computacional.

6.4 Som e música nas instalações interativas

Nos últimos anos, a presença de instalações interativas é cada vez mais frequente não apenas em galerias de arte, mas também em museus. As instalações interativas – popularizadas pela mediação tecnológica das **interfaces digitais**[26] – vêm ocupando espaços de destaque em exposições artísticas e científicas, nas interfaces técnicas e dialógicas com o público.

A hibridização de meios, que tradicionalmente caracterizou as instalações, é ainda mais presente nas chamadas *instalações interativas*, *webinstalações* ou *ciberinstalações* (Proença, 2013). Essas relações entre meios eletrônicos e artes e ciência são comentadas por Plaza (2010, p. 13), que afirma: o "caráter tátil-sensorial, inclusivo e abrangente das formas eletrônicas permite dialogar em ritmo intervisual, intertextual e intersensorial com vários códigos da informação".

6.4.1 Interatividade nas artes visuais

Para Santaella (2005, p. 63), o "adjetivo interativo surgiu como o termo mais inclusivo para descrever o tipo de arte da era digital, a *ciberarte*, na qual a rapidez de transformação da tecnologia tem expandido notavelmente o campo de atuação do artista". Assim, estamos nos referindo a instalações que utilizam interfaces digitais para a mediação do diálogo do público com a obra.

---

26 *Interfaces digitais* são dispositivos eletrônicos, tais como câmeras, teclados, mesas multitoque etc., tanto de entrada de dados quanto de saída, que funcionam como pontes entre as ações humanas e os códigos do computador. Cabe ao público interator executar uma ação, a qual é captada pela interface, que a envia a um programa; este, por sua vez, processa e retorna com outra informação para o espaço.

Figura 6.4 – Diagrama funcional da interface digital

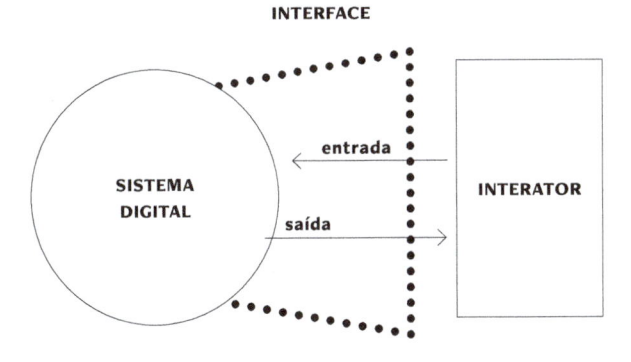

```
            INTERFACE
         ....
      ....    .
    ...        .
   .     entrada .
  ( SISTEMA  ←────  [ INTERATOR ]
  ( DIGITAL   saída
   .        ─────→ .
    ...        .
      ....    .
         ....
```

A interatividade permite ao público essa "imersão" na obra ou instalação. Com a possibilidade de acessar e manipular informações, o usuário, que passa a ser denominado *interator*, pode escolher diferentes percursos dentro do sistema. O que "caracteriza peculiarmente esse tipo de obra é a possibilidade de intervenção afetiva do sujeito, suas ações articuladas com o que é exposto aos sentidos, exigindo interpretação e leitura" (Proença, 2013, p. 40).

Não se trata mais de uma fruição unicamente visual, como a relação que se estabelece entre o visitante de uma galeria de arte e a pintura, mas de uma relação recíproca entre usuários e interfaces computacionais inteligentes, com a ação do receptor está como centro da estética. Para Bochio e Castellani (2011), é a atividade do receptor que dá forma e presença à obra de arte interativa, e é também a fonte primária de sua experiência estética.

Assim, se a obra interativa é concebida com foco na ação, ainda que orquestrada pelo artista, esta não é performada nem alterada por ele durante a fruição, característica que diferencia a arte interativa de todas as outras formas de arte. Nessa perspectiva, a interatividade rompe com a comunicação na qual há uma mensagem e um sentido enunciado transmitidos por um emissor a um receptor. O interator participa e é, portanto, sujeito nessa relação, podendo também, criativamente, enunciar os sentidos da obra.

Na interatividade em museus, exposições interativas potencializam a experiência do visitante. A manipulação da instalação e a informação derivada dessa experiência são o que mais importa na relação visitante-instalação. Sobre a questão, Gil (1993, citado por Gonçalves, 2012, p. 15) afirma:

> Nas exibições interativas, os objetos são peças de equipamentos especialmente concebidas para que o próprio visitante do museu possa efetuar as

experiências e observações, permitindo a apreensão de conceitos, ideias e princípios científicos e técnicos... Não é o objeto em si que conta, mas a informação que pode ser obtida, a partir da sua manipulação.

Segundo Oliveira et al. (2018, p. 2), a interatividade "adequa-se ao uso educativo por favorecer uma atitude exploratória face ao conhecimento". Se, por um lado, conceitos científicos influenciam novos paradigmas artísticos, manifestados na incorporação de meios digitais à confecção de obras, por outro, as instalações interativas visam uma interpretação artística do conhecimento científico.

6.4.2 Som, música e interatividade

A origem da interatividade na música surgiu entre os compositores da *avant-garde*, como o norte-americano John Cage[27] (1912-1992), um dos mais influentes pensadores e artistas a utilizar o acaso e o indeterminismo como uma parte integral de seu processo de composição. Ao encorajar a interação entre o artista e o público e incluir a participação da audiência no resultado da *performance* de seu trabalho criativo, Cage engendrou nas gerações seguintes o conceito de interação homem-computador, rumo à interatividade.

O som e a música aplicados às instalações interativas têm seu uso associado à presença da obra e à intensificação da interatividade, portanto sem cumprir um papel funcional, necessariamente narrativo. Assim, é mais frequente o emprego do som e da música como *design sonoro*[28], em que sons e pequenas formas estruturadas são tratados como objetos, na tradição da escuta da música eletroacústica.

Como comenta Mamedes (2015), no ambiente expositivo de galerias e museus, o comportamento do visitante difere do ouvinte de música ou do espectador de cinema, por não haver um compromisso de

---

27 Com um simples passo (a negação da intenção como necessária à composição), Cage mudou radicalmente a maneira de se ver a música do que qualquer outro músico do século XX: deixando que as decisões se fizessem por operações casuais, admitindo a indeterminação nos atos de composição e execução e abrindo sua música a todas as diversidades materiais (Griffiths, 1995).

28 *Sound design* ou *desenho sonoro* é o processo de escolha, inserção, manipulação ou geração dos elementos auditivos de um filme, como os efeitos sonoros e o diálogo.

fruição temporal estabelecida: o interator pode entrar a qualquer momento da *performance* da instalação. Durante a fruição, o público tem uma percepção integral do espaço como uma única obra, onde é convidado a uma experiência multissensorial que depende de seu engajamento e de sua imersão. O som inserido na experiência interativa cumpre o papel de estímulo, de potencializador da imersão do interator.

Dessa forma, o tratamento dado aos objetos sonoros inseridos nas instalações interativas aproxima-se mais de um *design* sonoro, ou desenho sonoro, como mencionamos anteriormente. É preciso manipular, controladamente, a entrada e a saída de sons ou de trechos de som, sua intensidade e sua sistematização no tempo. Aplicada às instalações interativas, segundo Mamedes (2015), a definição do conceito de *design* sonoro refere-se tanto à modelagem sonora durante o processo de elaboração quanto à sua articulação entre as diferentes mídias, o que faz dela uma atividade associada à invenção artística e à inovação técnica.

Abrunhosa (2014) comenta sobre a função conectiva do som sob as condições acústicas que os espaços condicionam: para ele, o som, nas instalações interativas, opera a união dos vários elementos, como o espaço, o público e as mídias. Os espaços são condicionantes acústicos e alteram o resultado sonoro, determinando percepções específicas na sala onde está presente a instalação. Nesse contexto, se o espaço sonoro é delimitado pela especificidade do local de exibição, a espacialidade sonora também é elemento determinante para a efetividade do processo imersivo do interator.

Alguns exemplos de instalações artísticas ilustram a participação do som e da música na interatividade. A instalação *Métamorphy*[29], da Scenocosme, realizada por Grégory Lasserre e Anaïs met den Ancxt em 2015, é um trabalho de interface humana que utiliza uma membrana de tecido. A cada interação, única, a música fortalece a imersão ao reproduzir, associadamente às imagens produzidas, texturas sintéticas eletrônicas alteradas pelo interator.

Na obra *Quantum space*[30], de Igor Tatarnikov, Denis Perevalov e Ksenia Lyacshenko, com música de Ilya Orange, instalada em sala interativa do M'ARS Gallery em Moscou em 2015, as paredes da sala foram

---

29   MÉTAMORPHY Interactive Art. Disponível em: <http://www.scenocosme.com/metamorphy.htm>. Acesso em: 14 mar. 2018.
30   QUANTUM Space / Interactive Room. Disponível em: <http://kuflex.com/Quantum-Space>. Acesso em: 26 mar. 2018.

inteiramente cobertas por projeções interativas. As visualizações abstratas são geradas em tempo real a partir dos movimentos dos interatores.

Os resultados da imersão do público nas instalações interativas têm inspirado o uso publicitário por empresas, como na instalação *Fluidic – sculpture in motion*[31], realizada por Joreg Sebastian Gregor, Anton Mezhiborskiy, Daniel Teige, Marian Mentrup e Michael Sollinger para a Whitevoid em 2013, apresentada no Temporary Museum for New Design em Milão, no espaço destinado à Hyundai's Advanced Design Center.

Válido tanto para as obras artísticas quanto para as instalações científicas em museus, o conceito de que as obras interativas são concebidas com foco na ação, em que o som e a música aplicados precisam atender à primazia da interatividade, implica, seja para o compositor, seja para o desenhista de som, a concepção criativa do som de forma conectiva com as outras mídias.

6.5 Som em 3D: espacialização do som e da música

Espacialização sonora é um recurso técnico que está presente nas diversas formas híbridas de artes visuais, como nas instalações interativas, videoarte, música-vídeo, entre outras manifestações, em um procedimento técnico-artístico originado ainda no início dos anos 1950, nas experimentações da linguagem da música eletroacústica.

No Capítulo 1 deste livro, comentamos sobre o mecanismo de localização da direção de um som, que funciona por meio de indicações auditivas que advêm do fato de termos dois ouvidos posicionados separadamente, fazendo com que o som chegue de forma distinta a cada um. É, portanto, a leitura da diferença do tempo de chegada do som entre os dois ouvidos que forma, no cérebro, a "imagem" de posicionamento de uma fonte de som, denominada *audição binaural*.

---

[31] FLUIDIC – Sculpture in Motion. Disponível em: <https://www.youtube.com/watch?v=yQ3vqfdITo0>. Acesso em: 26 mar. 2018.

Em nossos aparelhos de som caseiros, há sistemas estereofônicos com dois canais e, mais recentemente, nos aparelhos chamados *hometheater,* com cinco canais disponíveis, o sistema 5.1. Escutar música ou assistir a um filme com o som "espacializado" no sistema 5.1[32] permite perceber o posicionamento dos sons na sala, distribuídos dinamicamente entre cinco alto-falantes: dois dispostos à frente dos ouvintes, dois dispostos atrás e o quinto alto-falante, denominado *sub-woofer,* que reproduz apenas os sons graves, disposto à frente e ao centro. Essa disposição é fixada em razão da dificuldade que o ouvido humano tem de localizar sons graves ou de baixa frequência, cujas diferenças de tempo de recepção são mais dificilmente percebidas pelos ouvidos por se tratar de ondas sonoras bem mais longas.

Esses sistemas permitem outras configurações na distribuição dos instrumentos, dos diálogos e ruídos das mídias, acrescentando dimensões sonoras ao sistema estéreo de dois canais, que nos permitia formar a "imagem" da orquestra ou da trilha sonora de um filme emitida dinamicamente apenas no espaço compreendido entre os dois alto-falantes dispostos à nossa frente.

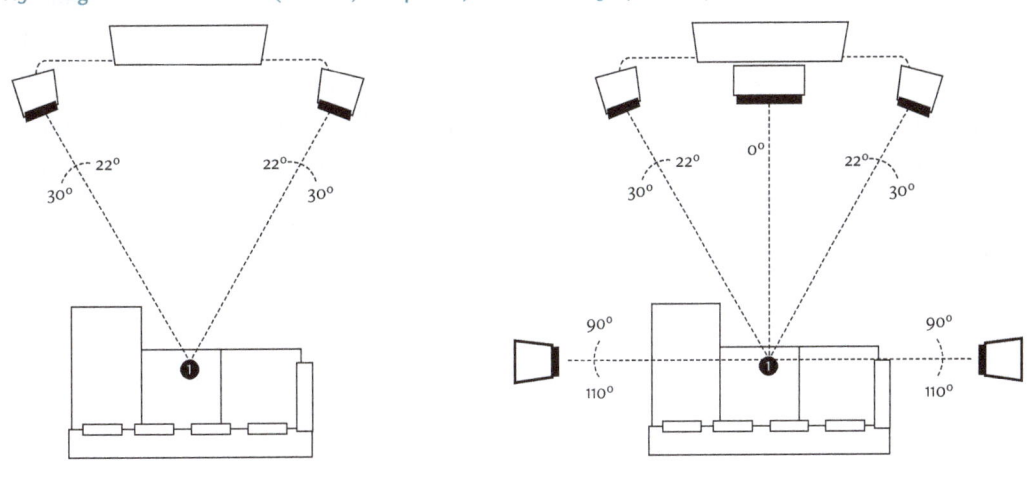

Figura 6.5 – Diagrama do sistema 2.1 (estéreo, à esquerda) e do sistema 5.1 (à direita)

---

[32] Já há disponíveis, no mercado, equipamentos de uso doméstico com sistema 7.1, com seis alto-falantes e o *sub-woofer*.

Na verdade, como a nossa audição binaural possibilita a localização dos sons em um ambiente, a execução de uma peça musical ao vivo ou mesmo toda a paisagem sonora que nos envolve sempre pode ser considerada especializada, na medida em que o ouvinte se utiliza de sua percepção para identificar o posicionamento das fontes. O posicionamento é intrínseco à forma e ao local da propagação sonora, dependendo também das condições acústicas do espaço. O sistema 5.1 ou 7.1 proporciona um processo de escuta em que os ouvintes são "envolvidos" – em inglês *surrounded* – pelos eventos sonoros. Daí a denominação *sound surround*.

6.5.1 Espacialização da música

Historicamente, a preocupação artística dos músicos em relação à espacialização está ligada à exploração das possibilidades acústicas dos locais públicos onde a música era praticada. O compositor renascentista flamengo Adrian Willaert[33] (1490-1562), expandindo a prática do uso de múltiplos coros, experimentou dispô-los em lados opostos da Basílica de São Marcos, em Veneza. O resultado implicou a difusão dessa prática não apenas entre os compositores venezianos, como Andrea Gabrielli[34] (1532-1586), mas de toda uma geração na Europa. Embora outros compositores no período barroco e clássico utilizassem a especialização como elemento artístico em suas obras, só no século XX a espacialização sonora foi alçada a um patamar de importância comparável à de outros parâmetros ou dimensões da composição, como a intensidade e a altura das notas.

Os primeiros experimentos utilizando a espacialização na música eletroacústica foram feitos por Pierre Schaeffer (1910-1995) e Pierre Henry (1927-2017), na França, na década de 1950. No entanto, foi a partir da apresentação ao público de instalações de concerto espaciais do Pavilhão Philips – desenvolvido pelo arquiteto Le Corbusier em 1958 –, com obras de Iannis Xenakis e Edgard Varèse para a Exposição

---

[33] Adrian Willaert: compositor flamengo da música renascentista. Foi um dos mais influentes compositores de sua geração; *maestro di capella* da Catedral de São Marcos, em Veneza (Horta, 1985).

[34] Andrea Gabrielli foi um compositor e organista italiano da Renascença. Organista da Catedral de São Marcos, ampliou o uso da *antifonia*, o uso dos coros em oposição (Horta, 1985).

Universal de Bruxelas, e do exemplo da Sala de Concerto Esférica de Karlheinz Stockhausen e Fritz Bornemann para a Word Fair de 1970, realizada em Osaka, que a audiência foi exposta à experiência de múltiplas ambientações sônicas, produzindo uma atenção exploratória, em um modo de recepção e escuta engajada na construção particular de coerência (Mamedes, 2015).

O público acomodou-se em uma grade permeável ao som logo abaixo do centro da esfera, onde 50 grupos de alto-falantes distribuídos ao redor reproduziram inteiramente, em três dimensões, composições eletroacústicas especialmente compostas ou adaptadas para a sala esférica. Durante a exposição de 180 dias, Stockhausen e 19 conjuntos apresentaram shows ao vivo para mais de um milhão de visitantes. Sua obra *Spiral*, composta para um solista e rádio de ondas curtas, foi apresentada mais de 1.300 vezes.

A simulação da movimentação de objetos sonoros em um sistema multicanal não é apenas frequente na música eletroacústica[35], mas considerada mesmo um procedimento integrante de sua linguagem artística.

Quando o compositor eletroacústico aplica uma movimentação espacial entre os alto-falantes a um objeto sonoro dado, está manipulando um arquivo digital de um som ao qual ele atribui um gesto. Esse gesto é identificado a partir da observação da forma como o espectro do som varia ao longo do tempo.

Agora, podemos falar da **modelagem** do sistema digital, na qual, por meio de um *software* específico, é possível espacializar as fontes sonoras previamente gravadas reposicionando essas fontes virtualmente, o que possibilita ao usuário movimentá-las durante a execução da peça (Thomaz, 2007), ou seja, durante a *performance* ao vivo.

Em uma instalação, a espacialização sonora também pode ser utilizada para conduzir a atenção do visitante a momentos importantes do projeto conceitual de uma obra, favorecendo o *design* dinâmico

---

35 Por *sistema de espacialização sonora* entende-se a cadeia completa de equipamentos e processos técnicos para espacializar fontes sonoras. A reprodução espacial ocorre por meio de uma configuração de vários alto-falantes, controlados por um sistema multicanal.

para o material sonoro. Dois dos programas para espacialização sonora mais utilizados hoje são o SPAT[36], desenvolvido pelo IRCAM[37], e o Max for Live.

Ambos os aplicativos "modelam" e automatizam não apenas o posicionamento dos sons emitidos, mas também sua distribuição dinâmica no tempo, movendo os objetos sonoros como projéteis lançados de um ponto a outro em uma área determinada, em velocidade programável. Tais operações são efetivas para a produção de outros sentidos ao visitante de uma instalação. O deslocamento regular e repetido de um som pode produzir, no espaço, a percepção de um impulso rítmico no ouvinte, mesmo que o som seja um corpo contínuo.

Em um interessante projeto de instalação sonora do artista inglês Nye Parry, *Significant Birds*[38] (2013), o ouvinte é confrontado com um conjunto de 12 gaiolas de pássaros suspensas, cada uma contendo um pequeno alto-falante. A partir de cada alto-falante, é possível ouvir um chilrear de um pássaro, mas na verdade o que se ouve é uma única parte ou camada de frequências do espectro de sons componentes de uma gravação da fala humana. Se o ouvinte se posicionar no ponto preciso da instalação, consegue ouvir, em tempo sincronizado, as 12 informações diferentes, o que recompõe o discurso verbal, embora nenhuma das gaiolas emita nada além de seu único som parcial. O ouvido capta as frequências individuais, que são então reconstituídas pelo cérebro para recompor o som significativo da fala. Nesse caso,

---

[36] Ben Chick publicou um vídeo com vários exemplos práticos de operação do software *Spat*, do IRCAM: IRCAM Spat v.3 Ben-D-Demo. Disponível em: <https://www.youtube.com/watch?v=XPLSrY4xLRw&feature=youtu.be>. Acesso em: 20 ago. 2017.

[37] O IRCAM (*Institut de Recherche et Coordination Acoustique/Musique* ou Instituto de Pesquisa e Coordenação de Música e Acústica) é uma instituição francesa dedicada à pesquisa e à criação de música contemporânea criado pelo compositor Pierre Boulez a pedido de Georges Pompidou em 1969. A sede do instituto, em Paris, foi inaugurada em 1977. O instituto foi criado na esteira das atividades do Groupe de Recherche de Musique Concrète (GRMC) fundado por Pierre Schaeffer e Pierre Henry, em atividade na ORTF de 1951 a 1975 (IRCAM Centre Pompidou. Disponível em: <http://www.ircam.fr/>. Acesso em: 20 ago. 2017).

[38] O autor explica (em inglês) o projeto Significant Birds em: SIGNIFICANT Birds at Illusion. Disponível em: <https://www.youtube.com/watch?v=vLlYExpYnSw>. Acesso em: 20 mar. 2018.

a *performance* é do público, claramente interativa. É o público que se desloca no espaço em relação ao som, na busca pelo sentido do discurso[39].

Assim, a espacialização sonora, seja aplicada à música eletroacústica, seja articulada com outras mídias computacionais, como em uma instalação audiovisual, é uma técnica que, a serviço das linguagens artísticas contemporâneas, vem cumprindo um papel fundamental no estímulo à produção de novos sentidos e na potencialização da imersão do espectador.

Síntese

Neste capítulo, abordamos alguns aspectos acerca do uso do som e da música articulado às artes visuais e performáticas nos espaços públicos. Evitamos nos deter em análises do uso da música na ópera, que, apesar de ser uma manifestação tradicional e multidisciplinar nas artes, é associada ao campo musical cujo estudo extrapolaria os objetivos deste livro. Todavia, como em todas as manifestações artísticas contemporâneas, a hibridação de diferentes linguagens artísticas que também ocorre nas novas formas da ópera pode trazer interesse para estudos posteriores nesse campo. Visitamos a *commedia dell'arte* e o teatro elisabetano e tratamos dos principais pensadores do teatro do século XX e o uso de som e da música para a cena teatral. Analisamos o uso do som e da música nas projeções em videoarte e *videomapping*, nas instalações interativas em arte e encerramos discorrendo sobre as tecnologias e aplicações para espacialização do som em 3D, um dos importantes recursos expressivos nas instalações de arte.

Apresentamos, a seguir, alguns dados importantes sobre o que discutimos neste capítulo.

---

[39] Mais detalhes no *site* Science Gallery (em inglês): SCIENCE GALLERY. **Significant Birds**. Disponível em: <https://dublin.sciencegallery.com/illusion/significantbirds>. Acesso em: 20 ago. 2017.

Sobre a música nos espaços públicos	Na Idade Média, a música era produzida e ouvida em planos restritos às comunidades feudais em que estavam inseridas; a igreja era o centro da produção musical.
	No Renascimento, ocorreu a transposição da atividade econômica de estrutura feudal para a dinâmica das cidades mercantis e a música passou da igreja para os palácios.
	A ocorrência de música nos espaços públicos, no decorrer da história, tem cumprido o papel de mediação das sociabilidades, e seu desenvolvimento técnico e artístico esteve condicionado às transformações econômicas e sociais.
Sobre o som e a música no teatro	Todo o universo sonoro presente na cena teatral cumpre um papel expressivo: a voz e o corpo dos atores como emissores de som e de musicalidade – tais como o ritmo das falas, dos sons produzidos pelo movimento e pelos gestos –, o ambiente, o cenário, os objetos de cena e mesmo o silêncio intencional compõem a musicalidade do fazer teatral.
	A contribuição da música a cada nova necessidade expressiva ou técnica cênica desenvolvidas pelos encenadores foi uma das principais características das inovações do teatro no século XX.
	No teatro épico de Brecht, a musicalidade da palavra tem a função de dar ênfase ao sentido do texto e produzir um efeito de distanciamento, com o emprego de conceitos musicais na elaboração da dicção e entonações diferenciadas; as canções são sempre usadas com a função de comentário à cena e operam como instrumentos de ruptura do discurso, evitando o efeito de ilusão naturalista do teatro.

(continua)

(conclusão)

Sobre o som e a música no videoarte e *videomapping*	A videoarte, manifestação que admite a manipulação de imagens em tempo real, guarda referências às manifestações artísticas contemporâneas que buscam, usualmente, se opor à linguagem dos meios de comunicação de massa, utilizando as formas da *avant-garde* musical, como a música eletroacústica e música eletrônica.
	Segundo Garcia (2014, p. 9), "a técnica de *videomapping* (VM), ou projeção mapeada, é uma forma de expressão artística e comunicativa que usa interfaces tecnológicas audiovisuais e computacionais". A projeção mapeada de animações pode ser apresentada tanto sobre superfícies internas (*indoor*), em ambiente real controlado, como uma sala, quanto externas (*outdoor*) ou cenários urbanos.
Sobre o som e a música nas instalações interativas	Interfaces digitais são dispositivos eletrônicos, tais como câmeras, teclados, mesas multitoque etc., tanto de entrada de dados quanto de saída, que funcionam como pontes entre as ações humanas e os códigos do computador.
	O som e a música aplicados às instalações interativas têm seu uso associado à presença da obra e à intensificação da interatividade, portanto sem cumprir um papel funcional narrativo.
	As obras interativas são concebidas com foco na ação que, ainda que orquestrada pelo artista, não é performada nem alterada por ele durante a fruição, característica que diferencia a arte interativa de todas as outras formas de arte.
	A interatividade rompe com a comunicação na qual há uma mensagem e um sentido enunciado transmitidos por um emissor a um receptor. O interator participa e está habilitado a, criativamente, enunciar os sentidos da obra.
Sobre a espacialização do som e da música	Historicamente, a preocupação artística dos músicos em relação à espacialização está ligada à exploração das possibilidades acústicas dos locais onde a música era praticada.
	A simulação da movimentação de objetos sonoros em um sistema multicanal é um procedimento integrante da linguagem artística da música eletroacústica.

Atividades de autoavaliação

1. No que se refere aos usos da música nos espaços públicos, é possível afirmar:
   a) As práticas musicais estão intrinsecamente relacionadas ao uso social dos espaços públicos.
   b) A transformação da economia feudal para o mercantilismo na Europa não produziu mudanças significativas nas práticas musicais.
   c) As cidades feudais mantinham um notável intercâmbio cultural com outras cidades, o que permitiu a lenta transformação das práticas musicais.
   d) Os chamados *músicos de rua*, desde sempre, fizeram os usos dos espaços públicos nas cidades sem, contudo, transformar as sociabilidades.

2. Sobre o uso do som e da música no teatro, é possível afirmar:
   a) No teatro elisabetano de William Shakespeare, a música estava presente nas cenas unicamente no uso de canções.
   b) Durante a história do teatro, a função do som e da música tem sido a de prestar suporte emocional à cena.
   c) Os teóricos do teatro do século XX utilizaram-se da música e de conceitos musicais como elementos organizadores do espaço em um espetáculo cênico.
   d) No teatro, as falas e os sons produzidos pelos movimentos e pelos gestos dos atores integram o universo sonoro da cena.

3. Desde a tradição do antigo teatro chinês de sombras até os dias de hoje, a projeção de imagem vem fazendo parte do desenvolvimento das artes visuais. Sobre videoarte e projeção mapeada, é possível afirmar:
   a) Nas projeções mapeadas (*videomapping*), a música é, com frequência, utilizada para ocultar a percepção de "concretude" dos eventos visuais.
   b) *Site-specific projection* é o termo que significa um tipo de projeção concebido para um espaço previamente determinado.

c) A videoarte é destinada à projeção em espaços internos e a projeção mapeada ou *videomapping* é destinada à projeção em espaços externos.

d) A projeção mapeada em espetáculos de dança é previamente determinada, o que submete a coreografia a ela relacionada, constituindo-se, pois, em uma verdadeira relação de interatividade.

4. Identifique as afirmativas a seguir como verdadeiras (V) ou falsas (F):

    ( ) Nas obras de arte interativas, é a ação do receptor que está no centro de toda a experiência estética.

    ( ) Nas instalações interativas, a música opera como criadora de uma atmosfera emocional para a experiência estética.

    ( ) Na interatividade, o visitante interator ou receptor é conduzido pela narrativa do artista.

    ( ) Nas instalações interativas, a música opera como elemento intensificador da ação interativa.

5. Identifique as afirmativas a seguir como verdadeiras (V) ou falsas (F):

    ( ) A disposição de coros em lados opostos da igreja por Willaert não tem relação com espacialização sonora.

    ( ) A espacialização nos sistemas de som no cinema tem como objetivo a simulação de ambientes reais, induzindo a uma ilusão de realidade e materialidade dos eventos visuais.

    ( ) A espacialização dinâmica do som não é possível durante apresentações ao vivo, mas apenas previamente fixada.

    ( ) A espacialização sonora em instalações audiovisuais é um recurso técnico que auxilia a imersão do ouvinte e a produção de novos sentidos.

6. Identifique as afirmativas a seguir como verdadeiras (V) ou falsas (F):

    ( ) O desenvolvimento das práticas musicais nos espaços privados do lar permitiu o surgimento, no início do século XIX, de um mercado de partituras musicais para amadores e, por consequência, a opção de um músico compositor tornar-se um profissional autônomo.

    ( ) Nas instalações educativas, a interatividade favorece a atitude exploratória diante do conhecimento.

( ) As experimentações de músicos identificados com os movimentos da *avant-garde* permaneceram restritas aos espaços acadêmicos e não influenciaram o desenvolvimento de novas tecnologias e usos comerciais da espacialização sonora.

( ) No século XX, em um processo de convergência de linguagens, o teatro buscou na música as ferramentas de que necessitava para o desenvolvimento de novas formas e expressão cênicas.

Atividades de aprendizagem

1. Os usos e práticas da música, em todos os períodos históricos, foram determinados pelas sociabilidades nos espaços de ocorrência (públicos e privados). Em sua opinião, quais foram impactos sociais mais importantes causados por intervenções com música, teatro e projeções nos espaços urbanos?

2. Considerando que a ação interativa é o centro produtor de sentido de uma instalação audiovisual, é possível afirmar que a ação designa a obra interativa. Embora a experiência estética seja claramente determinada pelo visitante, em sua opinião, quanto nesse processo é controlado ou conduzido pelo criador?

Atividade aplicada: prática

1. Assista ao vídeo *Liszt Hitecture*, de Czigány László para o Building Projection Weimar de 2013. Em seguida, produza um texto que descreva e relacione, comparativamente, os eventos visuais à música.

    BUILDING Projection Weimar 2013 Genius Loci First Prize. Disponível em: <https://vimeo.com/73288414>. Acesso em: 20 mar. 2018.

Considerações finais

No decorrer deste livro, discutimos sobre as relações entre som, música e imagem, seus elementos constituintes, contextos de ocorrência e funções. Alternamos textos teóricos que fundamentam conceitos úteis com outros textos mais descritivos acerca das manifestações artísticas contemporâneas, com o objetivo de fornecer novos conteúdos e referências para o contexto das artes. O livro foi desenvolvido com o objetivo de colocar em relevância, a todo momento, relações entre som e imagem, entre manifestações visuais e sonoras em um mundo contemporâneo caracterizado pela comunicação audiovisual.

Nosso objetivo não foi esgotar os temas abordados, mas, ao discutirmos a história, os usos e os conceitos das mais diversas manifestações artísticas contemporâneas, optamos por apresentar um recorte abrangente para o entendimento das artes audiovisuais. Considerando as transformações e inovações que a mediação tecnológica oferece a todo momento ao público, ao artista e ao educando, é importante reconhecer as limitações deste trabalho, pois, em avanço constante, as experimentações artísticas inovam as proposições estéticas e demandam novas soluções técnicas em um *continuum* de dois sentidos entre tecnologia e expressão.

A convergência entre a comunicação e as artes e a difundida mediação tecnológica na vida contemporânea têm atraído o interesse e a curiosidade de estudantes de todas as faixas etárias. Ótimos exemplos dessas manifestações são hoje facilmente acessíveis por meio da rede mundial de computadores, o que sugere a pertinência da temática no âmbito educacional.

O acesso aos exemplos recomendados disponíveis na internet é fundamental para a apreensão da multitude de conceitos fornecidos nos textos, como ferramentas úteis para o diálogo em aula e futuras reflexões.

Finalmente, esperamos que a leitura deste livro tenha proporcionado a você, leitor, uma experiência proveitosa, contribuindo para a descoberta das muitas possibilidades que as artes contemporâneas têm ofertado por meio da mediação tecnológica e, sobretudo, que tenha possibilitado uma vivência lúdica diante das novas descobertas e da fruição das obras selecionadas, objetivo irrenunciável de toda arte.

Referências

ABERT – Associação Brasileira de Emissoras de Rádio e Televisão. **Classificação de emissoras de radiodifusão quanto ao aspecto técnico**. Disponível em: <http://www.abert.org.br/web/index.php/2013-05-22-13-33-19/2013-06-09-21-38-22/tecnicamenu/item/21647-classificacao-de-emissoras-de-radiodifusao-quanto-ao-aspecto-tecnico>. Acesso em: 26 mar. 2018.

ABRUNHOSA, P. R. V. **Machine echoes**: esculturas sonoras interativas. Dissertação (Mestrado em Som e Imagem) – Universidade Católica Portuguesa, Porto, 2014.

ADORNO, T. W. On some Relationships between Music and Painting. **The Musical Quarterly**, v. 79, n. 1, p. 66-79, 1995.

ADORNO, T. W. **Textos escolhidos**. São Paulo: Nova Cultural, 1996.

ADORNO, T. W.; EISLER, H. **El cine y la música**. Madrid: Fundamentos, 1976.

ALIVE Inside/Vida Por Dentro: a música vivifica a memória. Direção: Michael Rossato-Bennett. EUA: Projector Media, 2014. 77 min. Disponível em: <https://www.youtube.com/watch?v=-SiP1yVSe5A>. Acesso em: 20 mar. 2018.

ALMEIDA, M. J. de. **Cinema**: arte da memória. Campinas: Autores Associados, 1999.

ALTOÉ, A.; SILVA, H. da. O desenvolvimento histórico das novas tecnologias e seu emprego na educação. In: ALTOÉ, A; COSTA, M. L. F.; TERUYA, T. K. **Educação e novas tecnologias**. Maringá: Eduem, 2005. p. 13-25.

ALVES, J. **O som e o audiovisual**. Disponível em: <http://www.ipv.pt/forumedia/3/3_fi6.htm>. Acesso em: 13 mar. 2018.

AMORIM, E. R. de. **História da TV brasileira**. São Paulo: Centro Cultural São Paulo, 2007.

ANTUNES, E. **De caipira a universitário**. São Paulo: Matrix, 2012.

ÁUDIO. In: **Michaelis**. Dicionário Brasileiro da Língua Portuguesa. Disponível em: <http://michaelis.uol.com.br/busca?r=0&f=0&t=0&palavra=%C3%81udio>. Acesso em: 5 mar. 2018.

AYREY, C. **Theory, Analysis and Meaning in Music**. Cambridge: Cambridge University Press, 1994.

BAGNATO, V. S. Prêmio Nobel de Física de 2005: Theodor W. Hänsch, John L. Hall e a espectroscopia de precisão. **Física na Escola**, v. 6, n. 2, p. 39-41, 2005. Disponível em: <http://www1.fisica.org.br/fne/phocadownload/Vol06-Num2/a141.pdf>. Acesso em: 5 mar. 2018.

BAKHTIN, M. **Estética da criação verbal**. Tradução de Paulo Bezerra. São Paulo: M. Fontes, 2003.

BAPTISTA, A.; FREIRE, S. As funções da música no cinema segundo Gorbman, Wingstedt e Cook: novos elementos para a composição musical aplicada. In: CONGRESSO DA ASSOCIAÇÃO NACIONAL DE PESQUISA E PÓS-GRADUAÇÃO EM MÚSICA – ANPPOM, 16., 2006, Brasília. Disponível em: <http://antigo.anppom.com.br/anais/anaiscongresso_anppom_2006/CDROM/COM/07_Com_TeoComp/sessao01/07COM_TeoComp_0103-182.pdf>. Acesso em: 26 mar. 2018.

BARBOSA, A. L. P. **A relação som-imagem nos filmes de animação norte-americanos no final de década de 1920**: do silencioso ao sonoro. Dissertação (Mestrado em Cinema) – Universidade de São Paulo, 2009. Disponível em: <http://www.teses.usp.br/teses/disponiveis/27/27153/tde-17032010-175658/pt-br.php>. Acesso em: 26 mar. 2018.

BARTH, F. Introduction. In: BARTH, F. (Ed.). **Ethnic Groups and Boundaries**: the Social Organization of Culture Difference. Oslo: Universitetsforlaget, 1969. p. 9-38.

BATRES, E. M. **Notas sobre educación musical**. Guatemala: Avanti, 2010.

BAUMAN, Z. **A cultura no mundo líquido moderno**. Rio de Janeiro: Zahar, 2013.

BAYLE, F. L'image de son, ou "i-son": métaphore/métaforme. In: MCADAMS, S.; DELIÈGE, I. (Org.). **La musique et les sciences cognitives**. Liège: Mardaga, 1989. p. 235-242.

BÈHAGUE, G. Discurso musical e discurso sobre música: sistemas de comunicação incompatíveis? In: ASSOCIAÇÃO NACIONAL DE PESQUISA E PÓS-GRADUAÇÃO EM MÚSICA, 8., 1998, Campinas. Disponível em: <http://hugoribeiro.com.br/biblioteca-digital/Behague-discurso_musical_discurso_sobre_musica.pdf>. Acesso em: 13 mar. 2018.

BENJAMIN, W. **A obra de arte na era de sua reprodutibilidade técnica**. Porto Alegre: Zouk, 2012.

BIANCHI, G. S. Memória radiofônica: a trajetória da escuta passada e presente de ouvintes idosos. In: CONGRESSO BRASILEIRO DE CIÊNCIAS DA COMUNICAÇÃO, 32., 2009, Curitiba. **Anais**... Disponível em: <http://www.intercom.org.br/premios/2009/Bianchi.pdf>. Acesso em: 12 mar. 2018.

BLOCKBUSTER. In: **Significados**. Disponível em: <https://www.significados.com.br/blockbuster/>. Acesso em: 13 mar. 2018.

BOCHIO, A. L.; CASTELLANI, F. M. Espaços entre o sonoro: uma abordagem sobre as instalações artísticas e as noções de interatividade e desmaterialização. In: ENCONTRO INTERNACIONAL DE MÚSICA E ARTE SONORA, 2., 2011, Juiz de Fora.

BORGES NETO, J. Música é linguagem? **Revista Eletrônica de Musicologia**, v. 9, out. 2005. Disponível em: <http://www.rem.ufpr.br/_REM/REMv9-1/borges.html>. Acesso em: 6 mar. 2018.

BORNHEIM, G. A. **Brecht, a estética do teatro**. Rio de Janeiro. Graal, 1992.

BOSSEUR, J.-Y. **Musique et arts plastiques**: interactions au XXe siècle. Paris: Minerve, 2006. (Collection Musique Ouverte).

BRANN, E. Socrates on Music and Poetry. **The Imaginative Conservative**, 11 abr. 2016. Disponível em: <http://www.theimaginativeconservative.org/2016/04/socrates-on-music-and-poetry.html>. Acesso em: 6 mar. 2018.

BRASIL. Lei n. 12.965, de 23 de abril de 2014. **Diário Oficial da União**, Poder Legislativo, Brasília, DF, 24 abr. 2014. Disponível em: <http://www.planalto.gov.br/ccivil_03/_ato2011-2014/2014/lei/l12965.htm>. Acesso em: 20 ago. 2017.

BRECHT, B. O rádio como aparato de comunicação: discurso sobre a função do rádio. Tradução de Tercio Redondo. **Estudos Avançados**, v. 21, n. 60, São Paulo, p. 227-232, maio/ago. 2007. Disponível em: <http://www.scielo.br/scielo.php?script=sci_arttext&pid=S0103-40142007000200018>. Acesso em: 12 mar. 2018.

BURG. In: **Merriam-Webster**. Disponível em: <https://www.merriam-webster.com/dictionary/burg>. Acesso em: 20 mar. 2018.

CADERNO de Música fala sobre a música incidental. **EBC**, Rádios, 9 maio 2015. Disponível em: <http://radios.ebc.com.br/caderno-de-musica/edicao/2015-10/caderno-de-musica-fala-sobre-musica-incidental>. Acesso em: 13 mar. 2018.

CAESAR, R. O som como imagem. In: SEMINÁRIO MÚSICA CIÊNCIA TECNOLOGIA: FRONTEIRAS E RUPTURAS, 4., 2012, São Paulo.

CALABRE, L. **A era do rádio**. Rio de Janeiro: Zahar, 2004.

CAMPESATO, L.; IAZZETTA, F. Som, espaço e tempo na arte sonora. In: CONGRESSO DA ASSOCIAÇÃO NACIONAL DE PESQUISA E PÓS-GRADUAÇÃO EM MÚSICA (ANPPOM), 16., 2006, p. 775-780, Brasília. **Anais**... Disponível em: <http://www2.eca.usp.br/prof/iazzetta/papers/anppom_2006.pdf>. Acesso em: 8 mar. 2018.

CARNEIRO, I. A difícil relação entre ver/ouvir. **Agreste**. Disponível em: <http://agre.st/edicao/1/A_dificil_relacao_entre_ver-ouvir/>. Acesso em: 20 mar. 2018.

CARÔSO, L. A música eletroacústica: por uma história. **Overmundo**, 13 mar. 2007. Disponível em: <http://www.overmundo.com.br/overblog/a-musica-eletroacustica-por-uma-historia>. Acesso em: 9 mar. 2018.

CARRASCO, C. R. **Trilha musical**: música e articulação fílmica. Dissertação (Mestrado em Cinema) – Universidade de São Paulo, São Paulo, 1993.

CARVALHO, A. A política europeia de audiovisual e a identidade na Europa. **Cadernos do Noroeste**, Braga, v. 7, n. 2, p. 39-54, 1994. Disponível em: <http://repositorium.sdum.uminho.pt/bitstream/1822/2690/1/carvalho1994_cadnoroeste7.pdf>. Acesso em: 7 mar. 2018.

CARVALHO, M. A trilha sonora do cinema: proposta para um "ouvir" analítico. **Caligrama**, São Paulo, v. 3, n. 1, abr. 2007. Disponível em: <https://www.revistas.usp.br/caligrama/article/view/65388/67992>. Acesso em: 6 mar. 2018.

CASTRO, G. G. S. *Podcasting* e consumo cultural. **Compós**, dez. 2005. Disponível em: <http://www.compos.org.br/seer/index.php/e-compos/article/viewFile/53/53>. Acesso em: 26 mar. 2018.

CHABANON, M. G. **De la Musique considerée en elle même et dans ses rapports avec la parole, les langues, la poésie et le théâtre**. Paris: Pissot, 1785.

CHARTIER, R. (Org.). **Da Renascença ao Século das Luzes**. São Paulo: Companhia das Letras, 1991. (História da vida privada, v. 3).

CHION, M. A **Audiovisão**: som e imagem no cinema. Lisboa: Ed. Texto & Grafia. 2011.

CINEMA AND MEDIA STUDIES. **Tom Gunning**. Disponível em: <https://cms.uchicago.edu/faculty/gunning>. Acesso em: 13 mar. 2018.

COELHO JÚNIOR, N. E. Inconsciente e percepção na psicanálise freudiana. **Psicologia USP**, São Paulo, v. 10, n. l, p. 25-54, 1999. Disponível em: <https://www.revistas.usp.br/psicousp/article/viewFile/107964/106303>. Acesso em: 7 mar. 2018.

COLLINS, K. **Game Sound**: an Introduction to the History, Theory, and Practice of Video Game Music and Sound Design. Cambridge: Mit Press, 2008.

COSTA, F. M. da. A inserção do som no cinema: percalços na passagem de um meio visual para audiovisual. In: ENCONTRO NACIONAL DA REDE ALFREDO DE CARVALHO, 1., 2004, Florianópolis.

CRUZ, D. M. A intertextualidade entre os games e o cinema: criando estórias para entretenimento interativo. In: SILVA, E. de M.; MOITA, F. M. G. da S. C.; SOUZA, R. P. de. (Org.). **Jogos eletrônicos**: construindo novas trilhas. Campina Grande: Eduep, 2007. p. 123-142.

DAVIS, R. **Complete Guide to Film Scoring**: the Art and Business of Writing Music for Movies and TV. Boston: Berklee Press, 1999.

DELEUZE, G. **A imagem-tempo**. São Paulo: Brasiliense, 1990.

DELEUZE, G. **Cinema 2**: a imagem-tempo. São Paulo: Brasiliense, 2005.

DENIS, S. **O cinema de animação**. Lisboa: Edições Texto & Grafia, 2010.

DESMOND. P. Take five. Intérprete: The Dave Brubeck Quartet. In: THE DAVE Brubeck Quartet. **Time Out**. Nova York: Columbia, 1959. Faixa 3.

DIEGÉTICO. In: **Dicionário Priberam**. Disponível em: <https://www.priberam.pt/dlpo/dieg%C3%A9tico>. Acesso em: 13 mar. 2018.

DUBY, G. (Org.). **História da vida privada**. São Paulo: Companhia das Letras, 1990. v. 2: da Europa feudal à Renascença.

EISENSTEIN, S. **O sentido do filme**. Rio de Janeiro: Zahar, 2002.

EMMERSON, S. The Relation of Language to Materials. In: EMMERSON, S. (Ed.). **The Language of Electroacoustic Music**. London: The Macmillan Press, 1986.

ENCYCLOPEDIA BRITANNICA. **Commedia dell'arte**. Disponível em: <https://global.britannica.com/art/commedia-dellarte>. Acesso em: 26 mar. 2018.

FERNANDES, C. S.; HERSCHMANN, M.; TROTTA, F. Não pode tocar aqui!? Territorialidades sônico-musicais cariocas produzindo tensões e aproximações envolvendo diferentes segmentos sociais. **Compós**, v. 1, p. 1-15, 2015. Disponível em: <http://www.compos.org.br/biblioteca/c%C3%ADntia,felipeemicael-gtsomem%C3%BAsica_2856.pdf>. Acesso em: 8 mar. 2018.

FERNANDINO, J. R. **Música e cena**: uma proposta de delineamento da musicalidade no teatro. Dissertação (Mestrado em Artes) – Universidade Federal de Minas Gerais, Belo Horizonte, 2008. Disponível em: <http://www.bibliotecadigital.ufmg.br/dspace/bitstream/handle/1843/JSSS-7WKJB4/disserta__o.pdf?sequence=1>. Acesso em: 26 mar. 2018.

FORQUIN, J.-C. A educação artística: para quê? In: PORCHER, L. (Org.). **Educação artística**: luxo ou necessidade? São Paulo: Summus, 1982. (Novas buscas em educação; v. 12). p. 25-48.

FOTOGRAMA. In: **Dicionário Português**. Disponível em: <http://dicionarioportugues.org/pt/fotograma>. Acesso em: 13 mar. 2018.

FUINI, L. L. Território, territorialização e territorialidade: o uso da música para a compreensão de conceitos geográficos. **TerraPlural**, Ponta Grossa, v. 8, n. 1, p. 225-249, jan./jun. 2014. Disponível em: <http://www.revistas2.uepg.br/index.php/tp/article/view/6155/4366>. Acesso em: 8 mar. 2018.

FUKS, R. **O discurso do silêncio**. Rio de Janeiro: Enelivros, 1991. (Série Música e Cultura, v. 1).

GAG. In: **Dicionário Informal**. Disponível em: <http://www.dicionarioinformal.com.br/gag/>. Acesso em: 13 mar. 2018.

GAINZA, V. H. **Estudos de psicopedagogia musical**. 2. ed. São Paulo: Summus, 1988.

GARCÍA CANCLINI, N. **Culturas híbridas**: estratégias para entrar e sair da modernidade. 4. ed. São Paulo: Edusp, 2003.

GARCÍA CANCLINI, N.; CRUCES, F.; CASTRO POZO, M. U. (Coord.). **Jóvenes, culturas urbanas y redes digitales**. Madrid: Ariel; Fundación Telefônica; Planeta, 2012.

GARCIA, R. de O. **Video Mapping**: um estudo teórico e prático sobre projeção mapeada. Trabalho de Conclusão de Curso (Graduação em Comunicação Social – Radialismo) – Universidade Estadual Paulista, Bauru, 2014. Disponível em: <https://repositorio.unesp.br/bitstream/handle/11449/119214/000747199.pdf?sequence=1&isAllowed=y>. Acesso em: 26 mar. 2018.

GARDNER, H. **Frames of Mind**: the Theory of Multiple Intelligences. New York: Basic Books, 1983.

GIDDENS, A. **As consequências da modernidade**. São Paulo: Ed. da Unesp, 1991.

GOLDMARK, D. **Tunes for 'Toons**: Music and the Hollywood Cartoon. Berkeley: University of California Press, 2005.

GOLDMARK, D.; TAYLOR, Y. **The Cartoon Music Book**. Chicago: A Capella Books, 2002.

GOMES, F. **A música na obra de Kandinsky**. 64 f. Tese (Doutorado em Artes Plásticas – Pintura) – Faculdade de Belas Artes, Universidade de Lisboa, Lisboa, 2003. Disponível em: <http://www.arte.com.pt/text/filipag/musicakandinsky.pdf>. Acesso em: 13 mar. 2018.

GONÇALVES, L. E. F. **Avaliação e validação de instalações interativa para museus**. Dissertação (Mestrado em Engenharia Informática) – Universidade da Madeira, Funchal, 2012.

GORBMAN, C. **Unheard Melodies**: Narrative Film Music. Bloomington: Indiana University Press, 1987.

GRIFFITHS, P. **Enciclopédia da música do século XX**. São Paulo: M. Fontes, 1995.

GUNNING, T. Animated Pictures: Tales of Cinema's for Gotten Future. **Michigan Quartely Review**, v. 34, n. 4, p. 465-85, 1995.

HALL, S. **A identidade cultural na pós-modernidade**. Rio de Janeiro: DP&A, 2000.

HICKMANN, F. P. **Música, cinema e tempo narrativo**: uma abordagem analítica dos problemas de continuidade. Dissertação (Mestrado em Música) – Universidade Federal do Paraná, Curitiba, 2008.

HISTORY of the Elizabethan Theatre. Disponível em: <http://www.elizabethan-era.org.uk/history-of-the-elizabethan-theatre.htm>. Acesso em: 14 mar. 2018.

HOBSBAWM, E. J. **Era dos extremos**: o breve século XX – 1914-1991. São Paulo: Companhia das Letras, 1995.

HODGES, D. A. Why Study Music? **International Journal of Music Education**, v. 23, n. 2, p. 111-115, 2005.

HORTA, L. P. **Dicionário de música Zahar**. Rio de Janeiro: Zahar, 1985.

IAZZETTA, F. **Música e mediação tecnológica**. São Paulo: Perspectiva, 2009.

IAZZETTA, F. Reflexões sobre a música e o meio. In: ENCONTRO DA ASSOCIAÇÃO NACIONAL DE PESQUISA E PÓS-GRADUAÇÃO EM MÚSICA – ANPPOM, 13., 2001, Belo Horizonte. **Anais**... Disponível em: <http://www2.eca.usp.br/prof/iazzetta/papers/anp2001.pdf>. Acesso em: 9 mar. 2018.

INTELIGÍVEL. In: **Dicionário Priberam**. Disponível em: <https://www.priberam.pt/dlpo/intelig%C3%ADvel>. Acesso em: 9 mar. 2018.

JAMBEIRO, O. **A TV no Brasil do século XX**. Salvador: EDUFBA, 2001.

JENKINGS, R. **Social Identity**. New York: Routledge, 2014.

JODELET, D. Representações sociais: um domínio em expansão. In: JODELET, D. (Org.). **As representações sociais**. Rio de Janeiro: Eduerj, 2002. p. 17-44.

JOSEFIN VARGÖ. **Taste the Change of Frequencies**. Disponível em: <http://www.josefinvargo.com/Taste-the-Change-of-Frequencies>. Acesso em: 12 mar. 2018.

JOURDAIN, R. **Música, cérebro e êxtase**: como a música captura a nossa imaginação. Rio de Janeiro: Objetiva, 1998.

KANDINSKY, W. **Do espiritual na arte**. Lisboa: Publicações Dom Quixote, 1987.

KANDINSKY, W. **Ponto e linha sobre plano**. São Paulo: M. Fontes, 1997.

KIESEL, H. Há 20 anos surgia o MP3, que revolucionou a indústria musical. **Deutsche Welle**, Ciência e Saúde, 14 jul. 2015. Disponível em: <http://www.dw.com/pt-br/h%C3%A1-20-anos-surgia-o-mp3-que-revolucionou-a-ind%C3%BAstria-musical/a-18581985>. Acesso em: 20 mar. 2018.

KLACHQUIN, C. O som no cinema. In: SEMINÁRIO ABC A IMAGEM SONORA EM SÃO PAULO, 9 nov. 2002. Disponível em: <http://www.abcine.org.br/artigos/?id=121&/o-som-no-cinema>. Acesso em: 20 mar. 2018.

KLEBER, M. O. **A prática de educação musical em ONGs**: dois estudos de caso no contexto urbano brasileiro. 355 f. Tese (Doutorado em Música) – Instituto de Artes, Universidade Federal do Rio Grande do Sul, Porto Alegre, 2006. Disponível em: <https://www.lume.ufrgs.br/bitstream/handle/10183/9981/000547646.pdf?sequence=1>. Acesso em: 12 mar. 2018.

LABELLE, B. **Acoustic Territories**: Sound Culture and Everyday Life. New York: Continuum, 2010.

LABELLE, B. **Background Noise**: Perspectives on Sound Art. Nova York: Continuum, 2006.

LANDELL DE MOURA, Padre. Experiência de telefonia sem fios, com aparelhos inventados pelo renomado. **O Estado de S. Paulo**, 16 jul. 1899.

LANZONI, P. A. Para além das imagens: aproximações e apropriações entre cinema e música. **Sessões do Imaginário**, Porto Alegre, ano 18, n. 29, 2013.

LEITE, V. D. **Relação som/imagem**. Tese (Doutorado em Música) – Universidade Federal do Estado do Rio de Janeiro, Rio de Janeiro, 2004.

LÉVY, P. **Cibercultura**. Tradução de Carlos Irineu da Costa. Rio de Janeiro: Ed. 34, 1999.

LEWIS, D. **Philosophical Papers**. Oxford: Oxford University Press, 1983. v. 1.

LEWIS, J.; SMOODIN, E. **Looking Past the Screen**: Case Studies in American Film History and Method. Durham: Duke University Press, 2007.

LIBÂNEO, J. C. **Pedagogia e pedagogos, para quê?** São Paulo: Cortez, 1998.

LIMA, C. G. **Padre Landell de Moura e o primeiro transmissor-receptor de voz sem fio**. 61 p. Trabalho de Conclusão de Curso (Graduação em Engenharia Elétrica) – Departamento de Engenharia, Faculdade Pitágoras, Londrina, 2008. Disponível em: <http://www.landelldemoura.com.br/transmissor-receptor-voz-sem-fios.pdf>. Acesso em: 12 mar. 2018.

LIMA, M. C. de. **Vídeo-música**. 255 f. Tese (Doutorado em Música) – Universidade Federal do Estado do Rio de Janeiro, Rio de Janeiro, 2011. Disponível em: <http://www.unirio.br/ppgm/arquivos/teses/marcelo-de-lima>. Acesso em: 9 mar. 2018.

LORTAT-JACOB, B.; OLSEN, M. R. Musique, anthropologie: la conjonction necessaire. **L'Homme**, Paris, 171-172, p. 7-26, 2004. Disponível em: <http://www.unirio.br/ppgm/arquivos/teses/marcelo-de-lima>. Acesso em: 6 set. 2017.

LOTH, N. La Chromesthésie ou la musique colorée. **Revista L'Orgue**, n. 283, 2009.

MAMEDES, C. R. **Design sonoro e interação em instalações audiovisuais**. Tese (Doutorado em Música) – Universidade Estadual de Campinas, Campinas, 2015.

MASCARELLO, F. (Org.). **História do cinema mundial**. Campinas: Papirus, 2006.

McDONALD, T. Music "changes the taste of beer": High-pitched tunes found to turn drinks sour while deep bass sounds make beer bitter. **Mail Online**, 15 jun. 2016. Disponível em: <http://www.dailymail.co.uk/sciencetech/article-3643774/Music-changes-taste-beer-High-pitched-tunes-turn-drinks-sour-deep-bass-sounds-make-beer-bitter.html>. Acesso em: 12 mar. 2018.

McLEISH, R. **Produção de rádio**: um guia abrangente de produção radiofônica. São Paulo: Summus, 2001.

MELLO, Z. H. de. **A era dos festivais**: uma parábola. São Paulo: Ed. 34, 2003.

MENEGUETTE, L. C. **Dead Space**: estudo de caso e reflexões sobre áudio dinâmico. Disponível em: <http://aplicweb.feevale.br/site/files/documentos/pdf/46720.pdf>. Acesso em: 23 mar. 2018.

MENEZES, J. E. de O. **Rádio e cidade**: vínculos sonoros. São Paulo: Annablume, 2007.

MERRIAM, A. P. **The Anthropology of Music**. Evanston: Northwestern University Press, 1964.

METÁFORA. In: **Dicionário Michaelis**. Disponível em: <http://michaelis.uol.com.br/moderno-portugues/busca/portugues-brasileiro/metafora/>. Acesso em: 7 mar. 2018.

METONÍMIA. In: **Dicionário Michaelis**. Disponível em: <http://michaelis.uol.com.br/moderno-portugues/busca/portugues-brasileiro/meton%C3%ADmia/>. Disponível em: 7 mar. 2018.

MEYER, L. B. **Emotion and Meaning in Music**. Chicago: University of Chicago Press, 1956.

MILLER, R. F. Affective Response. In: COLWELL, R. (Ed.). **Handbook of Research on Music Teaching and Learning**. New York: Schirmer Books, 1992. p. 414-424.

MIXAGEM. In: **Dicionário Priberam**. Disponível em: <https://www.priberam.pt/dlpo/mixagem>. Acesso em: 13 mar. 2018.

MORAES, D. A dimensão sonora na apreensão do espaço fílmico. In: SEMINÁRIO NACIONAL DE PESQUISA EM ARTE E CULTURA VISUAL: ARQUIVOS, MEMORIAS, AFETOS, 8., 2015, Goiânia.

MORAES, J. J. **O que é música**. São Paulo: Brasiliense, 1983.

MORIN, E. **As estrelas**: mito e sedução no cinema. Rio de Janeiro: J. Olympio, 1989.

MROCZKA, P. Vaudeville: America's Vibrant Art Form with a Short Lifetime. **Broadway Scene**, 13 Nov. 2013. Disponível em: <http://broadwayscene.com/vaudeville-americas-vibrant-art-form-with-a-short-lifetime>. Acesso em: 26 mar. 2018.

MUSIC. In: **Oxford Living Dictionaries**. Disponível em: <https://en.oxforddictionaries.com/definition/music>. Acesso em: 6 mar. 2018.

MÚSICA. In: **Dicionário Priberam**. Disponível em: <https://www.priberam.pt/dlpo/M%C3%BAsica>. Acesso em: 6 mar. 2018.

MUSIQUE. In: **Dictionnaires de français Larousse**. Disponível em: <http://www.larousse.fr/dictionnaires/francais/musique/53415#5O64WrOLQqKcxH98.99>. Acesso em: 6 mar. 2018.

NASSIF, S. C.; SCHROEDER, J. L. Música e imagem: construindo relações de sentido. **Leitura: Teoria & Prática**, Campinas, v. 32, n. 62, p. 99-114, jun. 2014. Disponível em: <https://ltp.emnuvens.com.br/ltp/article/view/243/142>. Acesso em: 31 ago. 2017.

NEARY, W. Brains of deaf people rewire to 'hear' music. **University of Washington**, UW News, Chicago, 27 nov. 2001. Disponível em: <http://www.washington.edu/news/2001/11/27/brains-of-deaf-people-rewire-to-hear-music/>. Acesso em: 12 mar. 2018.

NEUMEYER, D. **Meaning and Interpretation of Music in Cinema**. Bloomington: Indiana University Press, 2015.

NOBELPRIZE.ORG. **The Nobel Peace Prize 1952**. Albert Schweitzer. Disponível em: <http://www.nobelprize.org/nobel_prizes/peace/laureates/1952/>. Acesso em: 12 mar. 2018.

OCORRE a primeira transmissão do Repórter Esso. **History**. Hoje na história. 28 ago. 1941. Disponível em: <https://seuhistory.com/hoje-na-historia/ocorre-primeira-transmissao-do-reporter-esso>. Acesso em: 12 mar. 2018.

OLIVEIRA, A. J. A. de et al. **A experiência da utilização de instalações interativas na divulgação científica**. Disponível em: <http://www.cienciamao.usp.br/dados/snef/_aexperienciadautilizacao.trabalho.pdf>. Acesso em: 26 mar. 2018.

OLIVEIRA, J. M. de. Percepção e realidade. **Cérebro & Mente**, Campinas, n. 4, 1997. Disponível em <http://www.cerebromente.org.br/n04/opiniao/percepcao.htm>. Acesso em: 12 mar. 2018.

PAIVA, T. R. M. **Rádio, MP3, internet e redes sociais**: histórias e impactos na sociedade atual. Disponível em: <http://livrozilla.com/doc/543797/r%C3%A1dio internet redes-sociais-e-compartilhamento>. Acesso em: 13 mar. 2018.

PARENTE, A. **Narrativa e modernidade**: os cinemas não-narrativos do pós-guerra. Campinas: Papirus, 2000.

PENNA, M. **Música(s) e seu ensino**. 2. ed. Porto Alegre: Sulina, 2010.

PEREIRA, L. F. R. Escutando Meyer e outras escutas. **Cadernos do Colóquio**, v. 10, n. 2, p. 171-184, 2009. Disponível em: <http://www.seer.unirio.br/index.php/coloquio/article/view/564/574>. Acesso em: 7 mar. 2018.

PETRACCA, R. **Para uma estética musical da alteridade**: uma abordagem bakhtiniana da música. Tese (Doutorado em Música) – Universidade Federal do Estado do Rio de Janeiro, Rio de Janeiro, 2015.

PICON-VALLIN, B. **A arte do teatro**: entre tradição e vanguarda. Rio de Janeiro: Teatro do Pequeno Gesto; Letra e Imagem, 2006.

PICON-VALLIN, B. A música no jogo do ator meyerholdiano. **Études & Documents**, Paris, p. 35-56, 1989. Disponível em: <http://www.grupotempo.com.br/tex_musmeyer.html>. Acesso em: 14 mar. 2018.

PINTO, T. de O. Som e música: questões de uma antropologia sonora. **Revista de Antropologia**, São Paulo, v. 44, n. 1, p. 221-286, 2001. Disponível em: <http://www.scielo.br/pdf/ra/v44n1/5345.pdf>. Acesso em: 12 mar. 2018.

PLANO. In: GLOSSÁRIO. **Tela Brasil**. Disponível em: <http://www.telabr.com.br/glossario/index.php?title=P%C3%A1gina_principal>. Acesso em: 13 mar. 2018.

PLAZA, J. **Tradução intersemiótica**. 2. ed. São Paulo: Perspectiva, 2010.

POLISSÊMICO. In: **Dicionário Priberam**. Disponível em: <https://www.priberam.pt/dlpo/poliss%C3%AAmico>. Acesso em: 12 mar. 2018.

PROENÇA, A. P. **Instalações interativas digitais**: os códigos estéticos e a produção artística contemporânea. Dissertação (Mestrado em Artes) – Universidade Federal de Uberlândia, Uberlândia, 2013. Disponível em: <https://repositorio.ufu.br/bitstream/123456789/12324/1/Adriana%20Porto.pdf>. Acesso em: 26 mar. 2018.

RAWLINGS, F. **Como escolher música para filmes**. Lisboa: no prelo, [S.d].

RAYNOR, H. **História social da música**: da Idade Média a Beethoven. Rio de Janeiro: Zahar, 1981.

REIA, J. Estrelas ou infratores? Música de rua, espaços públicos e regulação em Montreal. In: CONGRESSO BRASILEIRO DE CIÊNCIAS DA COMUNICAÇÃO, 39., 2016, São Paulo. Disponível em: <http://portalintercom.org.br/anais/nacional2016/resumos/R11-0411-1.pdf>. Acesso em: 26 mar. 2018.

RIBEIRO, J. da S. Hibridação cultural: sonoridades migrantes na América Latina. **O Público e o Privado**, Fortaleza, n. 17, p. 107-127, jan./jun. 2011. Disponível em: <http://www.seer.uece.br/?journal=opublicoeoprivado&page=article&op=view&path%5B%5D=22&path%5B%5D=82>. Acesso em: 7 mar. 2018.

RIZZO, M. V. **Projeção de vídeo no ambiente urbano**: a cidade como tela. Dissertação (Mestrado em Artes) – Universidade Estadual Paulista, São Paulo, 2010.

ROCKENBACK, F. **Conceitos narrativos**: diegese. 28 abr. 2014. Disponível em: <http://pontodecinema.upf.br/?p=33>. Acesso em: 20 mar. 2018.

RODRIGUES, R.; MORAES, U. Q. de. A edição de som e sua relevância na narrativa fílmica. **O Mosaico**, n. 10, p. 102-115, jul./dez. 2013.

ROSCOE, R. **O decibel como unidade de medida**. 1999. Disponível em: <http://www.professorpetry.com.br/Bases_Dados/Apostilas_Tutoriais/decibels.pdf>. Acesso em: 5 mar. 2018.

SABATIER, F. Miroirs de la musique: la musique et ses correspondances avec la littérature et les beaux-arts de la Renaissance aux Lumières, 16e-18e siècles. **Dix-huitième Siècle**, Paris, v. 31, n. 1, 1999.

SACKS, O. **Alucinações musicais**: relatos sobre a música e o cérebro. Tradução de Laura Teixeira Motta. São Paulo: Companhia das Letras, 2007.

SALEMME, F. As transformações na escuta radiofônica: o rádio muito além do eletrodoméstico. In: INTERPROGRAMAS DE MESTRADO EM COMUNICAÇÃO DA FACULDADE CÁSPER LÍBERO, 11., 2015, São Paulo. **Anais**... Disponível em: <https://casperlibero.edu.br/wp-content/uploads/2017/02/Maria-Filomena-Salemme-FCL.pdf>. Acesso em: 12 mar. 2018.

SALLES, F. M. de. A natureza na arte: a simbiose do som e da imagem. In: CONGRESSO BRASILEIRO DE CIÊNCIAS DA COMUNICAÇÃO, 31., 2008, Natal. p. 1-14.

SANDRONI, F. A. R. Música e harmonia: origens da escala diatônica. **Revista de Ciências Humanas**, Florianópolis, v. 46, n. 2, p. 347-370, out. 2012. Disponível em: <https://periodicos.ufsc.br/index.php/revistacfh/article/viewFile/2178-4582.2012v46n2p347/24189>. Acesso em: 6 mar. 2018.

SANTAELLA, L. **Por que as comunicações e as artes estão convergindo?** São Paulo: Paulus, 2005.

SANTINI, R. M. **Admirável chip novo**: a música na era da internet. Rio de Janeiro: E-papers, 2005.

SANTINI, R. M. Mediação digital e redes sociais: os sistemas de recomendação na internet e suas consequências para o consumo cultural. **Eco Digital**, Rio de Janeiro, 6 abr. 2016. Disponível em: <http://www.ecodigitalufrj.com/p/mediacao-digital-e-redes-sociais-os.html>. Acesso em: 26 mar. 2018.

SANTOS, A. da S. O vídeo e suas possibilidades artísticas e comunicativas. **Hipertextus Revista Digital**, n. 6, ago. 2011.

SANTOS, M. O retorno do território. In: SANTOS, M.; SOUZA, M. A. A.; SILVEIRA, M. L. (Org.). **Território**: globalização e fragmentação. 5. ed. São Paulo: Hucitec; Anpur, 2002. p. 11-14.

SANTOS, M. O retorno do território. **Observatorio Social de América Latina**, Buenos Aires, n. 16, ano 6, p. 250-261, jun. 2005. Disponível em: <http://bibliotecavirtual.clacso.org.ar/ar/libros/osal/osal16/D16Santos.pdf>. Acesso em: 8 mar. 2018.

SANTOS, R. C. dos. Cantos de trabalho: rupturas e permanências no recôncavo sul da Bahia. In: ENCONTRO ESTADUAL DE HISTÓRIA: PODER, CULTURA E DIVERSIDADE, 3., 2006, Caetité. **Anais**... Disponível em: <http://www.uesb.br/anpuhba/artigos/anpuh_III/renata_conceicao.pdf>. Acesso em: 12 mar. 2018.

SAQUET, M. A. **Abordagens e concepções de território**. São Paulo: Expressão Popular, 2007.

SARTRE, J.-P. **The Imagination**. New York: Routledge, 2012.

SCHAEFFER, P. Le contrepoint du son et de l'image. **Cahiers du Cinéma**, n. 108, p. 7-22, juin 1960.

SCHAEFFER, P. **Tratado dos objetos musicais**: ensaio interdisciplinar. Brasília: Ed. Da UnB, 1993.

SCHÄFER, C. *Game music* como produto cultural autônomo: como ela ultrapassa os limites do jogo e se insere em outras mídias. **Revista Fronteiras: Estudos Midiáticos**, Porto Alegre, v. 13, n. 2, p. 111-120, maio/ago. 2011. Disponível em: <http://revistas.unisinos.br/index.php/fronteiras/article/view/fem.2011.132.04/451>. Acesso em: 20 mar. 2018.

SCHAFER, R. M. **A afinação do mundo**: uma exploração pioneira pela história passada e pelo atual estado do mais negligenciado aspecto do nosso ambiente – a paisagem sonora. São Paulo: Ed. da Unesp, 2001.

SCHAFER, R. M. **O ouvido pensante**. Tradução de Marisa Trench Fonterrada, Magda R. Gomes da Silva e Maria Lucia Pascoal. São Paulo: Ed. da Unesp, 1991.

SCHROEDER, S. C. N.; SCHROEDER, J. L. Música como discurso: uma perspectiva a partir da filosofia do círculo de Bakhtin. **Música em Perspectiva**, v. 4, n. 2, p. 127-153, set. 2011. Disponível em: <http://revistas.ufpr.br/musica/article/view/27495>. Acesso em: 12 mar. 2018.

SCHWEITZER, A. **J. S. Bach**: el músico poeta. Buenos Aires: Ricordi Americana, 1902.

SEMIÓTICA. In: **Dicionário Priberam**. Disponível em: <https://www.priberam.pt/dlpo/semi%C3%B3tica>. Acesso em: 13 mar. 2018.

SERAFINE, M. L. **Music as Cognition**: the Development of Thought in Sound. New York: Columbia University Press, 1988.

SERRY, C. Música para teatro. **Revista Musical Chilena**, v. 13, n. 63, 1959. Disponível em: <http://www.revistaderecho.uchile.cl/index.php/RMCH/article/viewFile/12785/13072>. Acesso em: 26 mar. 2018.

SILVA, W. P. da et al. Velocidade do som no ar: um experimento caseiro com microcomputador e balde d'água. **Revista Brasileira de Ensino de Física**, Campina Grande, v. 25, n. 1, p. 74-80, mar. 2003. Disponível em: <http://www.scielo.br/pdf/rbef/v25n1/a09v25n1.pdf>. Acesso em: 21 mar. 2018.

SIMULACRO. In: **The Free Dictionary**. Disponível em: <http://pt.thefreedictionary.com/Simulacro>. Acesso em: 26 mar. 2018.

SPRINGFELS, M. Music in Shakespeare's Plays. **Encyclopedia Britannica**. Disponível em: <https://global.britannica.com/topic/Music-in-Shakespeares-Plays-1369568>. Acesso em: 14 mar. 2018.

STANISLAVSKI, C. **A construção da personagem**. 16. ed. Rio de Janeiro: Civilização Brasileira, 2006.

STREAMING. In: **Significados**. Disponível em: <https://www.significados.com.br/streaming/>. Acesso em: 20 mar. 2018.

SUZUKI, A. Mercado mundial de games deve movimentar US$91,5 bilhões em 2015. **Tecmundo**, 23 abr. 2015. Disponível em: <https://www.tecmundo.com.br/jogos/78784-mercado-mundial-games-deve-movimentar-us-91-5-bilhoes-2015.htm>. Acesso em: 20 mar. 2018.

SWANWICK, K. **Ensinando música musicalmente**. São Paulo: Moderna, 2003.

THOMAZ, L. F. **Aplicação à música de um sistema de espacialização sonora baseado em Ambisonics**. Dissertação (Mestrado em Engenharia) – Universidade de São Paulo, São Paulo, 2007.

TOLENTINO, C. Antonin Artaud. **Caleidoscópio**, Biografia. Disponível em: <http://www.caleidoscopio.art.br/cultural/teatro/teatro-contemporaneo/antonin-artaud.html>. Acesso em: 14 mar. 2018.

UFPR – Universidade Federal do Paraná. Curso Superior de Tecnologia em Luteria. Home. Disponível em: <http://www.luteria.ufpr.br/portal/>. Acesso em: 9 mar. 2018.

UM REENCONTRO com a história. **Diário de Pernambuco**. 27 maio 2017. Disponível em: <http://www.impresso.diariodepernambuco.com.br/app/noticia/cadernos/viver/2017/05/27/interna_viver,169096/um-reencontro-com-a-historia.shtml>. Acesso em: 12 mar. 2018.

VALE, M. J.; JORGE, S. M. G.; BENEDETTI, S. **Paulo Freire, educar para transformar**: almanaque histórico. São Paulo: Mercado Cultural, 2005.

VASCONCELLOS, L. P. **Dicionário de teatro**. São Paulo: L&PM Editores, 1987.

VENDRAMINI, J. E. A *commedia dell'arte* e sua reoperacionalização. **Trans/Form/Ação**, São Paulo, v. 24, p. 57-83, 2001. Disponível em: <http://www2.marilia.unesp.br/revistas/index.php/transformacao/article/view/824/718>. Acesso em: 20 mar. 2018.

VICENTE, A. L. El uso de la música en internet. **Mosaic**, 29 jun. 2004. Disponível em: <http://mosaic.uoc.edu/2004/06/29/el-uso-de-la-musica-en-internet/>. Acesso em: 20 mar. 2018.

VILLELA, F. IBGE: 40% dos brasileiros têm televisão digital aberta. **EBC Agência Brasil**, Rio de Janeiro, 6 abr. 2016. Disponível em: <http://agenciabrasil.ebc.com.br/geral/noticia/2016-04/ibge-embardada-ate-amanha-10h-0604>. Acesso em: 20 ago. 2017.

WILFORD, J. N. Fluttes Offer Clues to Stone-Age Music. **The New York Times**, Science, 24 June 2009. Disponível em: <http://www.nytimes.com/2009/06/25/science/25flute.html>. Acesso em: 6 mar. 2018.

WORLD & Traditional Music. **British Library**. Sounds. Disponível em: <http://sounds.bl.uk/world-and-traditional-music>. Acesso em: 7 mar. 2018.

WÜNSCH, F. R. Perspectivas da música digital: qual o rumo para a indústria fonográfica? **Rua – Revista Universitária do Audiovisual**. 15 set. 2008. Disponível em: <http://www.rua.ufscar.br/perspectivas-da-musica-digital-qual-o-rumo-para-a-industria-fonografica/>. Acesso em: 13 mar. 2018.

WYATT, H.; AMYES, T. **Audio Post Production for Television and Film**: an Introduction to Technology and Techniques. Oxford: Focal Press, 2005.

ZAGER, M. **Writing Music for Television and Radio Commercials (and more)**: a Manual for Composers and Students. Lanham: The Scarecrow Press, 2003.

Bibliografia comentada

CALABRE, L. **A era do rádio**. Rio de Janeiro: Zahar, 2004.

> O livro é essencial para realizar uma reflexão sobre a comunicação pelo som e pela música no século XX e nos dias atuais. A autora apresenta um minucioso relato histórico do surgimento do rádio no Brasil, sua estruturação, sua institucionalização e seu impacto na sociedade nos anos seguintes. Descreve, ainda, os usos da comunicação radiofônica a partir dos anos 1930 e a subsequente Era de Ouro, culminando com a Rádio Nacional e sua notável influência na vida brasileira, seguida de seu declínio nos anos 1960 com a ascensão da TV.

GARCÍA CANCLINI, N. **Culturas híbridas**: estratégias para entrar e sair da modernidade. 4. ed. São Paulo: Edusp, 2003.

> O argentino Néstor García Canclini propõe, nesse ensaio, em abordagem interdisciplinar, uma reflexão sobre o fenômeno que denomina *hibridação cultural* nos países latino-americanos. O autor observa que, nesses países, a cultura está inserida em relações (e tensões) complexas nas quais as tradições culturais coexistem com a modernidade.

IAZZETTA, F. **Música e mediação tecnológica**. São Paulo: Perspectiva, 2009.

> Em um livro que aborda essencialmente as manifestações da música contemporânea, o autor apresenta um levantamento histórico de instrumentos, técnicas e formas de composição tecnologicamente mediados e suas resultantes estéticas no que concerne à criação e à recepção.

JOURDAIN, R. **Música, cérebro e êxtase**: como a música captura a nossa imaginação. Rio de Janeiro: Objetiva, 1998.

> Trata-se de um estudo sobre o modo como a música captura nossa imaginação e por que nos ligamos tanto a ela. Fundamentado em ciência, psicologia e filosofia, Jourdain apresenta novos conceitos sobre memória e percepção e descreve como as estruturas musicais atuam em nosso cérebro.

KANDINSKY, W. **Do espiritual na arte e na pintura em particular.** São Paulo: M. Fontes, 1996.

> Nesse livro de caráter ensaístico, o leitor pode conhecer mais sobre o pensamento de Kandinsky a respeito de conceitos, metáforas e imagens musicais que, por empréstimo, o pintor aplicou para desenvolver a conceituação de seu estilo abstrato de pintura.

RAYNOR, H. **História social da música**: da Idade Média a Beethoven. Rio de Janeiro: Zahar, 1981.

> Nessa obra, o autor apresenta um novo recorte da história da música ocidental, relacionando compositores, músicos, estilos e a produção de obras a seus condicionantes sociais e econômicos. Trata-se do primeiro ensaio musicológico que possibilita ao leitor uma visão mais realista dos processos culturais nas sociedades ocidentais.

SACKS, O. **Alucinações musicais**: relatos sobre a música e o cérebro. São Paulo: Companhia das Letras, 2007.

> O neurologista Oliver Sacks examina, nesse livro, uma série de experiências humanas ligadas à escuta musical. Os relatos de casos médicos e de fenômenos como a sinestesia servem como metáforas para ampliar nossa visão da música e de seus efeitos sobre nós.

SANTAELLA, L. **Por que as comunicações e as artes estão convergindo?** São Paulo: Paulus, 2005.

> Nesse livro, a autora identifica e coloca em questão os caminhos convergentes que as comunicações e as artes vêm percorrendo desde que o campo das comunicações passou a ocupar lugar cada vez mais dilatado – e hegemônico – nas culturas das sociedades industriais e pós-industriais, nas quais os meios de comunicação têm feito apropriações e usos da arte.

SCHAFER, R. M. **A afinação do mundo**: uma exploração pioneira pela história passada e pelo atual estado do mais negligenciado aspecto do nosso ambiente – a paisagem sonora. São Paulo: Ed. da Unesp, 2001.

> Na obra, o autor apresenta a primeira sistematização do que ele denominou *paisagem sonora* e propõe o desenvolvimento de projetos de ecologia sonora, indicando ferramentas de análise e referências para a administração de ambientes acústicos.

SCHAFER, R. M. **O ouvido pensante**. São Paulo: Ed. da Unesp, 1991.

> Considerada uma das mais importantes obras contemporâneas sobre educação musical, o autor, músico e artista plástico, apresenta, nesses ensaios, um estudo que transborda o universo sonoro, convidando-nos a adotar uma nova postura em relação ao ouvir.

SWANWICK, K. **Ensinando música musicalmente**. São Paulo: Moderna, 2003.

> Em um livro originalmente orientado para educadores musicais, o autor descreve seu método de ensino musical, que valoriza o papel da metáfora. O conceito de "espirais" da aprendizagem musical de Swanwick pode iluminar o ensino de artes de forma global.

Respostas

Capítulo 1

Atividades de autoavaliação
1. b
2. d
3. a
4. d
5. F, F, F, V
6. F, V, F, V

Capítulo 2

Atividades de autoavaliação
1. b
2. d
3. d
4. F, F, V, V
5. V, F, V, F

Capítulo 3

Atividades de autoavaliação
1. a
2. d
3. b
4. F, V, F, V
5. V, F, V, V

Capítulo 4

Atividades de autoavaliação
1. c
2. a
3. a
4. V, F, F, V
5. V, V, F, V

Capítulo 5

Atividades de autoavaliação
1. c
2. a
3. c
4. V, F, V, F
5. F, F, V, V

Capítulo 6

Atividades de autoavaliação
1. a
2. d
3. b
4. V, F, F, V
5. F, V, F, V
6. V, V, F, V

Sobre o autor

Felipe Radicetti, organista e compositor, é bacharel em Órgão (1983) pela Escola de Música da Universidade Federal do Rio de Janeiro (UFRJ) e mestre em Música e Educação (2010) pela Universidade Federal do Estado do Rio de Janeiro (Unirio). Com 14 CDs lançados, é um premiado criador de música para publicidade, teatro e cinema, com atuação em nove longas-metragens e cinco curtas. Foi presidente da Associação Brasileira de Compositores para Audiovisual, a Musimagem Brasil, no período entre 2012 e 2014. Conhecido ativista pela música, é coordenador geral da campanha Quero Educação Musical na Escola desde 2006, que divulga a tese da universalização do acesso ao ensino de música nas escolas brasileiras. É autor do livro *Trilhas sonoras: o que escutamos no cinema, no teatro e nas mídias audiovisuais* (2020) e, com Ricardo Petrarca, de *Introdução à composição musical tonal: roteiro para os primeiros passos* (2023), ambos publicados também pela Editora InterSaberes.

Os papéis utilizados neste livro, certificados por instituições ambientais competentes, são recicláveis, provenientes de fontes renováveis e, portanto, um meio **respons**ável e natural de informação e conhecimento.

FSC
www.fsc.org
MISTO
Papel | Apoiando
o manejo florestal
responsável
FSC® C103535

Impressão: Reproset